四 川 建 筑 职 业 技 术 学 院
国家示范性高职院校建设项目成果

家装方案设计与实现

（建筑装饰工程技术专业）

魏大平 主 编
张 莉 副主编
卿 黎 主 审

中国建筑工业出版社

图书在版编目（CIP）数据

家装方案设计与实现/魏大平主编．—北京：中国建筑工业出版社，2010

四川建筑职业技术学院国家示范性高职院校建设项目成果．建筑装饰工程技术专业

ISBN 978-7-112-11878-6

Ⅰ．家…　Ⅱ．魏…　Ⅲ．住宅-室内装修-建筑设计-高等学校：技术学校-教材　Ⅳ．TU767

中国版本图书馆CIP数据核字（2010）第037177号

责任编辑：朱首明　杨　虹

责任设计：赵明霞

责任校对：刘　钰　赵　颖

四川建筑职业技术学院

国家示范性高职院校建设项目成果

家装方案设计与实现

（建筑装饰工程技术专业）

魏大平　主　编

张　莉　副主编

卿　黎　主　审

*

中国建筑工业出版社出版、发行（北京西郊百万庄）

各地新华书店、建筑书店经销

北京嘉泰利德公司制版

北京建筑工业印刷厂印刷

*

开本：787×1092毫米　1/16　印张：20¾　字数：520千字

2010年8月第一版　2018年11月第五次印刷

定价：**45.00**元

ISBN 978-7-112-11878-6

（19120）

版权所有　翻印必究

如有印装质量问题，可寄本社退换

（邮政编码 100037）

序

2006年以来，高职教育随着“国家示范性高职院校建设计划”的启动进入了一个新的历史发展时期。在示范性高职建设中教材建设是一个重要的环节，教材是体现教学内容和教学方法的知识载体，既是进行教学的具体工具，也是深化教育教学改革、全面推进素质教育、培养创新人才的重要保证。

四川建筑职业技术学院2007年被教育部、财政部列为国家示范性高等职业院校立项建设单位，经过两年的建设与发展，根据建筑技术领域和职业岗位（群）的任职要求，参照建筑行业职业资格标准，重构基于施工（工作）过程的课程体系和教学内容，推行“行动导向”教学模式，实现课程体系、教学内容和教学方法的革命性变革，实现课程体系与教学内容改革和人才培养模式的高度匹配。组编了建筑工程技术、工程造价、道路与桥梁工程、建筑装饰工程技术、建筑设备工程技术五个国家示范院校立项建设重点专业系列教材。该系列教材有以下几个特点：

——专业教学中有机融入了《四川省建筑工程施工工艺标准》，实现教学内容与行业核心技术标准的同步。

——完善“双证书”制度，实现教学内容与职业标准的一致性。

——吸纳企业专家参与教材编写，将企业培训理念、企业文化、职业情境和“四新”知识直接融入教材，实现教材内容与生产实际的“无缝对接”，形成校企合作、工学结合的教材开发模式。

——按照国家精品课程的标准，采用校企合作、工学结合的课程建设模式，建成一批工学结合紧密，教学内容、教学模式、教学手段先进，教学资源丰富的专业核心课程。

本系列教材凝聚了四川建筑职业技术学院广大教师和许多企业专家的心血，体现了现代高职教育的内涵，是四川建筑职业技术学院国家示范院校建设的重要成果，必将对推进我国建筑类高等职业教育产生深远影响。加强专业内涵建设、提高教学质量是一个永恒主题，教学建设和改革是一个与时俱进的过程，教材建设也是一个吐故纳新的过程。衷心希望各用书学校及时反馈教材使用信息，提出宝贵意见，为本套教材的长远建设、修订完善做好充分准备。

衷心祝愿我国的高职教育事业欣欣向荣，蒸蒸日上。

四川建筑职业技术学院院长：李　辉

2009年1月4日

前 言

《家装方案设计与实现》是按照我院建筑装饰工程技术专业示范建设方案中专业课程体系的要求而编写的。

本书编写指导思想是以工作过程为导向，主要特点是通过项目和情境的设定，集“教、学、做”于一体。在内容安排上结合建筑装饰工程技术专业毕业学生的岗位能力要求，以实用为主、够用为度。

本书将传统学科型知识体系中关于建筑装饰制图、识图、设计、构造、施工工艺、质量验收等内容，从家装工程接单开始，把设计、施工、验收直到交付客户使用为主线融为一体，更适合高职高专院校培养目标的需要。本书在内容编排上，做到了从简单到复杂、从单一到综合，既便于教师讲授，也适合学生自学。本书集知识性和实践性于一体，穿插了大量图片，图文并茂。

本书的每一个情境在编写顺序上与家装工程过程一致，能结合实际工程任务图，详细叙述接单、量房、设计、合同签订、施工准备、材料要求、构造要求、各子项施工工艺、施工质量标准、成品保护措施、施工安全技术等内容。

本书共有三个情境：学习情境 1 为家装设计，学习情境 2 为家装施工，学习情境 3 为家装验收。实际教学中可根据不同的专业及学时数，自行对内容进行取舍。

在教学过程中，建议教学方法多样集合，强调学生独立收集信息、独立计划、独立实施、独立检查、独立工作能力的培养；采用多样化的教学手段，如施工现场教学、教学模型、教学多媒体、实地参观等方式，有效调动学生学习的积极性。

本书由四川建筑职业技术学院魏大平任主编、张莉任副主编。编写人员分工如下：学习情境 1 中的学习项目 1 由魏大平、贾德会（四川佳园荣欣装潢有限公司）编写；学习项目 2 由钟建、沙鸥（四方装饰工程有限公司）编写；学习项目 3 由魏大平、魏龙国（四川工程职业技术学院）、李云川（汇云极点装饰公司）编写；学习项目 4 由张莉、贾德会编写；学习情境 2 中的学习项目 1 由张谦、陈文军（华西三公司装饰公司）编写；学习项目 2 由张谦、徐丽（四川新力葆房产集团公司）编写；学习项目 3 由王丽飒、郭莉梅（宜宾职业技术学院）编写；学习项目 4 由王丽飒、陈文军编写；学习项目 5 由张莉、陈文军编写；学习项目 6 由魏大平、陈文军编写；学习项目 7 由张谦、徐丽编写；学习项目 8 由张莉、孙红权（泸州职业技术学院）编写；学习情境 3 中的学习项目 1 由魏大平、贾德会编写；学习项目 2 由罗卫、郭莉梅编写；学习项目 3 由魏大平、贾德会编写。全书由华西装饰股份有限责任公司总工卿黎主审。本书由华西装饰股份有限责任公司、四川佳园荣欣装潢有限公司、汇云极点装饰公司、四方装饰工程有限公司、中建凯德装饰公司全程参与。

书中不妥之处，恳请读者批评指正。

编　者

2009 年 1 月 29 日

CONTENTS

目 录

学习情境 1

家装设计

建筑装饰装修（building decoration）是为保护建筑物的主体结构、完善建筑物的使用功能和美化建筑物，采用装饰装修材料或饰物，对建筑物的内外表面及空间进行的各种处理过程。

建筑装饰装修的作用可以分为三个层面：

首先是对建筑物使用功能的完善，如空间的调整；

其次是对建筑物进行保护，如对建筑物进行的内外表面的处理；

第三是对建筑物进行美化，以满足人们的精神需求。

装饰行业按市场导向细分，主要分为家装行业、公装行业和外装行业（以幕墙为主）。

家装，即家居居室装饰装修，是指业主委托家装设计师和家装施工人员，运用特定的设计理念、周全的功能配置、艺术的空间处理、得当的家具和陈设布置、合适的材料运用、合理的经济投入及正确的施工技术和科学的施工组织，对业主原始家居空间进行装饰装修，使业主能够如意生活的工程建设活动。而家装产业是以家装设计为起点、家装施工为核心，提供室内安装、装饰、修整等专业化服务；当然还包括物料的代购等附属服务。家装产业实际上属于承包集成服务，属于劳动密集型产业。

家装业是当今社会的一个热点，这是因为：

中国经济的持续发展使一批又一批人圆了住房梦；其中有的是首次购房，还有的是二次甚至是三次购房。这些人都会关注家装业。

2009 年我国城市的人均住房面积已经达到了 $30m^2$，中国的核心家庭——“三口之家”平均拥有 $90m^2$ 的独立居住空间。中国的城市约有上亿户家庭，由此可见有多少家庭、多少人关注家装。

中国人的“住房情结”，决定了住的质量在其心目中的地位。

住房消费、家装消费有力地促进了中国经济的发展，“家装热”可以使很多行业及就业者生计无忧、事业发展。

自然折旧、审美疲劳和攀比心理的联合作用，使得人们对自己的居住空间有一轮轮持续更新的动力。

家装公司的特点：一是多为个人拥有，自主经营；二是经营管理完完全全是市场经济行为，更多的家装业务是通过纯粹的市场竞争来获得的，家装市场需要全面型的人才。

家装的客户程序按装饰顺序分为：装修前（图 1－1）、装修中（图 1－2）和装修后（图 1－3）三个阶段；对应装饰企业来讲，主要分为装饰设计、装饰施工、装饰验收三个阶段。家装专门人才，除了专业方面的知识能力外，还必须具有营销方面的能力；不仅应是设计和施工高手，而且还应是一个谈判和签单高手。从洽谈到方案设计、成本预算、施工合同签订、材料选用、具体施工以及最后的工程验收，家庭装修需要具有各方面专业知识的全才。

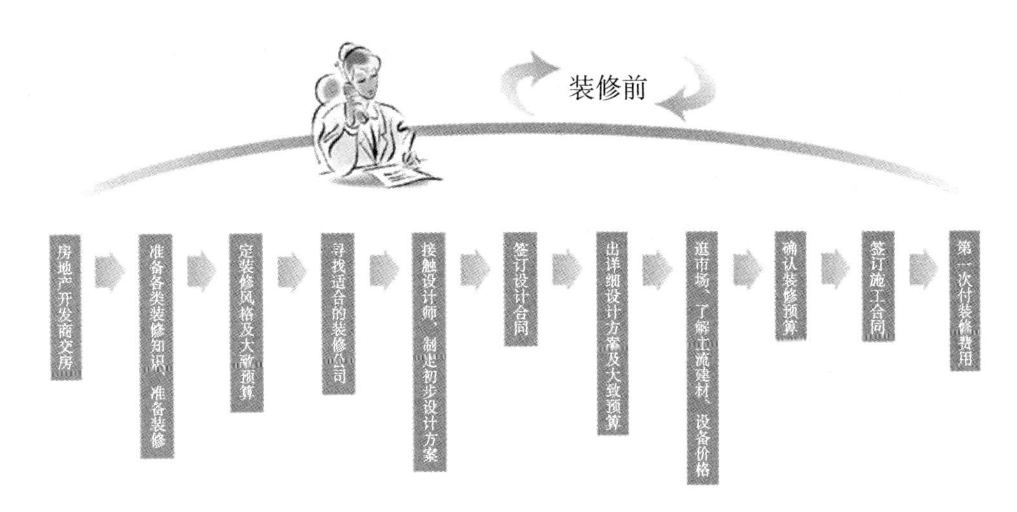

图1-1　装修前的主要工作

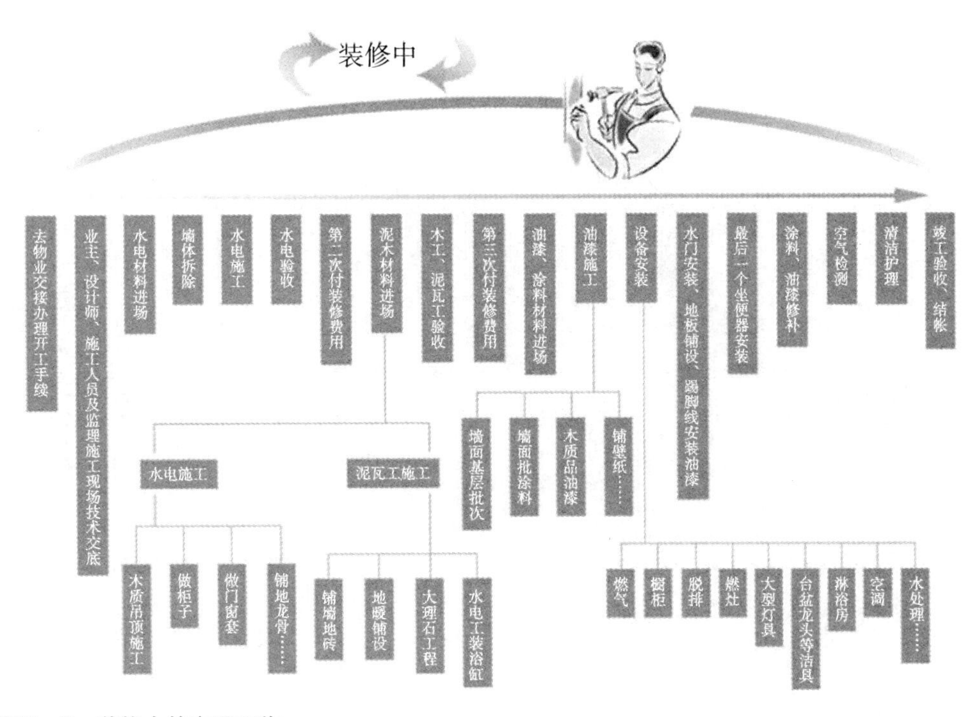

图1-2　装修中的主要工作

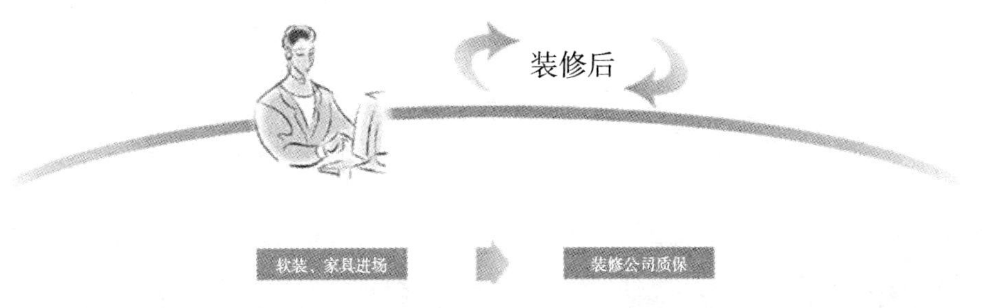

图1-3　装修后的主要工作

在家装流程中，常常把从第一次接触客户并开始为客户做设计方案，到最后签订家装设计或施工合同这个阶段的工作叫做“家装设计”，这是家装专业人员所有工作中最重要的，也是最关键的工作。

该阶段的核心任务有：

(1) 客户沟通与设计协议签订。

(2) 测量客户房屋。

(3) 家装方案设计。

(4) 签订家装合同。

客户沟通与设计协议签订

毫无疑问，中国的家装市场会越来越大，因为人们要装修的房子越来越多。

家装客户拿到一套新房总是要装修的，不是选择这家公司就是选择那家公司，他总是要选择一家的。那么，家装客户会选择什么样的家装公司和设计师呢？选择总是要有标准的，这个标准是什么呢？其实，要想找到家装客户选择的“标准”方法很简单，你只需换一个位置去看问题。假如你是一个家装客户，你是如何选择一个家装公司和设计师的？

家装公司与家装业主之间的关系应该是一种服务与被服务的关系。从家装客户的角度来看（不管他是一位潜在的、现在的或是以前的顾客），最终选择哪一个家装公司来签订家装合同，最重要的因素就是家装执业人员在接单过程中能否让他们感到放心和满意。

做家装其实就是做服务。你的服务首先是提供有创意的设计方案，其次是提供良好的施工质量，然后是你的保修和维护等一系列服务。你的服务态度怎样，你的服务质量如何？客户是否需要你的服务，他们究竟要什么样的服务？你应该做哪些服务？这些对家装公司或设计师都是至关重要的。你的客户是否会跟你签单，是否会重复跟你签单，并且无代价地为你转介绍，完全取决于你的服务做得好不好、够不够，客户满意不满意。满意是快乐的内在原因，快乐是满意的外在表现；满意是看不见的，快乐是可以看见的。因此，家装公司要吸引客户上门，提高接单成功率，最有效的办法就是提供满意的家装服务！

在第一次接触家装公司设计师时，对设计师有不信任感和对家装公司有恐惧感的客户占大多数。主要原因有：

（1）家装投资比较大，有些客户是倾其毕生积蓄，客户害怕万一决策失误，损失无法挽回。

（2）客户在付款前看到的只是一些图纸（有些甚至没有图纸），等到完工后才能看到结果。但由于家装施工的工期比较长，最短也得40天以上，所以在客户付款和最后看到产品的时间上有一个时间差。

（3）装修涉及的工种比较多，工艺比较复杂，又有很多工程属于“隐蔽工程”，客户只能看到表面，因此客户对家装总有一种“暗箱”操作的感觉。

（4）受社会上对一些家装公司“欺诈”、“偷工减料”等使家装客户上当受骗现象的夸大宣传的影响。

客户总是以自己的标准来衡量设计师的设计方案和家装服务价值的，如果你要取悦他们，你就必须以一个顾客的身份来看待你所提供给他们的东西。因此，设计师不能总以自己的好恶来决定家装客户对设计方案的价值取向。这一点对于那些自我感觉比较好的年轻设计师特别重要。

客户的需求必须上升到渴望：在家装设计师的接单过程中，寻找家装客户的真实需求是设计师做好设计方案的前提；如果设计师不了解家装客户的真实需求，是无法做出客户满意的设计方案的。

一、家装咨询准备

（一）对自己装饰公司的了解

建筑装饰资质分级标准

1. 一级资质标准

（1）企业近5年承担过3项以上单位工程造价1000万元以上或三星级以上宾馆大堂的装修装饰工程施工，工程质量合格。

（2）企业经理具有8年以上从事工程管理工作经历或具有高级职称；总工程师具有8年以上从事建筑装修装饰施工技术管理工作经历并具有相关专业高级职称；总会计师具有中级以上会计职称。企业有职称的工程技术和经济管理人员不少于40人，其中工程技术人员不少于30人，且建筑学或环境艺术、结构、暖通、给水排水、电气等专业人员齐全；工程技术人员中，具有中级以上职称的人员不少于10人。企业具有的一级资质项目经理不少于5人。

（3）企业注册资本金1000万元以上，企业净资产1200万元以上。

（4）企业近3年最高年工程结算收入3000万元以上。

（5）承包工程范围：可承担各类建筑室内、室外装修装饰工程（建筑幕墙工程除外）的施工。

2. 二级资质标准

（1）企业近5年承担过2项以上单位工程造价500万元以上的装修装饰工程或10项以上单位工程造价50万元以上的装修装饰工程施工，工程质量合格。

（2）企业经理具有5年以上从事工程管理工作经历或具有中级以上职称；技术负责人具有5年以上从事装修装饰施工技术管理工作经历并具有相关专业中级以上职称；财务负责人具有中级以上会计职称。企业有职称的工程技术和经济管理人员不少于25人，其中工程技术人员不少于20人，且建筑学或环境艺术、结构、暖通、给水排水、电气等专业人员齐全；工程技术人员中，具有中级以上职称的人员不少于5人。企业具有的二级资质以上项目经理不少于5人。

（3）企业注册资本金500万元以上，企业净资产600万元以上。

（4）企业近3年最高年工程结算收入1000万元以上。

（5）承包工程范围：可承担单位工程造价1200万元及以下建筑室内、室外装修装饰工程（建筑幕墙工程除外）的施工。

3. 三级资质标准

（1）企业近3年承担过3项以上单位工程造价20万元以上的装修装饰工程施工，工程质量合格。

（2）企业经理具有3年以上从事工程管理工作经历；技术负责人具有5年以上从事装修装饰施工技术管理工作经历并具有相关专业中级以上职称；财务负责人具有初级以上会计职称。企业有职称的工程技术和经济管理人员不少于15人，其中工程技术人员不少于10人，且建筑学或环境艺术、暖通、给水排水、电气等专业人员齐全；工程技术人员中，具有中级以上职称的人员不少于2人。企业具有的三级资质以上项目经理不少于2人。

（3）企业注册资本金50万元以上，企业净资产60万元以上。

（4）企业近3年最高年工程结算收入100万元以上。

（5）承包工程范围：可承担单位工程造价60万元及以下建筑室内、室外装修装饰工程（建筑幕墙工程除外）的施工。

（二）对家装公司服务内容的了解

根据家装服务过程将家装服务的内容划分为施工前期服务、施工服务和后期服务三部分。

1. 家装施工前期服务

家装的施工前期服务发生于业主委托施工之前，这些服务可以使业主初步了解家装的服务过程，可以扩大公司品牌的知名度，有利于树立企业形象并且为业主选择公司服务做好铺垫工作，同时也让业主了解家装知识与公司的设计理念、施工标准，它主要表现为以下几种形式。

（1）广告服务

广告是家装公司向顾客传递家装服务信息的重要手段，它可以把本公司家装服务的优点、特色、价格以及各种营销活动的信息传递给广大的用户，吸引顾客对本公司提供的家装服务的注意力，引发顾客对家装服务的兴趣，促使顾客产生咨询、洽谈、了解，并形成委托设计、施工的行为，最终使本公司的家装服务被顾客所接受。

家居装饰的高价值性决定了家居的装饰行为属于理智型行为。为了让顾客得到客观、真实、全面、对称的信息，以便作出有科学性和针对性的决策，家装公司可以通过媒介广告、宣传手册等手段开展广告服务。广告服务在家装营销过程中起着重要作用。

（2）公益活动

公益活动是家装公司创建企业文化，以正面形象树立品牌的一种主要手段。通过公益活动，使更多的顾客认识公司，提升公司的知名度和社会美誉度。另外，举办或参与公益活动，也是家装公司具有社会责任感和企业注意自身品牌，注重长期稳定发展的一种表现。

(3) 家装展会

家装展会的举办可以吸引很多目标顾客来到展会现场咨询，通过现场的展示，分发宣传资料并通过设计师、客服人员的现场接待和洽谈，促进顾客对公司的认识和对家装服务的了解。另外，通过家装展会，使顾客同时接触多家家装企业，可以进行多方比较和选择。

(4) 小区推广活动

小区推广活动是将家装服务咨询、宣传推广到顾客家中，并针对小区的特点，适时推出具有针对性的一些服务活动。另外通过小区现场的样板房使顾客能眼见为实，有实物对照，而不是将服务停留在图纸中、图片上。同时，由于可以直接在顾客待装修的住房里由设计、施工人员进行现场讲解，效果更加显著。

(5) 电话咨询

开通客服专线，接受装修咨询，及时为顾客提供所需的装修知识，并宣传本公司的服务特色。

(6) 参观样板房

通过组织顾客参观样板房，使顾客能够身临其境地去感受装修的效果，并通过已装修业主的现场介绍使顾客对公司的服务有更多的了解和信任。

(7) 家装课堂

通过组织家装课堂，邀请行业的专业人士为顾客讲解装修知识，给予顾客更多的专业知识和辨别优劣的标准，使顾客增加了对企业文化的认同，提升了企业的社会知名度。

(8) 参观工艺房

通过参观工艺房，使顾客了解装修的全过程，了解装修中每道工序的施工方法、验收标准，使一些隐蔽工程能展现在顾客面前，并辅以相关的质量标准，使顾客增加装修施工方面的专业知识。

(9) 设计组合服务

通过由多名设计师组成的设计团队共同为顾客服务，使顾客能同时得到多种设计方案，可进行比较，优选最佳方案，使设计服务更加到位。另外可以发挥集体智慧使设计方案更加完美。

2. 家装施工服务

(1) 材料导购

由专业材料人员陪同顾客选择装修材料，保证所选购材料既符合设计装修的要求，又保证了价格和产品质量。使顾客能尽量少花精力，少花时间，少花钱。

(2) 代办开工手续

由企业为业主代办开工手续，使业主免受繁琐的装修前审批手续所累。

(3) 组织并完成家装施工

组织和进行家装施工是家装企业的核心任务，是实现和完成家装各项功能的重要保证。

(4) 室内环境污染治理

现代的室内装修，注重绿色健康的居室环境，在装修期间对装修材料进行同步治理并在装修结束后进行检测，控制环境污染，保障业主的健康，使业主住得舒心、安心和放心。

(5) 装饰后的配饰服务

室内装修是家居装饰的一部分，装修后的室内配饰（软装饰）是家居装饰的延伸，是和室内装修一体的。通过全面的设计和服务，使家居配饰如床上用品、装饰品、装饰画等的搭配更加完美，提升家居装饰的品位。

(6) 室内外绿化设计

绿色家居是家居装饰的主题之一，通过专业技术人员对居室内外的绿化设计，使家居绿化更科学，更适合业主的品位。

(7) 制作隐蔽工程录像

通过制作隐蔽工程录像，使原本在装修中隐藏在墙壁顶棚、地面上的一些水管、电线的铺设以录像的方式给予现场记录，使顾客免受看不懂图纸的烦恼，为将来的维修工作带来方便。

(8) 主材按市场询价代购

通过主材按市场询价代购，为业主提供质优价廉的装修主材，使业主少花精力、少花钱，使装修价格更透明、有保障。

3. 家装后期服务

(1) 24h 维修服务

家居装修中的水、电等故障能在 24h 内及时解决，保障顾客的利益。

(2) 装修保养咨询

为顾客提供装修后如何保养地板、瓷砖、墙面等的知识，使顾客能正确使用家中的一些物品，保护装修后的环境不被破坏。

(3) 定期回访

通过定期回访及时了解顾客的要求、意见和建议。

(4) 工程保修服务

实现工程保修服务，在保修期内属工程质量问题的维修将给予无偿服务，对于保修期外的维修将以成本价收取维修费，以保障顾客的利益。

（三）对住宅的了解

《民用建筑设计通则》GB 50352 和《住宅设计规范》GB 50096 内容摘录

1. 住宅按层数的划分

（1）低层住宅为一层至三层；

（2）多层住宅为四层至六层；

（3）中高层住宅为七层至九层；

（4）高层住宅为十层及以上。

2. 术语

（1）住宅 residential buildings

供家庭居住使用的建筑。

（2）套型 dwelling size

按不同使用面积、居住空间组成的成套住宅类型。

（3）居住空间 habitable space

系指卧室、起居室（厅）的使用空间。

（4）卧室 bed room

供居住者睡眠、休息的空间。

（5）起居室（厅）living room

供居住者会客、娱乐、团聚等活动的空间。

（6）厨房 kitchen

供居住者进行炊事活动的空间。

（7）卫生间 bathroom

供居住者进行便溺、洗浴、盥洗等活动的空间。

（8）使用面积 usable area

房间实际能使用的面积，不包括墙、柱等结构构造和保温层的面积。

（9）标准层 typical floor

平面布置相同的住宅楼层。

（10）层高 storey height

上下两层楼面或楼面与地面之间的垂直距离。

（11）室内净高 interior net storey height

楼面或地面至上部楼板底面或吊顶底面之间的垂直距离。

（12）阳台 balcony

供居住者进行室外活动、晾晒衣物等的空间。

（13）平台 terrace

供居住者进行室外活动的上人屋面或由住宅底层地面伸出室外的部分。

(14）过道 passage

住宅套内使用的水平交通空间。

(15）壁柜 cabinet

住宅套内与墙壁结合而成的落地贮藏空间。

(16）吊柜 wall-hung cupboard

住宅套内上部的贮藏空间。

(17）跃层住宅 duplex apartment

套内空间跨跃两楼层及以上的住宅。

(18）自然层数 natural storeys

按楼板、地板结构分层的楼层数。

(19）中间层 middle-floor

底层和最高住户入口层之间的中间楼层。

(20）单元式高层住宅 tall building of apartment

由多个住宅单元组合而成，每单元均设有楼梯、电梯的高层住宅。

(21）塔式高层住宅 apartment of towerbuilding

以共用楼梯、电梯为核心布置多套住房的高层住宅。

(22）通廊式高层住宅 gallery tall building of apartment

由共用楼梯、电梯通过内、外廊进入各套住房的高层住宅。

(23）走廊 gallery

住宅套外使用的水平交通空间。

(24）地下室 basement

房间地面低于室外地平面的高度超过该房间净高的 1/2 者。

(25）半地下室 semi-basement

房间地面低于室外地平面的高度超过该房间净高的 1/3，且不超过 1/2。

3. 套内空间

(1）套型

住宅应按套型设计，每套住宅应设卧室、起居室（厅）、厨房和卫生间等基本空间。

(2）卧室、起居室（厅）

1）卧室之间不应穿越，卧室应有直接采光、自然通风，其使用面积不应小于下列规定：

双人卧室为 $10m^2$；单人卧室为 $6m^2$；兼起居的卧室为 $12m^2$。

2）起居室（厅）应有直接采光、自然通风，其使用面积不应小于 $12m^2$。

3）起居室（厅）内的门洞布置应综合考虑使用功能要求，减少直接开向起居室（厅）的门的数量。起居室（厅）内布置家具的墙面直线长度应大于3m。

4）无直接采光的厅，其使用面积不应大于10m^2。

（3）厨房

厨房应有直接采光、自然通风，并宜布置在套内近入口处；厨房应设置洗涤池、案台、炉灶及排油烟机等设施或预留位置，按炊事操作流程排列，操作面净长不应小于2.10m；单排布置设备的厨房净宽不应小于1.50m；双排布置设备的厨房其两排设备的净距不应小于0.90m。

（4）卫生间

每套住宅应设卫生间。每套住宅至少应配置三件卫生洁具，不同洁具组合的卫生间使用面积不应小于下列规定：设便器、洗浴器（浴缸或喷淋）、洗面器三件卫生洁具的为3m^2；设便器、洗浴器两件卫生洁具的为2.50m^2；设便器、洗面器两件卫生洁具的为2m^2；单设便器的为1.10m^2。无前室的卫生间的门不应直接开向起居室（厅）或厨房。卫生间不应直接布置在下层住户的卧室、起居室（厅）和厨房的上层，可布置在本套内的卧室、起居室（厅）和厨房上层；并均应有防水、隔声和便于检修的措施；套内应设置洗衣机的位置。

（5）层高和室内净高

1）普通住宅层高不宜超过2.80m。

2）卧室、起居室（厅）的室内净高不应低于2.40m，局部净高不应低于2.10m，且其面积不应大于室内使用面积的1/3。

3）利用坡屋顶内空间作卧室、起居室（厅）时，其1/2面积的室内净高不应低于2.10m。

4）厨房、卫生间的室内净高不应低于2.20m。

5）厨房、卫生间内排水横管下表面与楼面、地面净距不得低于1.90m，且不得影响门、窗扇开启。

（6）阳台

1）每套住宅应设阳台或平台。

2）阳台栏杆设计应防止儿童攀登，栏杆的垂直杆件间净距不应大于0.11m；放置花盆处必须采取防坠落措施。

3）低层、多层住宅的阳台栏杆净高不应低于1.05m，中高层、高层住宅的阳台栏杆净高不应低于1.10m。中高层、高层及寒冷、严寒地区住宅的阳台宜采用实体栏板。

4）阳台应设置晾晒衣物的设施；顶层阳台应设雨罩。各套住宅之间毗连的阳台应设分户隔板。

5）阳台、雨罩均应做有组织排水；雨罩应做防水，阳台宜做防水。

（7）过道、贮藏空间和套内楼梯

1）套内入口过道净宽不宜小于1.20m；通往卧室、起居室（厅）的过道净宽不应小于1m，通往厨房、卫生间、贮藏室的过道净宽不应小于0.90m，过道拐弯处的尺寸应便于搬运家具。

2）套内吊柜净高不应小于0.40m；壁柜净深不宜小于0.50m；设于底层或靠外墙、靠卫生间的壁柜内部应采取防潮措施；壁柜内应平整、光洁。

3）套内楼梯的梯段净宽，当一边临空时，不应小于0.75m；当两侧有墙时，不应小于0.90m。

4）套内楼梯的踏步宽度不应小于0.22m，高度不应大于0.20m；扇形踏步转角距扶手边0.25m处，宽度不应小于0.22m。

（8）门窗

1）外窗窗台距楼面、地面的净高低于0.90m时，应有防护设施，窗外有阳台或平台时可不受此限制。

2）底层外窗和阳台门，下沿低于2m且紧邻走廊或公用上人屋面上的窗和门，应采取防卫措施。

3）面临走廊或凹口的窗，应避免视线干扰，向走廊开启的窗扇不应妨碍交通。

4）住宅户门应采用安全防卫门。向外开启的户门不应妨碍交通。

5）各部位门洞的最小尺寸应符合表1－1的规定。

各部位门洞最小尺寸　　表1－1

类别	洞口宽度（m）	洞口高度（m）
公用外门	1.20	2.00
户（套门）牌号	0.90	2.00
起居室（厅）门	0.90	2.00
卧室门	0.90	2.00
厨房门	0.80	2.00
卫生间门	0.70	2.00
阳台门（单扇）	0.70	2.00

（四）对家装风格的了解

家装应该有总体的风格，或简洁、或豪华，或古典、或前卫。所谓的风格包括色彩、造型和装饰等。

1. 崇尚时尚的现代简约风格

定义：以简洁的表现形式来满足人们对空间环境那种感性的、本能的和理性的需求，这就是现代简约风格。现代简约风格强调少即是多，舍弃不必要的装饰元素，追求时尚和现代的简洁造型、愉悦色彩。与传统风格相比，现代简约用最直白的装饰语言体现空间和家具营造的氛围，进而赋予空间个性和宁静（图1－4）。

图1-4　现代简约风格客厅

简约是一种生活方式：“简洁与天才是一对孪生姊妹”。选择简约就是选择了一种对待生活的态度。如今都市生活节奏快，工作压力大，如果你不想再为生活所累，希望在家中彻底放松身心、享受生活，现代简约是不错的选择。简约的家居，简约的生活，互为因果。

简约缓解生活压力：在承受较多压力的现代生活中，繁复设计遭到拒绝——现代人快节奏、高频率、高负荷，已让人到了无可复加的接受地步。而简约主义所崇尚的正是通过流动的线条、质感的材料及整体协调搭配让人在日趋繁忙的生活中，能得到一种彻底放松，以简洁和纯净来调节、转换精神空间。

简约缓解经济压力：以经济性而言，简约的装修是最经济实用的方案。当前年轻人大多购买小户型的房子，装修简便、花费少，效果却不错的简约风格就成为年轻人的首选。此外，现代人对家居环境要求日益提高，装修也由以前的终身制演变成现在的3~5年就重新装修一次，简约风格方便日后的再装修。

适合户型：中小户型公寓，平层复式均可。

适合人群：生活压力、经济压力较大的家庭，年轻家庭为主。

现代简约风格的四要素：

1）空间：无论房间多大，一定要显得宽敞。不需要繁琐的装潢和过多的家具，在装饰与布置中最大限度地体现空间与家具的整体协调。造型方面多采用几何结构，这就是现代简约主义时尚风格。

2）功能：主张在有限的空间发挥最大的使用效能。家具选择上强调让形式服从功能，一切从实用角度出发，废弃多余的附加装饰，点到为止。简约，不仅仅是一种生活方式，更是一种生活哲学。

3）材质：充分了解材料的质感与性能，注重环保与材质之间的和谐与互补。新技术和新材料的合理应用是至关重要的一个环节，在人与空间的组合中反映流行与时尚才更能够代表多变的现代生活。

4）色彩：家中的颜色不在于多，在于搭配。过多的颜色会给人以杂乱无章的感觉，在现代简约风格中多使用一些纯净的色调进行搭配，这样无论家具造型还是空间布局，才会给人耳目一新的惊喜。

解读：材料的质感对于简约主义十分重要，如果在选材方面过于仓促，那么简约风格很容易沦为简单的设计。可以说，现代简约风格装修的选材投入，往往不低于施工部分的资金支出。

2. 现代前卫风格演绎另类生活

比简约更加凸显自我、张扬个性的现代前卫风格（图1–5）已经成为艺术人类在家居设计中的首选。无常规的空间解构，大胆鲜明对比强烈的色彩布置，以及刚柔并济的选材搭配，无不让人在冷峻中寻求到一种超现实的平衡，而这种平衡无疑也是对审美单一、居住理念单一、生活方式单一的最有力的抨击。随着“80年代”的逐渐成熟以及新新人类的推陈出新，我们有理由相信，现代前卫的设计风格不仅不会衰落，反而会在内容和形式上更加出人意料，夺人耳目。

图1–5 现代前卫风格

解读：该风格强调个人的个性和喜好，但在设计时要注意适合居住者的生活方式和行为习惯，切勿华而不实。

3. 雅致风格——再现优雅与温馨

“如果你喜欢欧式古典的浪漫，却又不想被高贵的繁琐束缚；如果你喜欢简约的干练，但又认为它不够典雅，缺少温馨，那么不妨尝试雅致主义的设计”（图1–6、图1–7）。雅致主义是近几年刚刚兴起，被消费者所迅速接受的一种设计方式，特别是对于文艺界、教育界的朋友来说。

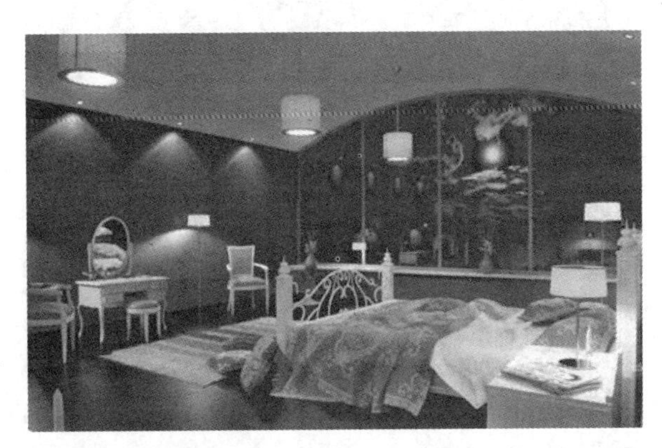

图1–6 雅致风格（一）

解读：空间布局接近现代风格，而在具体的界面形式、配线方法上则接近新古典。在选材方面应该注意色彩的和谐性。

4. 新中式风格——勾起怀旧思绪

新中式风格在设计上继承了唐代、明清时期家居理念的精华，将其中的经典元素提炼并加以丰富，同时改变原有空间布局中等级、尊卑等封建思想，给传统家居文化注入了新的气息。

图1–7 雅致风格（二）

没有刻板却不失庄重，注重品质但免去了不必要的苛刻，这些构成了新中式风格的独特魅力。特别是中式风格改变了传统家具“好看不好用，舒心不舒身”的弊端，加之在不同户型的居室中布置更加灵活等特点，被越来越多注重内涵的人所接受（图1–8）。

图1-8　新中式风格

解读：多以中式产品和中式陈设为主。木质材料居多，颜色多以仿花梨木和紫檀色为主。空间之间的关系与欧式风格差别较大，更讲究空间的借鉴和渗透。新中式古典不是纯粹旧元素的堆砌，而是体现传统文化的内涵。

5. 新古典风格——体现高贵

“形散神聚”是新古典风格的主要特点（图1-9）。在注重装饰效果的同时，用现代的手法和材质还原古典气质，新古典风格具备了古典与现代的双重审美效果，完美的结合也让人们在享受物质文明的同时得到了精神上的慰藉。不可否认，新古典是融合风格的典型代表，但这并不意味着新古典的设计可以任意使用现代元素，更不是两种风格及其产品的堆砌。试想，在浓郁的艺术氛围中，放置一个线条简单、形态怪异的家具，其效果也会不伦不类，令人瞠目结舌。

图1-9　新古典风格

解读：注重线条的搭配以及线条与线条的比例关系。一套好的新古典风格的家居作品，更多地取决于配线和材质的选择。

6. 欧式古典风格——营造华丽

作为欧洲文艺复兴时期的产物，欧式古典主义设计风格继承了巴洛克风格中豪华、动感、多变的视觉效果，也吸取了洛可可风格中唯美、律动的细节处理元素，受到了社会上层人士的青睐。特别是古典风格中，深沉里显露尊贵、典雅中浸透豪华的设计哲学，也成为成功人士享受快乐生活理念的一种写照（图1-10）。

解读：欧式古典风格在设计时强调空间的独立性，配线的选择要比新古典复杂得多。在材料选择、施工、配饰方面上的投入比较高，多为同一档次其他风格的多倍，所以古典风格更适合在较大别墅、宅院中运用，而不适合较小户型。

7. 表达休闲态度的美式乡村风格

一路拼搏之后的那份释然，让人们对大自然产生无限向往。回归与眷恋、淳朴与真诚，也正因为这种对生活的感悟，美式乡村风格给了我们享受另一种生活的可能（图1-11）。

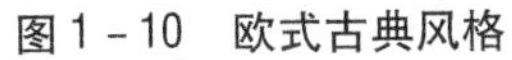

图1－10　欧式古典风格

图1－11　美式乡村风格

美式乡村风格摒弃了繁琐和奢华，并将不同风格中的优秀元素汇集融合，以舒适机能为导向，强调“回归自然”，使这种风格变得更加轻松、舒适。美式乡村风格突出了生活的舒适和自由，不论是感觉笨重的家具，还是带有岁月沧桑的配饰，都在告诉人们这一点。特别是在墙面色彩选择上，自然、怀旧、散发着浓郁泥土芬芳的色彩是美式乡村风格的典型特征。

解读：美式乡村风格的色彩以自然色调为主，绿色、土褐色最为常见；壁纸多为纯纸浆质地；家具颜色多仿旧漆，式样厚重；设计中多有地中海样式的拱。

8. 披着神秘面纱的地中海风格

地中海文明一直在很多人心中蒙着一层神秘的面纱。古老而遥远，宁静而深邃。随处不在的浪漫主义气息和兼容并蓄的文化品位，以其极具亲和力的田园风情，很快被地中海以外的广大区域人群所接受。对于久居都市、习惯了喧嚣的现代都市人而言，地中海风格给人们以返璞归真的感受，同时体现了对于更高生活质量的要求(图1－12)。

解读：色彩选择很重要，多为蓝、白色调的纯正天然的色彩，如矿物质的色彩。材料的质地较粗，并有明显、纯正的肌理纹路，木头多原木，应尽量少用木夹板和贴木皮。

图1－12　地中海风格

(五) 对商务礼仪基础知识的了解

商务礼仪是人在商务交往中的艺术

1. 通信工具的使用艺术

商务交往是讲究规则的，即所谓的没有规矩不成方圆，比如移动电话的使用，在商业交往中讲究：不响、不听，不出去接听。

2. 商务礼仪使用的目的

第一，提升个人的素养，比尔·盖茨讲“企业竞争，是员工素质的竞争”；第二，方便我们的个人交往应酬；第三，有助于维护企业形象。在商务交往中个人代表整体，个人形象代表企业形象，个人的所作所为，就是本企业的典型活体广告。一举一动、一言一行，此时无声胜有声。

3. 商务人员的工作能力

业务能力和交际能力被称为现代人必须具备的“双能力”。20世纪，管理界有一个学派叫“梅奥学派”，也称为“行为管理学派”。梅奥学派强调管理三要素。一是企业要发展要获得必要的资金、原料和技术，二是形成规模效益，三是组织生产。企业管理者必须注意与企业内部和外部搞好关系，这样企业才能持续发展。

4. 商务礼仪的基本理念

商务礼仪与公共关系之一：尊重为本。与人交往中我们要知道什么是可为的，什么是不可为的。商务交往中，自尊很重要，尊重别人更重要。对交往对象要进行准确定位，就是你要知道他是何方神圣。

商务礼仪与公共关系之二：善于表达。商务礼仪是一种形式美，交换的内容与形式是相辅相成的，形式表达一定的内容，内容借助于形式来表现。对人家好，不善于表达或表达不好都不行，表达要注意环境、氛围、历史文化等因素。管理三段论法：一是把你想到的写下来；二是按照你写下来的去做；三是把做过的事情记下来。你对人家好要让人家知道，这是商务交往中的一个要求。

商务礼仪与公共关系之三：形式规范。第一，讲不讲规矩，是企业员工素质的体现；第二，是企业管理是否完善的标志。比如，商务场合通电话时谁先挂断电话？地位高者先挂，客户先挂，上级机关先挂，同等的主叫者先挂。

5. 文明礼貌三要素

第一，“接待三声”：即有三句话要讲，一是“来有迎声”，就是要主动打招呼；而不是不认识就不理你。二是“问有答声”，一方面人家有问题你要回答，另一方面你也不要没话找话，有一些话怎么说要有预案，就是要事先想好。三是“去有送声”。

第二，文明五句。第一句是问候语“你好”。第二句是请求语，一个“请”字。第三句是感谢语“谢谢”。我们要学会感谢人家。尤其是对我们的衣食父母。第四句是抱歉语“对不起”。有冲突时，先说有好处，不吃亏。第五句是道别语“再见”。

第三，热情三到。

“眼到”，眼看眼，不然的话，你的礼貌别人是感觉不到的，注视别人要友善，要会看，注视部位是有讲究的，一般是看头部，强调要点时要看双眼，中间通常不能看，下面尤其不能看，不论男女，对长辈、对客户，不能居高临下地俯视，应该平视，必要时仰视。注视对方的时间有要求，专业的讲法是当你和对方沟通和交流时注视对方的时间，应该是对方和你相处总的时间长度的1/3左右，问候时要看，引证对方观点时要看，告别再见时要看，慰问致意时要看，其他时间可看可不看。

“口到”，一是讲普通话，是文明程度的体现，是员工受教育程度的体现。讲不好也要讲，方便沟通，方便交际。二是要明白因人而异，区分对象。讲话是有规矩的，要看对象，比如你去交罚款，对方说“欢迎”你下次再来，你高兴吗?

“意到”，就是意思要到。把友善、热情表现出来，不能没有表情，冷若冰霜，表情要互动。再有就是不卑不亢，落落大方。

沟通是相互理解，是双向的。在商务交往中如何体现沟通技巧，达到最好的交际效果。要讲三个点。第一个点，自我定位准确，就是干什么像什么；第二就是为他人定位准确；第三，遵守惯例（比如跳舞，交往中跳舞是联络，国际惯例是异性相请）。男士请女士，女士可以选择，女士请男士，男士不可以选择，不可以走开。

6. 商务人员的形象设计

形象由两部分构成：一是知名度，二是美誉度。有名不一定有美誉。形象的重要性在于宣传，另外形象就是效益，形象就是服务。形象好人家才能接受你的服务。

如何设计个人形象？一般而论，最重要的还是个人定位的问题，你扮演什么的形象问题，不同环境，要有不同的身份，干什么像什么，这在心理学上讲叫“首轮效应”，是一个非常重要的概念。首轮效应告诉我们，在与人交往中，尤其是在初次交往中，第一印象是至关重要的，往往影响双边关系，这里有两点要特别注意，一是准确的角色定位问题；二是自己的初次亮相。

具体而论，有六个方面的问题，即个人形象六要素。

（1）仪表。即外观也。重点是头和手。

（2）表情。是人的第二语言，表情要配合语言。表情自然，不要假模假样；表情要友善，不要有敌意；友善是一种自信，也是有教养。表情要良性互动，要双方平等沟通。

（3）举止动作。要有风度，所谓的站有站相、坐有坐相。手不要乱放，脚不要乱蹬。

（4）服饰。服饰也代表个人修养。所以在商务交往中，服饰最关键的一个问题，就是要选择搭配到位。首先要适合你的身份，适合你的地位。其次要把不同的服装搭配在一起，给人和谐的美感。

（5）谈吐。就是语言，要讲普通话。第一，要压低声量。第二，慎选内容，言为心声。你所讨论的问题，首先是你的所思所想，要知道该谈什么不该谈什么。

（6）待人接物。第一，诚信为本；第二，遵法守纪；第三，“遵时守约”。

二、建立信任感

（一）向客户介绍公司

可从公司资质等级、业绩、信誉、工程质量、价格、售后服务等方面入手。宣传要适度，介绍公司情况避免夸大其词。

1）公司等级方面：可以向客户介绍公司的市场地位。

2）工程质量方面。

3）公司业绩方面。

4）公司的服务标准和体系。

（二）向客户推销自己

一个设计师除了应注意服饰和语气外，更应注重自身的修养。礼貌的行为会促使你的成功。如：当客户走进设计室的时候，我们设计人员应当以极其饱满的热情以及真诚的微笑迎接客户的到来，选择合适的称呼并礼貌地请客户就座，斟上一杯水，然后向客户详细介绍公司以及自己的情况。

注重自我推荐，也就是让客户了解设计师的自身能力。

（三）语言技巧的运用

语言技巧的运用是很重要的，设计师必须精神饱满地去对待每一个客户。

常用技巧：

（1）在与客户的交谈中运用热情和充满自信的语言，否则会让客户缺乏信任感。

（2）可采用部分专业术语，但不能过多。

（3）四个避免：

1）避免使用“没问题、不清楚、可能吧”等一类的词语。

2）避免口若悬河，语言不着边际，这样的人往往沉醉于自己的辩才与思想中，而忽略了客户的真实需求。

3）避免言不由衷的恭维。

4）避免急于谈成，可建议客户多去看看、转转、比较一下，不要给他你很想谈成这笔单子的感觉（当然别忘了先把自己介绍清楚）。例如：当某某客户与设计师即将结束咨询时，设计师说：“装修一次不容易，为了不留下遗憾，您最好多咨询几家公司。”临别赠言，恰恰迎合了客户急于多咨询的心理，不但让客户感到了设计师的淳朴，更进一步使客户的焦急心情加剧。此可谓一举两得。

（四）设计观点的把握

1）尽可能在初期的沟通中，针对自己较有把握的地方提出几点建议，争取客户的认同，对设计师信任感的建立尤为重要。

2）在涉及专业知识的讲解时要尽可能细致（有助于在客户心目中树立设计师的专家形象）。

3）更多地在细节的功能设计上给客户多提建议，而不是做毫无功用的花哨复杂的造型（这会使客户感觉到设计师很实在、有责任心）。

4）为客户的未来需求变化留有余地（这会使客户感觉设计师很会为他着想）。

三、分析客户类型

（一）客户类型

我们所面对的绝大部分客户，几乎都是对家装行业一无所知的纯外行。设计人员要想尽快地说服客户，就必须详细了解客户的消费心理，善于引导客户的消费心理，选择合适的沟通方式，从而利用客户尚不成熟的消费心理，以达到良好的营销目的。不同的家装客户需要不同的方式去接触。设计师必须采取客户容易接受的方式和形态去进行接单活动。设计师在接单时一般要调整自己的方法及接单过程，并符合家装客户的人格特质需求。例如：客户说话很快、干脆利落，那你就千万不要慢声细语、吞吞吐吐，客户都希望与和自己人格特征相同的人共事。

1）“好好先生”。这种人做事慢吞吞的，比较安静，遇事举棋不定，最在意别人的好感及与群体和睦相处。对于好好先生，当你介绍家装方案时，你应该强调你的家装设计方案的风格特点有多么受欢迎，有多少人爱用它，以及别人会多么赞成这项签单决定。一定要温和、友善和耐心。这些人的决策速度很慢，但他们最后一定会有决定。

2）交际人员。这种人的个性外向，具有强烈的人际关系导向性。要跟这种类型的家装客户签单，你必须加快脚步，你必须将重点放在他身上，并且对他的成就表示印象深刻，你必须强调你的家装将会帮助他在社会朋友圈中得到肯定，赢得更大的成就感和身份地位感。最易影响这种人的就是，别人提过很多家装设计和施工中较为难以完成的要求而你都一一为他们实现的见证。

3）分析人员。也就是那些性格内向的人。这种人在会计、行政、工程和电脑程序设计的行业中最为普遍。当你在给这类家装客户介绍方案时，你对细节一定要非常明确，在家装介绍时要提出衡量数据及方法，要提出证据以及别人的见证来证明你所言不虚。分析人员只有当他们完全确定每一方面都被涵盖，每一细节都没有失误时，才会安心地下决策。

4）指挥人员。也就是具有外向工作导向的人。这种人最常见于创业家、设计师、公司业务经理，以及职务上需要不断讲求明确、量化成果的人。这类人非常没有耐心，直截了当，而且讲求重点。他对细节没有兴趣，要的就是直接答案。

5）比较冷漠型的家装客户。这种人往往拒人于千里之外。他们凡事否定、挑剔、无聊、没兴趣，非常难以相处。他们老爱找碴儿，又不打算签单，你甚至会怀疑为什么这种人要浪费你的时间。和一位冷漠型的家装客户相处是非常疲劳而且压力很大的。一旦你发现在和这种人交谈时，就应该有礼貌地退却，表示感谢后，尽快去接触下一位有希望的家装客户，从此之后，根本不要再想起他。这种冷漠型的家装客户是家装设计专业的障碍，只要一不小心，他就会让你怀疑自己以及自我的能力。

（二）言谈技巧

1. 找准与客户谈话的切入点，迅速拉近距离

籍贯、住址、家庭背景、兴趣爱好、共识的某个人、熟知的某个行业……在很多话题中，我们都能找到与客户的相同或相似之处，通过这些共同点的切入，能迅速消除陌生人间的隔阂，拉近彼此间的距离。我们的目的应该是如何利用第一次短暂的接触尽快地和客户做朋友，让客户接受你（设计师这个人），才能继续深入，让客户变得愿意和你交谈。

找共同点时要自然，不能唐突。找到共同点后，要深入，有内容，勿蜻蜓点水。距离拉近后要及时回到业务主题上，趁热打铁达成共识。

可采用并借鉴的模式：

直接提问：例如“今天您好像闷闷不乐，究竟发生了什么事?”

称赞：例如“您的这对耳环很漂亮，是在哪里买的? 我一直也想买一对。”

投其所好，寻找共同点：例如“原来您也喜欢旅游，我也是，我还是××俱乐部的会员呢。”

自我揭示：例如“我小时候也不喜欢读书的，不过后来……”

2. 避免言谈侧重道理

有些设计师习惯书面化、理性化的论述，这会使客户感觉其建议可操作性不强，达成共识的努力太过艰难，因此常会拒绝合作或拒绝建议，可以适当地增加幽默感。

3. 避免谈话无重点

如果设计师的谈话重点不突出，客户无法察觉或难以察觉你的能力，就无从谈起。所以，谈话时围绕客户最为关心的问题（即后面所总结的质量、价格、装修效果及售后服务等几方面）进行陈述可以帮助你成功。

4. 尊重和理解客户的想法，避免随时反驳客户

比起设计师的想法，客户更想听到的是设计师是否赞同他们的观点，即使他们的观点有时存在着一定的不合理性，也不要马上否决他们的观点，应给他们以诱导。适当的时候，还应该称赞他们的想法。

5. 赞美客户，获得客户的好感

要善于观察，发现客户引以为豪的人、事、物，如可爱的孩子、所获得的荣誉、服装搭配、职业等。

能够欣赏客户引以为豪的事物。这就需要设计师平时多读书、多注意积累，广泛涉猎各方面的知识，如政治、历史、音乐、美术、名车、名表、旅游等。

赞美要真诚、自然、由衷，不要做作。

把分歧观点暂时放置。因为是沟通的初期，所以对于一些分歧观点应暂时放置（可做好争议处的笔记事后再作仔细分析），否定加分歧，只能越辩越僵。

避免冷场现象的出现（如说着说着就没词了），这样客户就会怀疑设计师的能力，从而很容易流失客户。

（三）非语言沟通技巧

包括面部表情、姿势、动作、眼神、声调、音量、仪表、服饰，甚至你所布置的环境等。

1. 面部表情

与人交往时，面部表情宜生动，并要配合说话内容，而笑容则是面部表情需要的一环，一个友善的笑容，表示愿意与人交往。别人接收了这个友善的信息后，也较愿意接近及与你交往。

2. 眼神接触

与人交流时不需全部时间都望着对方的眼睛，可不时转移至对方面部的其他地方，例如：鼻、脸等部位，这样会较自然。

3. 身体姿势（包括坐姿、站姿）

双手交叉或双腿交叠得太紧，都是封闭式的姿势，显示紧张的心绪或没有兴趣和别人交往；双手不交叉，双腿交叠而方向指向对方或微微张开，都是开放式的姿态，这些姿势被理解成精神放松，而且愿意和别人保持交往；面向对方并向前倾斜是非常重要的姿势，显示敬意和投入。

4. 手势及其他动作

说话时可以适当地配合手势的运用，加强内容表达和感染力，不过要注意手势运用宜自然，不要太夸张。避免不经意的咬指甲、转笔等小动作。点头是聆听技巧的一种，表示正聆听并明白对方说的话。

5. 声线

声线包括语调、声调、清晰程度及流畅程度。

语调要恰当，并且高低抑扬，给人以亲近感。声量要适中，不要过大声或过细声。大声有凶恶的感觉，过细声令人听得困难。说话要尽量清晰及流畅，不要过于简略或含糊。

总结：不同的非语言技巧组合会达到不同的效果。其中包括开放的姿势、前倾的坐姿、距离对方一肘的距离、手自然下垂或拿资料、微笑、点头、适度的眼神。

四、装饰范例的介绍

（一）范例介绍的目的

1）能够从与客户的沟通中，判断客户的类型，并选择合适的装修案例有针对性地向其推介。

2）能够从装修案例的介绍中，了解到客户的意图（如喜欢的风格、家具的款式等）。

3）使客户能够从装修案例介绍中，了解到公司的工程质量、设计效果、售后服务等。

（二）范例介绍的方法

1. 借助于图片、已装修的案例、材料（如饰面板、玻璃样板）、样板间等视觉信息手段

在与客户沟通的过程中，一些没有经验的设计师往往会问客户喜欢什么风格。不同的客户就相同风格会给出完全不一样的答案，因为专业所限，客户不可能清楚他看到的、喜欢的风格具体是什么样的类型，有什么特定的专业称谓，在语言描述上也不清楚。只有通过设计师借助一定的视觉信息手段，给他形容一些具体的形式才不会使其误入歧途。在此沟通过程中，应根据客户的反应，明确客户的意图，以便在设计、画图时有的放矢，最大限度地减少第一次方案与客户要求的差距。

2. 在装修范例的介绍中，着重围绕客户最为关注的问题展开

如果你是一名纯属外行的家庭装修消费者，那么，你将会怎样进行家庭装修消费呢?

（换位思考）可能首先要考虑的是资金使用的问题，然后，会考虑工程质量能否达到要求，再往后，还会考虑到设计问题，这是一个家庭装修消费者标准的思维方式。因为他的财力是有限的，所以，会很注重设计师给他的工程预算报价单的总金额，但是，他同样注重施工质量。在深入分析客户的真正消费心理后，我们得出结论，他们最关心和担心的无非是以下几点（把客户的全部需求按照其重要性进行顺序排列）：质量、价格、设计效果、服务。

（三）巧妙地回答客户提出的各种问题

前来咨询的客户，大多数都是家装的外行，他们往往把一些道听途说得来的问题以及他们所能想到的问题提出来，如果设计人员采用一问一答的方式，机械地回答这些问题（这是一个非常严重的错误!），那么，当客户提不出来更多的问题时，也就意味着咨询时刻的结束，几乎所有快速结束的咨询都是这个原因。

如果我们的设计师能够做到“问一答十甚至问一答二十”，那么，这名设计师也

就塑造了成功的咨询模式。请记住并深刻理解这样一句话："你是一名专业的设计师，不要让客户把你给设计了！"这是设计师在回答客户咨询时必须遵循的原则。

（四）留客户联系方式的技巧

1）在谈兴正浓的时候很自然地提出来："为方便您与我的沟通，您能留下联系方式吗?"

2）利用家装课堂和参观样板间留下联系方式。

3）"针对此小区，我们公司会有很多优惠活动，请给我留个联系方式以便能及时通知您。"

4）实话实说："先生，我留您的联系方式是因为如果我们公司能有幸为您服务而我没有您的联系方式，这笔业务就不算我的，这是我们公司的规定。您放心，我只是为了作一个证明，不会给您乱添麻烦的，您也知道我们整天在外面跑是挺不容易的，请您多体谅！"

（五）其他沟通技巧

针对一些客户打电话来公司咨询家装相关事项，作为设计师在接电话时应掌握以下相关技巧。

1）接听电话必须态度和蔼、语言亲切。一般先主动问候"您好，我是××装饰公司的××"，然后开始交谈。结束时应说"再见"，礼貌道别，待对方先放电话，等待2~3s才轻轻挂断电话。

2）通常，客户在电话中问及设计、报价、材料、施工等方面的问题，应扬长避短，在回答中将公司的优势朴实巧妙地融入，把设计师的个人魅力尽快地展现出来，给客户一种遇到专家的感觉。

3）最好的办法是直接与客户约定上门测绘或请客户来公司总部。

如："有关您所咨询的设计方面的东西，最好还是请您亲自到公司一趟，我们公司有很多适合您的装修案例以及您刚提到的装饰材料样板。您看什么时候有时间，我将专程在公司等候。"

4）在与客户交谈中设法取得想要的资讯。

第一要讯：客户的姓名、地址、联系电话；

第二要讯：新居所在小区、面积以及是否已拿到钥匙等情况。其中，与客户联系方式的确定最为重要。

马上将所得资讯记录在客户来电统计表上。

（六）接电话的注意事项

1. 接电话的语速和语调

急性子的人说慢话，会觉得断断续续、有气无力、颇为难受；慢吞吞的人听快语，会感到焦躁心烦；年龄高的长者，听快言快语，难以充分理解其意。因此，讲话速度并无定论，应视对方情况，灵活掌握语速，随机应变。

打电话时，适当地提高声调显得富有朝气、明快清脆。人们在看不到对方的情况下，大多凭第一听觉形成初步印象。因此，讲话时有意识地提高声调，会格外悦耳、优美。

女性在对着镜子说话时，会很自然地微笑，人在微笑时的声音是更加悦耳、亲切的。

2. 应对特殊事件的技巧

接到顾客的索赔电话

索赔的客户也许会牢骚满腔，甚至暴跳如雷，如果作为被索赔方的设计人员缺少理智，像对方一样感情用事，以唇枪舌剑回击客户，不但于事无补，反而会使矛盾升级。

正确的做法是：处之泰然，洗耳恭听，让客户诉说不满，并耐心等待客户心静气消。其间切勿说："但是"、"话虽如此，不过……"之类的话进行分辩；应一边肯定顾客话中的合理成分，一边认真琢磨对方发火的根由，找到正确的解决方法，用肺腑之言感动顾客。从而化干戈为玉帛，取得顾客谅解。最后道别时，仍应加上一句："谢谢您打电话来。今后一定加倍注意，那样的事绝不会再发生。"

五、搞清楚客户的真实家装需求

你从事的是一种崇高的帮助人的行业，我们应该是一个随时准备帮助家装客户解决家装难题的人。家装客户可能正在焦头烂额地为装修发愁：准备装修成什么风格，用什么颜色，用什么材料，花多少钱？真不知如何入手——他也许正焦急地等待着你的帮助，而你的设计方案、你的装修知识，恰恰是客户所需要的，甚至是渴望的。认识到这一点，对家装设计师保持良好的心态非常重要。

我们知道，在设计师的接单过程中，了解家装客户的真实需求是非常重要的。设计师只有了解客户的家装需求，特别是客户的真正需要，才能设计出客户满意的设计方案。因此，设计师了解客户的需求是设计接单的前提和基础。然而，要想准确了解家装客户的真实需求并不是一件容易的事。在设计师接单时，很多家装客户对于自己的家装想法和要求根本就不知道怎么表达。有的家装客户只知道说"简单一点"。但"简单一点"到底是什么意思，甚至连他们自己都不知道。

家装设计要用设计的语言来交流沟通，设计师接待时应问些什么呢？

一般来说，家装设计前业主应向设计师提供装修住房的建筑平面图，介绍家庭基本情况（如人口、年龄结构、爱好等）和对设计的基本要求，包括装修的风格、色彩、主人的喜好、生活方式、生活习惯、用于装修的资金额度、装修用材的品种、品质等。同时应把业主已有的大概设想告诉设计师。

(一) 家装客户的相关背景资料

一些更深层次的资料对设计是非常有用的。例如以下所述四点。

1. 家庭因素分析

家装设计，是为了创造健康快乐的家庭生活。因此，掌握家装客户的家庭因素，对设计师的方案设计很重要。这其中包括：

家庭结构形态：属于新生期、发展期、再生期还是老年期？特别注意人口数量、性别与年龄特征。

家庭综合背景：包括籍贯、教育、信仰、职业等。

家庭性格类型：包括家庭的共同性格和家庭成员的个别性格，对于偏爱和偏恶、特长与缺憾等必须特别注意。

家庭经济条件：属于高收入，还是中、低收入，并根据实际情况设法制定出合理可行的预算。

2. 住宅条件分析

住宅建筑形态：属于新建的还是旧有的，是城市的还是乡村的。

住宅环境条件：包括住宅区的社区条件、邻近景观，并注意私密性、安定性是否充分。

住宅空间条件：包括整栋住宅与单元区域以及平面关系和空间构成。

住宅结构方式：是属于砖混、框架、剪力墙还是其他。

住宅自然条件：包括自然采光、日照、通风、温度与湿度等。

3. 设计师主要了解的内容

一般来说设计师要对以下问题作比较细致的了解：

关于建筑的类型：新房还是旧房，南向还是北向？

关于个人的活动情况：人口多还是少，是短期居住还是长期居住？

关于家装客户的欣赏品味：传统还是现代，喜欢东方还是西方？

关于家装客户的具体要求：如客厅是否兼作餐厅，是否单独设书房等？

关于对色彩的习惯及喜恶：如哪些是习惯色，是喜欢淡雅的还是浓烈的？

关于对装饰物的品种、造型和图案：写实的还是抽象的，是厚硬的还是柔软的？

关于对材料的习惯价值观：如木地板高级还是大理石高级，榉木好还是胡桃木好？

关于其他限制条件：如周围建筑物的形式、色彩、装饰水平等。

关于总造价问题：如家装客户在资金上的承受能力，最后付款的方式和时间等。

4. 家装客户应提供的资料

拟购置的家用电器和设备的主要品种、品牌及主要尺寸。

家具是购置还是装修时统一制作，或继续保留部分原有家具。

有什么特殊的要求：譬如厨房、卫生间平面布置及设施的空间安排等。

（二）家装客户的装修要求

要做出家装客户满意的设计方案，首先要了解家装客户的真实家装想法。一般家装客户选定设计师之后，只要方法得当，就会把自己对设计的设想和要求告诉设计师，此时设计师应仔细聆听用户意见，并做好记录，如果事后设计师发现有不清楚的地方，应与客户联系，直到全部明了为止。那么设计师一般都要了解哪些情况，都要问哪些内容呢?

1. 家装设计的风格

随时代变异，近期的家庭装修风格趋于向多元化的方向发展，其取舍不仅受我国传统建筑风格、西方风格、东方情节的影响，还受现代派潮流的影响，更受家装客户的个性、家庭成员的兴趣爱好、年龄、职业等诸多因素影响。这些风格在造型、色调和装饰技巧上各有差异，反映了家装客户在家装设计上的喜好和个性。设计师可以在接单的过程中充分了解这些。

2. 装饰等级及装饰标准

经济型：各部位只作简单的装修，适用于居住要求暂时不高，或只作短期安排过渡的家庭。

普通型：对居住要求较高，装修时在各方面均做得较好，既不逊色，又能跟上时代潮流，此类装饰适合于一般工薪阶层，投资不大，效果不错，入住后也很舒适。

豪华型：适合高收入阶层，从设计到材料选择、装饰造型、做工等都很讲究，具有独特的风格和鲜明的个性，带有超时代的装饰意识。

特种豪华型：具有特种品位的豪华装饰家居。例如：各种艺术家、收藏家、特殊爱好者的居室装饰，往往会体现其职业和爱好的特性，或者所向往的境地。

（三）家装设计师必须遵循的十五条客户原则

1）站在家装客户的立场，考虑问题唯一的目标就是满足他们的一切需要。

2）记住家装客户需要你的不只是设计、服务或是效益，他们需要的是价值。

3）家装客户有其自身的价值观，如果你希望他们从你那里得到满意，你必须学会用他们的眼光来看待你的设计和服务。

4）如果在完工后出现任何影响家装客户获得至少是他们所预期的价值的因素，家装客户就会觉得他们并没有得到与他们付出相应的回报，那就意味着你又多了位对你不满的客户。

5）不满意的家装客户不只是对企业构成威胁的因素，从另一方面看，更是改善公司形象的黄金时机。

6）有所要求的家装客户才是你们公司和设计师要极力争取的客户。他们能否获得充足的满意感，是公司和设计师能否真正发达兴旺的关键。

7）如果你希望成功地处理好与不满意家装客户的关系，那你就该把工作重心放在客户上，而不是设计本身上。

8）善待你的职员，这样他们才能善待你的家装客户。

9）家装客户的满意和忠诚才是最根本的，除此之外，不存在其他的折中方案。

10）以诚待客。当家装客户较注重诚意时，你就该充分地向他表露出你对这桩交易的诚信。

11）给家装客户以意外的惊喜。要想把 位不满意客户转变为满意客户，你必须在你起先所承诺的、但未提供的价值外，再附加一部分额外的价值给客户。

12）要把每一个家装客户都当做你长期的合作伙伴来对待，千万不能随意应付客户。

13）给不满意的家装客户以适当充分的理由来和你做再次的交易。

14）家装设计、施工或保修服务的全过程必须遵循有助丁提高客户的满意感及其对你们公司的忠诚度的原则。

15）每一组织都有自身的家装客户群，只有那些能持续给客户以满意感的公司才能真正兴旺发达起来，并对自身的发展充满信心。

六、学习家装快速徒手画的方法

学习家装快速徒手画最好先从容易的角度入手，让我们有充足的时间去观察和描绘对象，培养兴趣和信心。比如，学习之初可以选一些内容简单的设计师接单高手的快速徒手画范本，或者是一些家装室内的照片、图片、幻灯、书籍及至速写作品来临摹，然后增加一点难度，比如扩展表现的范围，增加一些室内外环境和建筑风景的内容，也可以外出写生等。总之，要掌握由易到难、循序渐进的学习原则。

（一）先大量临摹高手的作品

有个朋友曾对我说，他今年夏天的游泳水平提高得很快，理由很简单，他跟在一个游泳高手后面，模仿他的风格和动作。对于学习徒手画，这也是一个很有用的诀窍。通过临摹别人成熟的作品，你可以感受到他所使用的笔势和用色，并且这种感觉会逐渐在自己的心中形成。开始，对着他的作品一根线一根线地模仿，非常机械也非常费力。但是，随着你不断画下去，就会发现这么做会变得很容易，也更为轻松了。你开始认识到他的笔势和用色了，并在不知不觉中画出了线条。这时你与他融为一体，感觉达到一种“最佳状态”。这种感觉在任何一种学习过程中都存在，无论是学打网球还是学习变戏法。要知道任何大师都有临摹的经历，他们也许就会把它作为学画的诀窍。

初学快速手绘效果图的人，在下笔前总有一种茫然不知所措的感觉。可以先找一些绘制效果好、图面又不太复杂的范画进行临摹。注意在这一过程中吸收与掌握有价值的技法部分，训练自己的分析能力和动手能力，同时，也是为了逐步掌握绘图工具，以达到熟能生巧的目的（图1－13）。

图1－13　手绘效果图

（二）再经过仿效高手的阶段

临摹之后要做的就是仿效，它是指用别人的笔势和色彩风格来做自己的画。这是一个很有挑战性的练习。首先，通过观察临摹自己所敬仰的接单高手的作品来熟悉他的笔势和色彩风格。要注意线条的种类有哪些，色彩是如何运用的，作画的工具有哪些，哪些地方要严谨一些，哪些地方要放开一些，等等。认为他会如何处理每一笔，就如何处理那一笔。在仿效中，暂时忘记“自我”，穿上别人的鞋，由着他作决定。

不要担心会失去自我。把自己通过临摹学习的技法和具有参考价值的东西运用在所绘制的效果图中。虽然还残留着别人的痕迹，但这已经是从演习向实战过渡了。

有些设计师担心在临摹和仿效中会失去自我。“我害怕当我画得像别人的时候，我就找不回自己了”。其实，这种担心是多余的。不管怎样，模仿中总有自己的一些东西。

（三）最后再尝试自己进行创作

当我们经过临摹和仿效，对于快速徒手画的线条和用色都掌握得比较熟练了，就可以自己尝试进行创作。在这个阶段，我们可以根据某个家装方案的设计意图或作业课题等，进行创意表现。在表现过程中，要注意有效地通过设计构思及绘画技法的运用，把家装设计意图快速、完美地表现出来，这就成为我们带有个人风格和一定水平的快速手绘效果图。开始时也许速度并不快，线条和色彩也并不漂亮，但只要多练习，坚持下去就会有收获。只要有信心耐力，掌握正确的思想和工作方法，持之以恒，长期积累，总有一天会在快速徒手画表现上达到“意到笔到，得心应手”的境界。

由此可见，学习家装快速手绘效果图，也和学习其他艺术一样，有一个由浅入深、由简单到复杂的过程。我们每个年轻设计师在学习的过程中，都希望能够通过自己的努力，用较短的时间掌握快速手绘这门技能。因此，正确而有效的学习方法是非常重要的。

七、家装设计合同

甲方：________________ 身份证号：________________

地址：________________ 联系电话：________手机号：________

乙方：________________ 身份证号：________________

地址：________________ 联系电话：________手机号：________

经甲、乙双方协商，签订本协议，并共同履行。

第一条 工程项目

甲方委托乙方承担以下工程的设计任务：

工程地址：

第二条 设计收费及支付方法

（一）经甲乙双方商定设计收费为______元，金额大写：________。

（二）付款方式

甲乙双方采用以下付款方式

1）量房前甲方支付预付款20%，计人民币______元（包括上门测量房屋费和平面方案设计费）。

2）乙方的平面方案经甲方确认后，甲方即付乙方设计费全部金额的30%，计人民币______元。乙方须为甲方制作完成全套施工图。

3）乙方在交付给甲方全套设计图后，甲方付乙方设计费的40%，计人民币______元。

4）甲方如需乙方制作效果图，价格为______元/张（A4）。

5）在全部装饰工程完工和乙方为甲方挑选后期配饰完成之后，经甲方认可，付清乙方余下的设计费，共计________元。

第三条 设计内容约定

（一）乙方应交付给甲方全套设计图纸

1）设计总说明；

2）平面设计图及地面材质图；

3）各部位立面图及剖面图；

4）节点大样图；

5）固定家具制作图；

6）强、弱电平面图；

7）强、弱电系统图；

8）给水排水平面图（涉及改造部分）；

9）顶视图；

10）效果图（甲方如需乙方制作）；

11）装修材料表。

（二）设计内容及交付标准

1. 平面设计图

平面设计图包括底部平面设计图和顶部平面设计图两份。平面图应有墙、柱定位尺寸，并有确切的比例。不管图纸如何缩放，其绝对面积不变。有了室内平面图后，设计师就可以根据不同的房间布局进行室内平面设计。平面图表现的内容有三部分，第一部分标明室内结构及尺寸，包括居室的建筑尺寸、净空尺寸、门窗位置及尺寸；第二部分标明结构装修的具体形状和尺寸，包括装饰结构在内的位置、装饰结构与建筑结构的相互关系尺寸、装饰面的具体形状及尺寸，图上须标明材料的规格和工艺要求；第三部分标明室内家具、设备设施的安放位置及其装修布局的尺寸关系，标明家具的规格和要求。

2. 设计效果图（甲方如需乙方制作）

设计效果图是在平面设计的基础上，把装修后的结果用透视的形式表现出来。通过效果图的展示，甲方能够明确装修活动结束后房间的表现形式。它是甲方最后决定装修的重要依据，因此是装修设计中的重要文件。装饰效果图有黑色及彩色两种，本案为彩色效果图，能够真实直观地表现各装饰面的色彩，所以它对选材和施工也有重要作用。

3. 设计施工图

施工图是装修得以进行的依据，具体指导每个工种、工序的施工。施工图把结构要求、材料构成及施工的工艺技术要求等用图纸的形式交待给施工人员，以便准确、顺利地组织和完成工程。

施工图包括立面图、剖面图和节点图。

施工立面图是室内墙面与装饰物的正投影图，标明了室内的标高、吊顶装修的尺寸及梯次造型的相互关系尺寸，墙面装饰的式样及材料、位置尺寸，墙面与门、窗、隔断的高度尺寸，墙与顶、地的衔接方式等。

剖面图是将装饰面剖切，以表达结构构成的方式、材料的形式和主要支承构件的相互关系等。剖面图标注有详细尺寸、工艺做法及施工要求。

节点图是两个以上装饰面的汇交点，按垂直或水平方向切开，以标明装饰面之间的对接方式和固定方法。节点图应详细表现出装饰面连接处的构造，注有详细的尺寸和收口、封边的施工方法。在设计施工图时，无论是剖面图还是节点图，都应在立面图上标明，以便正确地指导施工。

（三）预算、材料定稿（细谈）

1）建材适用性讨论；

2）工程预算书确认；

3）建材表拟定。

第四条　双方权利及义务

（一）甲方

1）初步达成协议后，甲方带领乙方设计师至居室现场进行实地测量记录。

2）平面设计阶段，甲方有权较大地变更自己的设计要求两次；施工图阶段，甲方有权较大地变更自己的设计要求一次。细节变更不计。

（二）乙方

1）自协议签订之日起，乙方于____年____月____日前提交平面设计图，若甲方不满意此次设计，乙方须提交修改后的平面设计图，直至甲方认可为止。

2）平面设计定稿后，乙方须提交全套设计图。

3）甲方认可乙方设计的全套设计图后，乙方须提交全套装修材料表，拟定预算书。

第五条　合同纠纷解决方式

本协议在执行过程中发生纠纷，由双方友好协商解决。协商不成，提请相关部门仲裁解决。

第六条　未尽事宜与附加条款

（一）本协议未尽事宜由甲乙双方协商确定，并形成书面协议作为本协议的附件执行。

（二）本协议附加条款如下：

1）乙方负责本协议所列工程设计项目开工前的设计交底工作；

2）乙方应及时解决施工期间与设计有关的技术问题；

3）乙方提供陪同挑选装饰材料、家具和软装饰的服务。如甲方发现乙方在此过程中有向供应商索取回扣的事情发生，甲方有权扣除与回扣相应数额的设计费。

第七条　协议文本

1）本协议经甲、乙双方签字后生效。

2）本协议签订后乙方不得将甲方的委托设计转包。

3）本协议一式两份，甲、乙双方各执一份。

4）协议履行完后自动终止。

甲方：________________	乙方：________________
签字：________________	签字：________________
签约地址：______________	签约地址：______________
签约日期：______________	签约日期：______________

测量客户房屋

量房是房屋装修的第一步，这个环节虽然细小，但却是非常必须和重要的。

简单地说，量房就是客户带设计师到需装修的住房内进行实地测量，对房屋内各房间的长、宽、高以及门、窗、空调、散热气等的位置进行逐一测量。量房首先会对装修的报价产生直接影响，同时，量房过程也是客户与设计师进行现场沟通的过程，了解客户的初步意向及对空间、景观取向的装修期望，包括墙体的移动、卫生间位置的改变、建筑门窗的改变等，记录并在现场度量工作中检查是否可行，根据实地情况提出一些合理化建议，与客户进行现场沟通，为以后设计方案的完整性作出补充。它虽然花费时间不多，但看似简单、机械的工作却影响和决定着接下来的每个装修环节。

设计不是简单的机械重复，每位业主的房屋内外环境都是不同的，不同的地理环境与空间状态，决定了不一样的设计。设计师在量房现场，就必须仔细观察房屋的位置和朝向，以及周围的环境状态，噪声是否过大、空气质量如何、采光是否良好等。因为这些状况直接影响到后期的设计，若房子临近街道，过于吵闹，设计师可以建议业主安装中空玻璃，这样隔声效果比较好；如果房屋原来采光不好，则需要用设计来弥补。

一、准备工作

(一) 测量客户房屋的意义

1) 是认识了解客户房屋的重要依据和途径（了解房屋的空间、构成、尺度和细部构造)。

2) 通过实践，提高对设计及空间的感悟。

3) 有助于设计思维的培养。

4) 量化分析，深入具体。

5) 培养协作精神和严谨工作作风。

(二) 量房必须坚持的原则

1) 实事求是、忠实地记录测量数据，切忌主观臆想。

2) 辩证地对待施工误差。

3) 合理确定精度标准，允许有误差，不允许有错误。

4) 测绘方案合理，记录完整准确，图纸表达正确清晰。

5）按顺序从整体到局部，再回到整体。

（三）量房准备

1）设计师选好成员。

2）预先准备好硬质文件夹或速写本。

3）复印好 1∶100 或 1∶50 的建筑框架平面图两张（由客户提供），一张记录地面情况，一张记录天花图情况（小空间可一张完成），并尽可能带上设备图（梁、管线、排水图纸）。

4）携带硬卷尺、皮拉尺、铅笔、各类色笔、橡皮、涂改液、数码相机等相关工具。

5）穿着行动方便的运动服装或耐磨式服装，穿硬底鞋或厚底鞋（因为工地会有许多突发的因素，避免受伤）。

二、观察并记录房屋已有各界面情况

主要分四个步骤：了解房屋结构—了解房屋已有各界面情况—熟悉房屋格局的基本情况—平面图的简单绘制，具体操作如下。

（一）了解房屋结构

1）平层。

2）错层：了解原有错层情况。

3）跃层：了解原有楼梯情况（转折楼梯、直跑楼梯、旋转楼梯等）。

（二）了解房屋已有各界面情况

1. 墙面

墙体结构：砖混结构、框架结构（判断承重墙/非承重墙）、可拆的限度。

墙面情况：抹灰/防磁涂料、乳胶漆/瓷砖等。

2. 地面

已铺地砖/凿毛水泥素地面。

厨房、卫生间是否已做防水。

3. 天花

所铺管道、梁。

（三）熟悉房屋格局的基本情况

了解客厅、餐厅、卧室、厨房、卫生间的形状及大小。

了解各个空间所在的位置。

（四）平面图的简单绘制

比例的把握。

墙体、门窗的表现。

梁的表现。

设备位置的示例。

三、详细测量项目

（一）房屋的测量

1）定量测量：主要测量每个房间的长、宽、高。

2）定位测量：主要标明门、窗、暖气罩位置（如：准确记录门窗位置、高度、宽度及离地多少、开合方式。如果是飘窗还要测量窗台的宽度）。

3）高度测量：主要测量各房间的净高、梁底高度。

4）厚度测量：墙体。

5）其他测量：梁、柱的尺寸。

6）水、电、气的具体情况。

厨房给水排水管、地漏的位置及尺寸。

厨房烟道的位置，燃气阀门的位置。

卫生间给水排水管、地漏的位置及尺寸。

卫生间蹲坑的位置及尺寸。

强弱电箱的位置，室内已有开关插座的位置。

测量后，在室内平面图（或客户提供的平面图）中标注各房间的具体尺寸、功能，标明门窗的位置；绘制天花图，标明梁的高度及分布；辅助绘制主要空间立面图。

（二）量房时应注意的问题

1）为了不遗漏项目，可以从进门右手边依次开始测量，最后回到原位。

2）放线以柱中、墙中为准，测量柱梁、楼梯地台结构落差与建筑标高的实际情况。

3）记录现场间墙工程的误差（如墙体不垂直、墙体不成90°）。

4）结构复杂的地方测量要谨慎、精确。跃层空间要测量各层的实际标高、旋转楼梯的弧度、楼梯转折位置的实际情况。

5）复检外墙门窗的开合方式、落地情况以及记录外景的方向、采光等情况，并在图纸上用文字描述采光、通风及景观情况。

6）为了使记录图纸一目了然，可以用红色笔标出管道、管井位置，用绿色笔标注尺寸、符号，用其他色笔描画出结构出入的部分，用黑色笔、铅笔进行文字标高记录。

7）量房中要做到认真、细致。

装修客户的住房状况，对装修施工报价也影响甚大，这主要包括：

地面：无论是水泥抹灰还是地砖的地面，都须注意其平整度，包括单间房屋的以及各个房间地面的平整度。平整度的优劣对于铺地砖或铺地板等装修施工单价有很大影响。

墙面：墙面平整度要从三方面来度量，两面墙与地面或顶面所形成的立体角应顺直，两面墙之间的夹角要垂直，单面墙要平整、无起伏、无弯曲。这三方面与地面铺装以及墙面装修的施工单价有关。

顶面：其平整度可参照地面要求。可用灯光试验来察看是否有较大阴影，以明确其平整度。

门窗：主要察看门窗扇与柜之间横竖缝是否均匀及密实。

厨卫：注意地面是否向地漏方向倾斜；地面防水状况如何；地面管道（给水排水及煤、暖水管）周围的防水；墙体或顶面是否有局部裂缝、水迹及霉变；洁具给水排水有无滴漏，排水是否通畅；现有洗脸池、坐便器、浴池、洗菜地、灶台等位置是否合理。

四、量房中的验房

（一）新房的验收

如何验收房子呢？当然，这里面所列的项目，对于验收任何类型的房子都是起作用的，包括验收商用办公室。

1. 看墙壁

不知道从什么时候开始，看墙壁竟然成为房屋验收的首要问题。其实即使是在20世纪80年代建的房子都没有现在的房子那么弱不禁风。验收这个，最好是在房子交楼前，下过大雨的第二天前往视察一下。这时候墙壁如果有问题，几乎是无可遁形的。墙壁除了渗水外，还有一个问题，就是墙壁是否有裂纹。有一个朋友曾反映过他家墙壁有一个门形的裂缝，后来追问开发商，才知道原来是施工时留下的升降梯运货口，后来封补时，马虎处理以致留下后患。

2. 验水电

首先是验一下房屋的水电是否通了。当然，对于一些高级装修来说，多数的水电后期都要更换，所以有时候这些内容倒不是很关键，但如果你不打算更换水电的话，那么这些东西就必须认真验收了。验电线，除了看看是否通了电外，主要是看电线是否符合国家标准质量。再就是电线的截面面积是否符合要求。一般来说，家里的电线不应低于2.5mm^2，空调线更应达到4mm^2，否则使用空调时，容易过热变软。当然，这是一种理想的配置，多数土建的电线会差一个等级。

3. 验防水

这里所说的防水，指的是厨卫、阳台的防水。当然，目前交付的房子，有一些事先已经声明没有做防水，这就需要装修做了。如果在交付时已经做了防水，那么我们就不得不对防水是否做好作出验证了。如果在装修前不试一试，那么在你装修好时再发现漏水维护工程就大了。你不得不拆除已经装修一新的地面来做一层新的防水层。验收防水的办法是：用水泥砂浆做一个槛堵着厕卫的门口，然后再拿一胶袋罩着排污/水口，再加以捆实，然后在厕卫放水，浅浅就行了（约高 2cm）。然后约好楼下的业主在 24h 后察看其家厕卫的天花。主要的漏水位置是：楼板直接渗漏；管道与地板的接触处。

4. 验管道

这里所指的管道，指的是排水/污管道。尤其是阳台之类的排污口，验收时，预先拿一个盛水的器具，然后倒水进排水口，看看水是不是顺利地流走。为什么要验收这个呢，因为在工程施工时，有一些工人在清洁时往往会“偷”这个工，把一些水泥渣倒进排水管流走，如果这些水泥较黏的话，就会在弯头处堵塞，造成排水困难。

还有一种情况，那就是看看排污管是否有蓄水防臭弯头。按照经验而言，如果排污管没有蓄水防臭弯头，那么整体房屋质量也就得打十二分折扣了。为什么排污管需要这种弯头，因为弯头会蓄水，这样来自下层管道的臭味、气味就会被挡在这层之下。而没有弯头的话，洗衣间和厕所的排水口就会散发一种异味。也许有开发商会认为用防臭地漏就行了，工程的实践证明，防臭地漏远远不能满足实际需要。而正是这种小地方，往往最能体现建筑商的施工质量。

5. 验地坪

其实验收这个，对于普遍用户是有一定难度的。验地坪就是测量一下离门口最远的室内地面与门口内地面的水平误差。验这个，很多时候也可以体现开发商的建筑质量。因为作为业主方，根本是不可能去验收主体结构的。那么就只能从这些细节来看质量了。如果你不嫌麻烦，那么测量的方法也是挺简单的。去五金店买一条小的透明水管，长度约为 20m 吧，然后注满水。先在门口离地面 0.5m 或 1m 处画一个标志。然后把水管的水位调至这个标志高度，并找个人固定在这个位置。然后把水管的另一端移至离门口最远处的室内。然后看水管在该处的高度，然后再作一个标志。然后用尺测量一下这个标志的离地高度是多少。这两个高度差就是房屋的水平差。你也可以通过与此类似的办法，测量出全屋的水平差度。一般来说，如果差度在 2cm 左右是正常的，3cm 也在可以接受的范畴。如果出了这个范围，你就得注意了。我见过最严重的水平差度达到 7cm 的，测量后我还以为我测量错了呢。以上工作是有点繁琐的，如果你有朋友拥有激光扫平仪，这个问题就好解决多了。

6. 验层高

如果你的合同有这一个条款，那么你是应该测量一下楼宇的层高的。方法很简单，把尺顺着其中的两堵墙的阴角测量（这是最方便放置长尺而不变弯的最佳办法)，你应该测量户内的多处地方。一般来说，在2.65m左右是接受的范围，如果房屋低于2.6m，那么对此房屋就得作些考虑了。这种房屋将使你日后不得不生活在一种压抑的环境里。做矮层高对于开发商来说，是非常有效的一种节约成本的方法。①减少总承重，这样基础部分的成本就可以节约一部分。②虽然只减了10cm左右，但是总体算起来，成本节约也是很多的，尤其对于成片开发的住宅区来说，更是如此。③在一定的高度中，降低层高可以建设更多的层数。

7. 验门窗

这里尤其以验收窗为主。验收的关键一点是验收窗和阳台门的密封性。窗的密封性验收最麻烦的一点是，只有在大雨天方能试出好坏。但一般可以通过察看密封胶条是否完整牢固这一点来证实。阳台门一般要看阳台门内外的水平差度。曾经遇到过一种情况，阳台的水平与室内的水平竟然是一样的，这样，就很难避免在大雨天雨水渗进的问题了。

(二) 旧房的验收

现在的房地产二手市场也是非常活跃的，很多人都会买二手房作为置业或投资。当你去看一个旧房子时，也得保持十二分精神才是。

除了可以参考新房的验收办法外，由于二手房多数是已经装修过的，有一些特征就不是很方便参照新房的验收办法来查阅了，这里面提供一些旧房的验收附加办法：

1) 看墙壁。一般来说，如果二手房没有经过临时的粉刷，那么墙壁有渗水的话，会有泛黄或者乳胶漆“流涕”的迹象。如果房主在转手房子前作了粉刷也是比较容易看得出的，因为这种粉刷往往比较马虎。从刷痕中也可以隐约看得出一些迹象来，因为房主在转手房子前如果对墙壁进行全体的装修，成本有点高。

2) 看地面。主要是看清楚踢脚线部位有没有渗水迹象，包括乳胶漆或者墙纸表面有没有异常。另外，尤其是要看是否有发黑的部位。

3) 把已放家私搬开。有一些人买二手房时，都会看到房子里面还放有一些家具。房主往往会很好心地跟你说：“刚买的，不舍得丢，你能用就拿去用”。话你可听，但工作还得继续，把家具从原墙地面搬开，检查这些部位是否存在着掩蔽的问题。

4) 验防水。旧房子验防水的难度可能更简单点。到楼下借看一下顶棚，看看是否有漏水现象。另外，洗手间与厨房的邻近墙面（另一面）也是可以看到一些迹象的。

五、量房沟通 *N* 问

(一) 测房前沟通

请问您贵姓?

请问您家里居住几口人?

有老人和小孩吗?

能说明一下，您是做什么工作的吗?

您对整体的装修风格有什么要求?

您的兴趣及爱好?

(二) 门厅

是否要做进户门套?

鞋柜是想现场做还是买成品?

如果制作鞋柜，是否考虑装伞、钥匙，上方是否挂衣服、包，要考虑镜子吗?

鞋柜上方材质的喜好（透明或半透明)，是否装灯?

鞋柜内部结构、鞋码、鞋子款式?

门厅是否吊顶（照明必须亮，看清房间里外人的脸)?

(三) 客厅

是否做背景墙，背景墙的材质喜好?

电视柜是做还是买?

电视的大小?

音箱的类别，挂式或落式（有助于排线)?

功放的位置，前或后?

吊顶（单级、叠级、曲或直)?

窗帘需要（透明或不透明)?

是否有宗教信仰（佛堂)?

灯光照明，是否要主灯，喜好筒灯还是射灯?

是否有装饰画、特殊装饰品，大小、尺寸如何?

是否养鱼、宠物?

地面材料（如有老人、小孩，不要用地毯，地面要平整)?

地面的颜色?

旧家具是否沿用?

尺寸、颜色? 踢脚线是否需要特殊材质?

客厅是否是设计休闲空间?

客厅电器（湿度调节、空调)?

(四) 餐厅

餐厅尺寸，就餐人数?

是否喜欢吃火锅（地插)?

酒柜要否，尺寸大小如何?

餐厅是否吊顶?

餐厅是否配置电视、音箱?

地面材质是否要与客厅相同?

饮水机位置?

(五) 厨房

是否需要开放式厨房?

如果要门，工艺门还是成品门?

是否经常做饭?

橱柜需求，现场制作或品牌定做，色彩?

经常煮饭人的身高、习惯?

厨房电器情况（如水龙头、净水器、冰箱、洗衣机与橱柜一体化)?

是否装热水器，位置?

顶面灯（筒灯、吸顶灯)?

吊柜下装灯（40W，使用工作台面有500lx，lx为光亮度单位，如果是600W顶灯，台面只有150lx)?

是否用双灶（煤气、电磁)?

(六) 阳台

拖把池位置预留（排水)?

洗衣机是否考虑在阳台上?

是否在阳台制作吊柜?

是否要封阳台（阳台允许封的前提下)? 晾衣架?

阳台墙面是否贴地砖?

是否在阳台种植物?

(七) 卫生间

热水管是否串联?

盥洗区与卫生间是否要做隔断?

卫生间用蹲坑还是坐便器?

次卫生间是否要小便池?

原墙地砖是否要更换?

面盆柜是现场制作还是买?

剃须、吹风是否预留?

卫生间的颜色、色调（冷暖)、顶面材料?

浴缸、淋浴房还是喷头?

是否有特殊照明?

门的种类?

(八) 书房

藏书量是否大?

有特殊尺寸的书吗?

收藏品展示的多吗?

书桌、书柜是现场做还是购买成品?

墙面使用什么样的材质? 色彩倾向?

电话、电视、宽带是否都要考虑?

音响是否有特殊需求?

地面材料的选择倾向?

书房是否要兼作客房、休闲区使用?

是否要做窗套? 窗台板安装时有什么特殊要求?

是否要考虑吊顶，灯光上有特殊要求吗?

是否考虑空调?

(九) 主卧室

电话线是串联还是单独排线?

床头是否做背景?

是否考虑吊顶?

灯光有特殊要求吗?

你准备摆放的床的尺寸、床头柜的尺寸?

是否摆放电视、电脑?

是否考虑空调?

音响是否有特殊要求?

卧室有其他功能要求吗（如办公)?

床头是安放壁灯还是台灯（如躺在床上看书，灯应距褥面750mm)?

床头的朝向有特殊要求吗?

地面的材料选择倾向?

窗套要做吗? 窗台板是否有特殊的安装要求?

如要墙体打拆，隔声上是否有特殊要求?

室内是否摆放梳妆台?

室内是否摆放保险柜?

衣柜是现场制作还是买成品?

（十）儿童房

是男孩还是女孩？多大了？

孩子喜欢的颜色？

孩子的兴趣及爱好？

墙面材料的选择（壁纸、乳胶漆）？

床头是否做背景？

是否考虑吊顶？

灯光有特殊要求吗？

安放壁灯还是台灯？

你准备摆放的床的尺寸、床头柜的尺寸？

房间兼作学习场所吗？

是否摆放电视、电脑？

是否考虑空调？

地面材料的选择？

（十一）老人房

老人的身体状况？

老人的生活习惯？

老人的爱好？

摆放双床还是单床？

地面材料的选择？

墙面材料的选择（壁纸、乳胶漆）？

床头是否做背景？

是否考虑吊顶？

灯光有特殊要求吗？

安放壁灯还是台灯？

你准备摆放的床的尺寸、床头柜的尺寸

是否要摆放电视机？

是否考虑空调？

（十二）次卧室

是否有保姆？

保姆间的家具是买成品还是现场制作？

卧室要做标间形式吗？

电视、电脑、空调是否要考虑？

还有其他特殊要求吗?

（十三）楼梯间

作景观处理还是作贮藏用?

楼梯的款式?

踏步的材料有无要求?

使用地脚灯、壁灯还是顶灯?

有无其他特殊要求?

（十四）贮物及衣帽间

现场制作柜子还是买成品?

衣帽间还做门吗?

贮物情况（衣物、鞋、伞、儿童玩具、吸尘器、渔具、其他日用品、季节性物件、特殊大件)?

家装方案设计与确定

一、住宅室内的空间特征

（一）流线分析

流线俗称动线，是指日常活动的路线。人们对流线的概念可能还不太熟悉，其实，这是在平面布局设计中经常要用到的一个基本概念。它根据人的行为方式把一定的空间组织起来，通过流线设计分割空间，从而达到划分不同功能区域的目的。而且随着居民住房由满足需求型向改善型过渡，100m^2 以上的大套型住宅逐渐成为目前房型的主流。空间如何规划，流线设计尤为关键（图 1－14）。

一般来说，居室中的流线可划分为家务流线、家人流线和访客流线，三条线不能交叉，这是流线设计中的基本原则。如果一个居室中流线设计不合理，流线交叉，就说明空间的功能区域混乱，动静不分，有限的空间会被零散分割，居室面积被浪费，家具的布置也会受到极大的限制。

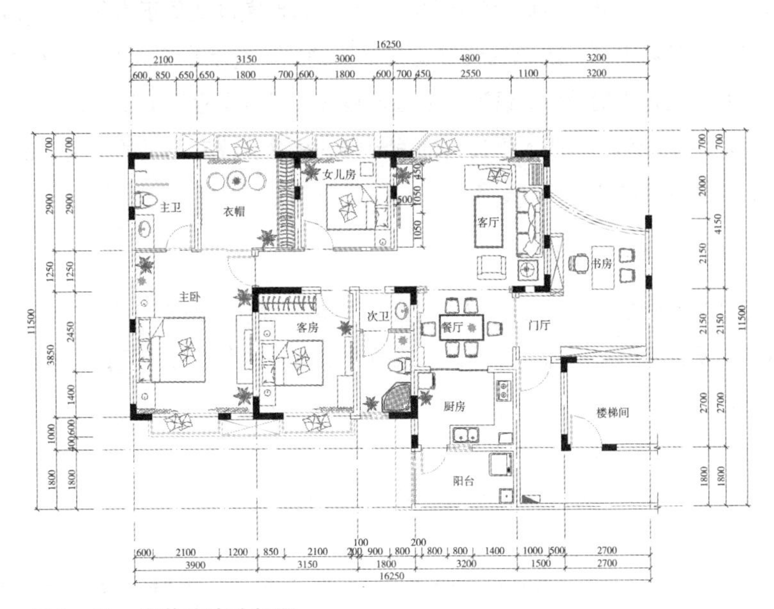

图 1－14　家装流线分析图

1. 家务流线

储藏柜、冰箱、水槽、炉具的顺序安排，决定了下厨流线。由储存、清洗、料理这三道程序进行规划，就不会有多绕几圈浪费时间、体力，或在忙乱中打翻碗碟的现象。除思考自己下厨的习惯外，充分地考虑流线，比如以 L 形流线安排、设计厨房用品的摆设，会是女主人最轻松的下厨流线。一般人家中的厨房可能较狭窄，流线通常排成一直线，即使如此，顺序不当还是会引起使用上的不便。举例来说，假使料理台的流线规划是先冰箱、炉具，然后是水槽清洗，再走回炉具进行烹调，感觉流线并不顺畅，如果一开始的安排就是冰箱、水槽、炉具，使用起来会更流畅。

2. 家人流线

家人流线主要存在于卧室、卫生间、书房等私密性较强的空间。这种流线设计要充分尊重主人的生活格调，满足主人的生活习惯。目前流行的在卧室里面设计一个独立的浴室和卫生间，就是明确了家人流线要求私密的性质，为人们夜间起居提供了便利。此外，床、梳妆台、衣柜的摆放要适当，不要形成空间死角，让主人感觉无所适从。

3. 访客流线

访客流线主要指由入口进入客厅区域的行动路线。访客流线不应与家人流线和家务流线交叉，以免在客人拜访的时候影响家人休息或工作。客厅周边的门是保证流线合理的关键，一般的做法是客厅只有两扇门。而流线作为功能分区的分隔线划分出主人的接待区和休息区。目前大多数的流线设计中把起居室和客厅混为一谈。这样一来，如果来访者只是家庭中某个成员的客人，那么偌大的客厅就只属于这个人，其他家人就得回避，浪费空间不说，还影响其他家庭成员正常的活动。若访客比较频繁，在起居中划分出单独会客室是必要的。流线就是把人的活动串联起来，使空间的格局满足人的需要。设计者通过流线设计可以有意识地以人们的行为方式加以科学的组织和引导，向人们传达动静分区的概念，改变不良的生活习惯，为业主提供人性化的住宅室内设计。

（二）住宅的空间组成

根据住宅室内的流线分析，以及各空间的功能性质，通常可将其划分为三类：一是家庭成员公共活动空间；二是家庭成员个人活动的私密性空间；三是家庭成员的家务活动辅助空间。

1. 公共活动空间

群体区域是以家庭公共需要为对象的综合活动场所，是一个与家人共享天伦之乐兼与亲友联谊情感的日常聚会的空间，它不仅能适当调节身心，陶冶性情，而且可以沟通情感，增进幸福。一方面它成为家庭生活聚集的中心，在精神上反映着和谐的家庭关系；另一方面它是家庭和外界交际的场所，象征着合作和友善。家庭的群体活动主要包括谈聚、视听、阅读、用餐、户外活动、娱乐及儿童游戏等内容。这些活动规律、状态根据不同的家庭结构和家庭特点（年龄）有极大的差异。主要包括门厅、起居室、餐厅、游戏室、家庭影院等种种属于群体活动性质的空间（图 1－15）。

2. 私密性空间

图 1－15 某客厅效果图

私密性空间是为家庭成员独自进行私密行为所设计提供的空间。它能充分满足家庭成员的个体需求，既是成人享受私密权利的禁地，亦是子女健康不受干扰的成长摇篮。设置私密空间是家庭和谐的主要基础之一，其作用是使家庭成员之间能在亲密之外保持适度的距离，可以促进家庭成员维护必要的自由和尊严，解除精神负担和心理压力，获得自由抒发的乐趣和自我表现的满足，避免无端的干扰，进而促进家庭情谊的和谐。其特点是针对多数人的共同需要，根据个体的生理和心理差异、爱好和品位而设计；书房和工作间是个人工作、思考等突出独自行为的空间，其特点是针对个体的特殊需要，根据个体的性别、年龄、性格、喜好等个别因素而设计。完备的私密性空间具有休闲性、安全性和创造性特征，是能使家庭成员自我平衡、自我调整、自我袒露的不可缺少的空间区域。主要包括卧室、书房、卫浴室等处，是供人休息、睡眠、梳妆、更衣、淋浴等活动和生活的私密性空间（图 1－16）。

图 1－16 某卧室

3. 家务活动辅助空间

家务活动是一个琐碎繁重的工作——清洁、烹饪、养殖等。人们为此付出大量的时间和精力。假如不具备完善的有关家务活动的工作场地和设施，家庭主妇们必将忙乱终日，疲于应付，不仅会给个人身心招致不良影响，同时会给家庭生活的舒适、美观、方便等带来损害。相反，如果家务工作环境能够提供充分的设施以及操作空间，不仅可以提高工作效率，给工作者带来愉快的心情，而且可以把家庭主妇从繁忙的事务中一定程度地解放出来，参加和享受其他方面的有益活动。

图 1－17 某厨房

家务活动以准备膳食、洗涤餐具、衣物、清洁环境、修理设备为主要范围，它所需要的设备包括厨房（图 1－17）厨具、操作台、清洁机具（洗衣机、吸尘器、洗碗机）以及用于储存的设备（如冰箱、冷柜、衣橱、碗柜等）。因而家务工作区域的设计应当首先对每一种活动都给予一个合适的位置；其次应当根据设备尺寸及使用操作设备的人体工程学要求给予其合理的尺度；同时在可能的情况下，使用现代科技产品，使家务活动能在正确舒适的操作过程中成为一种享受。

（三）住宅室内设计的基本要求

住宅室内设计，即是指对居住空间的规划和设计。随着生活水平的提高，人们对居住环境越来越重视和关注，要求满足的基本要求如下。

1. 使用功能布局合理

住宅的室内环境，由于空间的结构划分已经确定，在界面处理、家具设置、装饰布置之前，除了厨房和浴厕，由于有固定安装的管道和设施，它们的位置已经确定之外，其余房间的使用功能，或一个房间内功能地位的划分，应按其特征和使用方便的要求进行布置，做到功能分区明确。集中归纳起来，即要做到公私分离、动静分离、洁污分离、干湿分离、食寝分离、居寝分离（图1－18）。

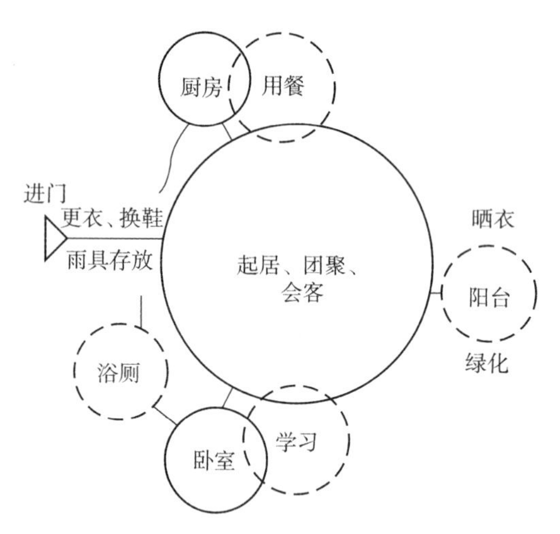

图1－18　家装功能图

2. 风格造型整体构思

构思、立意，可以说是室内设计的“灵魂”。室内设计通盘构思，是说打算把家庭的室内环境设计装饰成什么风格和造型特征，即所谓“意在笔先”。先有了一个总的设想，然后才着手地面、墙面、顶面怎样装饰，买什么样式的家具、什么样的灯具以及窗帘、床罩等室内织物和装饰小品。

当然，家庭和个人各有爱好，住宅内部空间组织和平面布局有条件的情况下，空间的局部或有视听设施的房间等处，在色彩、用材和装饰方面也可以有所变化。一些室内空间较为宽敞、面积较大的公寓、别墅则在风格造型的处理手法上，变化可能性更为多一些，余地也更大一些。

3. 色彩、材质协调和谐

色彩是人们在室内环境中最为敏感的视觉因素，因此根据主体构思，确定住宅室内环境的主色调至为重要。住宅室内各界面以及家具、陈设等材质的选用，应考虑人们近距离长时间的视觉感受，以及肌肤接触等特点，材质不应有尖角或过分粗糙，也不应采用触摸后有毒或释放有害气体的材料。家具的造型款式、色彩和材质都将与室内环境的使用性和艺术性休戚相关。例如小面积住宅中选用清水亚光的实木家具，辅以棉麻类面料，常使人们感到亲切淡雅。色彩的选择，与室内设计的风格定位有关，例如室内为中式传统风格，通常可用红木、榉木或仿红木类家具，色彩为酱黑、棕色或麻黄色（黄花梨木），壁面常为白色粉墙，室内环境即家具与墙面的高明度对比布局。住宅室内装饰材料的选用，应按无污染、不散发有害物质的“绿色”装饰材料来要求，装饰材料应通过国家检测标准，并应争取通过（ISO）国际质量检测标准。

4. 突出重点利用空间

住宅室内设计应从功能合理、使用方便、视觉愉悦以及节省投资等方面综合考虑，要突出装饰和投资的重点。近入口的门斗、门厅或走道尽管面积不大，但常给人们留下第一印象，也是回家后首先接触的室内，宜适当从视角和选材方面予以细致设计。起居室是家庭团聚、会客等使用最为频繁、内外接触较多的房间，也是家庭活动的中心，室内地面、墙面、顶面各界面的色彩和选材，均应重点推敲进行设计。

二、门厅设计

门厅原指佛教的入道之门，现在泛指厅堂的外门，也就是居室入口的一个区域。门厅，住户入口前室，也称之为斗室、斗门或过厅，是入户门室内的一个缓冲，是提高住宅居住档次不可忽视的一个环节。评价住宅质量的重要标准之一，就是入户后是否有隔离或过渡，即门厅的设置（图1－19）。

图1－19　门厅

门厅，说来有些类似于中式传统民宅的“影壁”。不但使外人不能直接看到宅内人的活动，同时，通过影壁在门前形成一个过渡性的灰色空间，为来客导引方向，也给主人一种领域感，体现了中国人讲究礼仪、含蓄的住宅文化。当代住宅形式的变化虽然已经不再有设置影壁的可能，但在一套单元房里设置一个门厅，恰恰起到了“影壁”的效果。

门厅，这个空间在现代家居中正日益受到重视。不过也有许多人不理解，本来房子就小，何必还辟出一处空间作没有太多实用价值的门厅？如果说家是一首诗，那么门厅就是诗的引子，引子将带出整个家的基调。一个漂亮的耐人寻味的引子，其实也就是主人品位与情趣的体现。

（一）门厅的作用

1. 隔断性

也就是在进门处运用装饰手段，划出一块区域，在视觉上遮挡一下，起到缓冲视线的作用。门厅处于大门的入口处，是从室外到室内的一个过渡。室外的喧嚣、紧张，室内的宁静、自由，两种不同的空间感受，人在心理上、视觉上都要有一个缓冲，以适应这种状态之间的转换。

另外，门厅的设置也为外来访客留下了“视觉悬念”，避免客人一进门就对整个居室一览无余，保护了主人的私密性。虽然客厅不像卧室那样具有较强的隐秘性，但如果客厅与门厅连为一体，中间又毫无遮拦的话，客人一进门便对客厅的情况一目了然，这会令主、客在心理转化的过程中缺乏必要的缓冲，使双方都感到很唐突。所以最好能在客厅与入户门之间进行一下隔断，除起到一定的装饰作用外，还便于客人来访时，能使客厅中的成员有个心理准备。

2. 装饰性

进门第一眼看到的就是门厅，这是客人从繁杂的外界进入这个家庭的最初感觉。门厅对于室内的整体设计而言，俨然有着启动全局设计风格的作用。一个小小的明清雕花紫檀木椅，或是一尊柔美的维纳斯雕像，抑或是一个清爽的冰凌纹玻璃隔断，只一眼便能窥见室内装饰的风格趋向。可以说，门厅设计是设计师整体设计思想的浓缩，它在室内装饰中起到画龙点睛的作用，从而彰显主人所参悟或钟爱的格调。所谓突出格调，是指在装修设计、技巧、内涵上的和谐统一，体现的是居室主人所喜好的一种风格和审美观点（图 1 -20）。

图 1 - 20　门厅的装饰性

3. 收纳性

所谓收纳，指的是进出门时衣帽、鞋、伞具、钥匙、手机等物品的摆放或提取，因此它需要便捷。传统的做法一般是明摆明放，要么利用一面墙凹进去的部分做一个整体柜，上面挂衣帽，下边放鞋或杂物；要么摆放一个鞋柜，利用门后或一面墙体的挂钩搁衣帽。现代的做法是在实现上述功能的基础上，将衣橱、鞋柜与墙融为一体，巧妙地将其隐藏，外观上突出个性与环境的和谐，在实用的同时，注重感官给人带来的情调，并与相邻的客厅或厨房、卫浴间的布局、装饰融为一体（图 1 -21）。

(二) 门厅设计的类型

门厅的面积要根据户型面积而定，可大可小。门厅的设计依据房型而定，可以是圆弧形的，也可以是直角形的，有的房型还可以设计成门厅走廊。

1. 门厅的类型

门厅有两种类型：硬门厅和软门厅。

(1) 硬门厅：又分为全隔断门厅、半隔断门厅。

1) 全隔断门厅：指门厅的设计为全幅的，由地至顶。这种门厅是为了阻拦视线而设的。这种设计的注意事项为：设计是否影响门口部分的自然采光？这是很关键的，如果此设计造成门口部分的光线偏暗的话，就是画蛇添足了；设计会否造成空间的狭窄感？这点也值得留意。

图 1-21　门厅的收纳性

2) 半隔断门厅：指的门厅可能是在 x 轴或者 y 轴方向上采取一半或近一半的设计。这种设计在一定程度上会降低上面所述情况。半隔断的门厅在透明的部分也可能用玻璃，虽然是由地至顶，由于在视觉上是半隔断的，所以仍划入半隔断的范畴（图 1-22）。

图 1-22　半隔断门厅

图 1-23　软隔断门厅

（2）软门厅：指在是在材质等平面基础上进行区域处理的方法。可以是顶棚划分、墙面划分或地面划分（图1－23）。

2. 门厅的隔断形式

门厅的设计形式主要有低柜隔断式、玻璃通透式、格栅围屏式、半敞半蔽式、装饰玻璃式及柜架等几种。

1）低柜隔断式：是以低型矮柜来限定空间，以低柜式成型家具的形式作隔断体，既可储放物品，又起到划分空间的功能。

2）半柜半架式：柜架的形式可以上部为通透格架作装饰，下部为柜体；或以左右对称形式设置柜件，中部为通透等形式；或用不规则手段，虚、实、散、聚，以镜面、挑空和贯通等多种艺术形式进行综合设计达到美化与实用并举的目的。

3）半敞半蔽式：是以隔断下部为完全遮蔽式设计，隔断两侧隐蔽无法通透，上端敞开，可贯通彼此相连的顶棚。半敞半蔽式高度大多为1.5～1.8m，通过线条的凹凸变化、墙面挂置壁饰或采用浮雕等景物的布置达到浓厚的艺术装饰效果。

4）格栅围屏式：一是用典型的中式镂空雕花木屏风、锦绣屏风，或带各种花格图案的镂空木格栅屏作隔断，具有古朴雅致的风韵。二是用现代感极强的设计屏风来作空间隔断，在介乎隔与不隔之间，产生通透与隐隔的互补作用。

5）玻璃通透式：是以大屏玻璃作装饰遮隔或在夹板贴面旁嵌饰艺术玻璃，如车边玻璃、喷砂玻璃、面刻甲骨文玻璃、闪金粉磨砂玻璃、仿水纹玻璃、压花玻璃等通透或半通透的材料，既分隔大空间又保持大空间的完整性。

（三）门厅的装饰手法

门厅在家居中不如客厅、卧室，具有明确功能，只是人们附加的一个观念性空间，因而也不会有完整的空间格局，空间格调的营造全靠妙用各种装饰元素。因此，门厅设计的取材也呈现着多样化，但通常都会综合运用灯光、玻璃、木料、石材、植物、纱幔等元素来体现不同风格的装饰需求。但在装饰上应遵循简洁、大方、实用原则，要与客厅分清主次，避免喧宾夺主。

1. 空间界面

（1）地坪

人们大都喜欢把门厅的地坪和客厅区分开来，自成一体。或用纹理美妙、光可鉴人的磨光大理石拼花，或用图案各异、镜面抛光的地砖拼花勾勒而成。在此，我们须把握三大原则：易保洁、耐用、美观。每个人一回家或一出门都会经过门厅，可以说门厅地面是家里使用频率最高的地方。因此，门厅地面的材料要具备耐磨、易清洗的特点，地面的装修通常依整体装饰风格的具体情况而定，一般用于地面的铺设材料有玻璃、木地板、石材或地砖等。

(2) 顶棚

门厅的空间往往比较局促，容易产生压抑感。但通过局部的吊顶配合，往往能改变门厅空间的比例和尺度。而且在设计师的巧妙构思下，门厅吊顶往往成为极具表现力的室内一景。它可以是自由流畅的曲线；也可以是层次分明、凹凸变化的几何体；还可以是大胆露骨的木龙骨，上面悬挂点点绿意。这里我们需要把握的原则是：简洁、整体统一、有个性。并且要将门厅的吊顶和客厅的吊顶结合起来考虑。

(3) 墙面

门厅的墙面往往与人的视距很近，常只作为背景烘托。设计师选出一块主墙面重点加以刻画，或以水彩，或以木质壁饰，或刷浅色乳胶漆，再设计一个别致的大理石摆台，下面以雅致的铁花为托脚等。

依墙而设的门厅，其墙面的色调是视线最先接触的落点，也是给人的总体色彩印象，或清爽的水湖蓝，或温情的橙黄，或浪漫的粉紫，或淡雅的嫩绿，缤纷的色彩能带给人不同的心境，也显示着主人的偏好。有些人喜爱用素净的白作门厅墙的主色，其实墙面的色调最好以中性偏暖的色系为宜，这能让人一下子就从疲惫的外界环境，体味到家的温馨，感觉到家的包容。总之，这里我们应该把握的为：重在点缀达意，切忌堆砌重复，且色彩不宜过多。

2. 家具和隔断

门厅除了起装饰作用外，另有一重要功能，即储藏物品。门厅内可以组合的家具常有鞋柜、壁橱、衣帽柜、风雨柜、镜子、小坐凳等，在设计时应因地制宜，充分利用空间。门厅空间形态有时被称为灰空间，它与客厅等其他空间的界定有时很模糊，因此，在设计时有时需要设计一处隔断，既有界定空间、缓冲视线的作用，同时又具有画龙点睛的装饰作用。人们在日常生活中所指的狭义的门厅就是此类隔断。条案、低柜、边桌、明式椅、博古架，门厅处不同的家具摆放和隔断可以承担不同的功能，或集纳，或展示。不过，我们在设计门厅家具和隔断时，应考虑整体风格的一致性，避免为追求花哨而杂乱无章。

3. 小饰品陈设和绿化

一只小花瓶或一束干树枝，或是一盆细心呵护的君子兰、一盆小小的雏菊，或一幅上品的油画、一帧精心拍摄的照片、一张充满异域风情的挂毯，都能从不同角度体现主人的学识、品位、修养。可别小看这些装饰物，有时只需一个与门厅相配的陶雕花瓶和几枝干花，就能为门厅烘托出非同一般的气氛，少了它们，门厅或许就缺少了一份灵气和趣味。不过，得把握一个原则：少而精，重在点题。

4. 灯光

门厅往往没有自然采光，应有足够的人工照明，以免给人晦暗、阴沉的感觉，应以简洁的模拟日光为宜，可以偏暖，产生家的温馨感。一般在门厅处可配置较大的吊灯或吸顶灯作主灯，再添置些射灯、壁灯、荧光灯等作辅助光源，还可以运用一些光线朝上射的小型地灯作点缀，如筒灯、射灯、壁灯、轨道灯、吊灯、吸顶灯等，根据不同的位置安排，可以形成焦点聚射，令门厅的每个角落都充满光影的迷离。精心设计的灯光组合，可使门厅蓬荜生辉，营造出主人所需要的理想生活空间。当然，灯光效果应有重点，不可面面俱到。

三、起居室设计

起居室是家庭群体生活的主要活动空间，是“家庭窗口”。起居室有三个重要部位，包含门厅、客厅和餐厅。这里，起居室在狭义上主要是指客厅。

(一) 起居室的作用

1) 起居室相当于交通枢纽，起着联系卧室、厨房、卫浴间、阳台等空间的作用。因此，在和各居室的联系中，交通通道的布局显得非常关键，既体现了各空间转换的便利与否，又考验着居室面积的有效使用程度。因此，看一个起居室的设计是否合理，重要的是看与其联系的交通通道，除了无法放置家具的显性交通通道外，更多的是设置在家具之间的隐性交通通道，而这些是决定一套居室有效使用率的关键。

2) 起居室的设置对动静分区也起着至关重要的作用。动静分区是住宅舒适度的标志之一。像客厅、餐厅、厨房、次卫浴间等都属于动区，人们出入、活动比较频繁，而卧室、书房、主卫浴间等属于静区，人们相对比较安静。现代住宅在动静处理上，一方面是“动更动，静更静”；另一方面是动静分区更为明显，甚至只有一条交通通道联系两个区域，特别是跃层、错层和复式，一般下层为动区，上层为静区，楼梯是联系两个区域的交通通道。

3) 近些年，人们对住宅的消费逐渐从共性走向个性，但真正能满足个性化消费的除去原有包括起居室和餐厅的主起居空间外，还衍生出了次起居空间，包括：由会客厅、书房、计算机房等组成的工作空间；由健身房、阳光室、咖啡茶座、棋艺等组成的休闲空间；以及由视听室、琴房、棋牌室组成的娱乐空间。从这点上看，住宅已不是人们传统意义上遮风避雨的处所，而是精神需求的物质载体，是自我价值观的一种体现。随着人们对住宅功能细分的要求不断增加，为了在有限的空间中满足需求，次起居空间的功能分区逐渐朝着模糊化方向发展。模糊空间是指没有明确实用功能和界限的家居空间，很多时候，是利用户型中各功能分区交叉或者难以安排的位置进行设置，以方便改换。模糊并不简单地等同于混杂，前者将不同类型的功能集合在一个空间里，是较低级的居住模式，而后者是将同类型的功能相对集中，但分区模糊，采用示意性隔断，使此空间和彼空间产生若即若离的联系，在有限的空间中尽可能多地容纳进无限的需求，是较高级的居住模式（图1－24）。

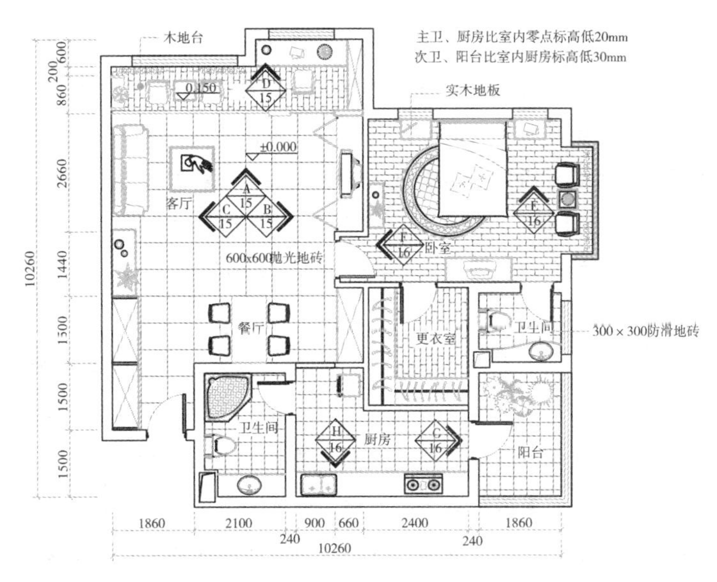

图1－24　某客厅平面布置图

（二）起居室的功能

1. 家庭聚谈休闲

起居室首先是家庭团聚交流的场所，这也是起居室的核心功能，是主体，因而往往通过一组沙发或座椅的巧妙围合形成一个适宜交流的场所。场所的位置一般位于起居室的几何中心处，以象征此区域在居室的中心位置。家庭的团聚围绕电视机展开休闲、饮茶、谈天等活动，而形成一种亲切而热烈的氛围。

2. 会客

起居室往往兼顾了客厅的功能，是一个家庭对外交流的场所，是一个家庭对外的窗口，在布局上要符合会客的距离和主客位置上的要求，在形式上要创造适宜的气氛，同时要表现出家庭的性质及主人的品位，达到微妙的对外展示的效果。在我国传统住宅中会客区域是方向感较强的矩形空间，视觉中心是中堂画和八仙桌，主客分列八仙桌两侧。而现代的会客空间的割据则要轻松得多，它位置随意，可以和家庭谈聚空间合二为一，也可以单独形成亲切会客的小场所。围绕会客空间可以设置一些艺术灯具、花卉、艺术品以调节气氛（图1－25）。

图1－25　客厅效果图

3. 视听

听音乐和观看表演是人们生活中不可缺少的部分。西方传统的住宅起居室中往往给钢琴留出位置，而我国传统住宅的堂屋中常常有听曲看戏的功能。而现代视听装置的出现对其位置、布局以及与家居的关系提出了更加精密的要求。电视机的位置与沙发座椅的摆放要吻合，以便坐着的人都能看到电视画面。另外电视机的位置和窗的位置有关，要避免逆光以及外部景观在屏幕上形成的反光，对观看质量产生影响。音响设备的质量以及最终的室内听觉质量也是衡量室内设计成功与否的重要标准，音箱的摆设是决定最终听觉质量的关键，音箱的布置要使传出的音响造成声音上的动态和立体效果。

4. 娱乐

起居室中的娱乐活动主要包括棋牌、卡拉 OK、弹琴、游戏机等消遣活动。根据主人的不同爱好，应当在布局中考虑到娱乐区域的划分，根据每一种娱乐项目的特点，以不同的家具布置和设施来满足娱乐功能要求。如卡拉 OK 可以根据实际情况单独设立沙发、电视，也可以和会客区域融为一体来考虑，使空间具备多功能的性质。而棋牌娱乐则需要有专门的牌桌和座椅，对灯光照明也有一定的要求，当然根据实际情况也可以处理成为和餐桌餐椅相结合的形式。游戏的情况则较为复杂，应视具体种类来决定它的区域位置以及面积大小。如有些游戏可以利用电视来玩，那么聚谈空间就可以兼作游戏空间。有些大型的玩具则需要较大的空间来布置。

5. 阅读

在家庭的休闲活动中，阅读占有相当大的比例，以一种轻松的心态去浏览报刊、杂志或小说对许多人来讲是一件愉快的事情。这些活动没有明确的目的性，时间规律很随意很自在，因而也不必在书房中进行。这部分区域在起居室中存在，但其位置不固定，往往随时间和场合而变动。如白天人们喜欢靠近有阳光的地方阅读，晚上希望在台灯或落地灯旁阅读，而伴随着聚会所进行的阅读活动形式更不拘一格。阅读区域虽然说有其变化的一面，但其对照明的要求和座椅的要求以及存书的设施要求也是有一定的规律的。我们必须准确地把握分寸，以免把起居室设计成书房（图 1－26）。

图 1－26　客厅中的学习空间

（三）起居室的布局原则

1. 主次分明

起居室包含若干个区域空间。但有一点须引起我们注意的是众多的活动区域中必然有一个区域为主，以此形成起居室的空间核心，在起居室中通常以聚谈、会客空间为主体，辅助以其他区域而形成主次分明的空间布局。而聚谈、会客空间的形成往往是以一组沙发、座椅、茶几、电视柜围合形成，并确立一面主题墙或以装饰地毯、天花造型、灯具来呼应，达到强化中心感的目的（图 1－27）。

2. 个性突出

图1－27 客厅效果图（一）

现代住宅中，起居室的面积最大，空间也是开放性的，地位也最高，它的风格基调往往是家居格调的主脉，把握着整个居室的风格，反映了主人的审美品位和生活情趣，讲究的是个性。每一个细小的差别往往都能折射出主人不同的人生观及修养，因此设计起居室时要用心，要有匠心。可以通过材料、装饰手段的选择及家具的摆放来表现，但更多的是通过配饰等“软装饰”来体现，如工艺品、字画、坐垫、布艺、小饰品等，这些更能展示出主人的修养。

3. 交通组织合理

起居室在功能上是家居生活的中心地带，在交通上则是住宅交通体系的枢纽，起居室常和户内的过厅、过道以及客房间的门相连，而且常采用穿套形成。如果设计不当就会造成过多的斜穿流线，使起居室的空间完整性和安定受到极大的破坏。因而在进行室内设计时，尤其在布局阶段一定要注意对室内动线的研究，要避免斜穿，避免室内交通路线太长。措施之一是对原有的建筑布局进行适当的调整，如调整户门的位置，之二是利用家具布置来巧妙围合、分割空间，以保持区域空间的完整性。

4. 相对隐蔽性

在实际中常常遇到一个棘手的问题是起居室常常直接与户门相连，甚至在户门开启时，楼梯间的行人可以对起居室的情况一目了然，严重地破坏了住宅的“私密性”和起居室的“安全感”、“稳定感”。起居室兼餐厅使用时，客人的来访对家庭生活影响较大。因此入户设置过渡空间避免开门见厅、起居室尽量减少卧室门数量、卫浴间不向客厅方向开门等已经受到用户的认可。如在户门和起居室之间设置屏门、隔断或利用固定的家具形成分隔，当卧室门或卫浴间门和起居室直接相连时，可以使门的方向转变一个角度或凹入，以增加隐蔽感来满足人们的心理需求。

5. 良好的通风与采光

要保持良好的室内环境，除视觉美观以外还要给居住者提供洁净、清晰、有益健康的室内空间环境。保证室内空气流通是这一要求的必要手段。空气的流通一种是自然通风，一种是机械通风，机械通风是对自然通风不足的一种补偿。起居室也是室内组织自然通风的中枢，因而在室内布置时，不宜削弱此种作用，尤其是在割断、屏风的位置上，应考虑它的尺寸和位置，不影响空气的流通。而在机械通风的情况下，也要注意因家具布置不当而形成的死角对空调功效产生的影响。此外，起居室应保证良好的日照，并尽可能选择室外景观较好的位置，这样不仅可以充分享受大自然的美景，更可感受到视觉与空间效果上的舒适与伸展。

（四）起居室空间的划分方法

1. 硬区分——相对封闭的空间

这种划分方式主要是通过隔断、家具的设置，使每个功能性空间相对封闭，并能从大空间中独立出来。一般采用推拉门、搁物架等装饰手段，来区分各个空间。但这种划分方式通常会减少空间使用面积，给人凌乱、狭窄的感觉。因此，这种办法在目前的家庭装饰中，使用率不是很高。

2. 软区分——用“暗示法”塑造空间

（1）利用不同装饰材料区分

例如，可以巧妙利用地面装饰材料，会客区采用柔软的地毯、餐厅采用易清洗的强化木地板、通道采用防滑地砖等，这样即使没有用隔断材料，但从地面装饰材料上已可以区别各个功能区。如果客厅足够大，也可以根据变化墙壁的色彩来区分不同区域，但最好能统一在一个大色调之内，以免给人杂乱无章的感觉。

（2）利用装修手法区分

各个功能性分区都有它的主要功能，可以利用独特的装修手法来区分。例如在整个大厅中可以做两个局部的吊顶，在会客区上方安置一个吊顶，在餐厅上方再安排一个吊顶，这样客厅就自然形成了两个区域。也可以利用墙壁装饰来区分空间，例如在会客区中，视听设备后的“文化石背景墙”，与餐厅的“固定式餐具柜”形成鲜明对比。

（3）利用特色家具区分

由于各个功能性分区都有固定的主要功能，所以也都有各自的特色家具。如会客区的沙发、视听柜，用餐区的餐桌椅，门厅的鞋柜、穿衣镜等，这些各具特色的家具也能起到划分区域的作用。

（4）利用灯光区分

照明的亮度和色彩，是设计师用来区分功能性分区的另外一种手段。通过灯具的设置、光影效果的变化，各个空间都能呈现出别样的风情，以光影演绎自然气息。灯光类型主要有照明灯、背景灯和展示灯三种：照明灯，是为某项具体的任务提供照明，如阅读报纸、看电视、玩电脑等；背景灯，为整个房间提供一定亮度，起烘托气氛的作用；展示灯，为房间里的某个特殊部位提供重点照明，如一幅画、一件雕塑或者一组饰品等。

（5）利用植物区分

利用花架、盆栽等隔成不同区域。

（五）起居室的空间界面

1. 天面

天面的高度决定一个空间的尺度，直接影响人们对室内空间的视觉感受。尺度的不同，空间的视觉和心理效果也截然不同。同样，天面上有平面的落差处理，也有空间区域的区分作用和效果。

2. 地面

起居室地面材质选择余地较大，可以用地毯、地砖、天然石材、木地板、水磨石等多种材料，使用时应对材料的肌理、色彩进行合理的选择，地面色彩是影响整个空间色彩主调和谐与否的重要因素，地面色彩的轻重、图案的造型与布局，直接影响室内空间的视觉效果。而像公共空间中那些利用拼花的千变万化强化视觉的做法应慎用。地面的造型也可以用不同材质的对比来取得变化。

3. 墙面

起居室的墙面是起居室装饰中的重点部位，对整个室内风格、式样及色调起着决定性作用。对起居室墙面的装饰最重要的是从使用者的兴趣、爱好出发，体现不同家庭的风格特点与个性。应从整体出发，综合考虑室内空间、门、窗位置以及光线的配置、色彩的搭配和处理等诸多因素。色调最好用明亮的颜色，使空间明亮开阔。同时应该对一个主要墙面进行重点装饰，以集中实现，表现家庭的个性及主人的爱好。墙的形式随着建筑技术和手段的进步而丰富多彩，虚实、色彩、质地、光线、装饰等种种变化都可以使墙的形态发生变化。因此，墙是设计师室内造型表现的重要角色，设计师对墙的表现也最为自由，甚至有时候随心所欲。

（六）起居室的陈设设计

装修和陈设之间是辩证统一的关系，装修有一定的技术性和普遍性，而陈设则更高地表现为文化性和个性方面。可以说，陈设是装修后进一步的升华。

1. 起居室的陈设艺术风格

任何一个起居室，其风格即反映着整个住宅的风格。装修的风格，因空间、地域、主人的喜好而风格迥异，导致陈设手法也大相径庭。装修的风格有欧式、中式、古典、现代之分。在欧式风格中，陈设应以雕塑、金银、油画等为主；在中式风格中，陈设应以瓷器、扇、字画、盆景等为主。古典风格的起居室中，陈设艺术品大多制作精美、比例典雅、形态沉稳，如古典的油画，精巧华丽的餐具、烛台。而现代的起居室中的陈设艺术品则色彩鲜艳，讲求反差、夸张（图1－28）。

2. 起居室陈设艺术品的种类

可用于起居室中的装饰陈设艺术品很多，而且没有定式。室内设备、用具、器物等只要适合空间需要及主人情趣爱好，均可作为居室的陈设装饰。装饰织物类是

图1-28　客厅效果图（二）

室内陈设用品的一大类别，包括地毯、窗帘、覆盖织物、靠垫、壁挂、顶棚织物、布玩具、织物屏风等。由于织物在室内的覆盖面大，所以对室内的气氛、格调、境界等起很大作用。织物具有柔软、触感舒适的特性，所以又能相当有效地增加舒适感。在起居室中手工的地毯可以划分出会客聚谈区域，或以不同的图案创造不同的区域氛围。壁毯又能在墙面上形成中心使人产生无穷的想象。沙发座椅上的小靠垫则往往以明快的色彩，调节着色整体节奏。同时织物的吸声效果很好，有利于创造安静的环境。可应用于起居室中的艺术陈设品还包括：灯具造型、家具造型、动物标本、壁画、字画、油画、钟表、陶瓷、现代工艺品、画具、青铜器、古玩、书籍以及一切可以用来装饰的材料，如石头、细纱、铁艺、彩绘等。

3. 陈设艺术品的摆放位置

陈设可以归为使用型和美化型两种，或兼而有之，比如艺术灯具造型，它有使用的照明功能兼具美观作用；古典的家具在现代生活空间中既有使用的功效，又具展示的效果。这类陈设的布设应从使用功能出发，根据室内人体工学的原则，确定其基本的位置，如灯具的位置高低不能影响其照明功效，家具的摆放既应符合起居室中家具布置的一般原则，又要使其位于显眼处，以发挥其展示功能。美化型的陈设则往往属于纯粹视觉上的需求，没有使用的功能，它们的作用在于充实空间、丰富视觉。如墙面上的字画、油画，作用在于丰富墙面，瓷器主要用于充实空间，玩具用来增添室内情趣。这类陈设的位置则要从视觉需要出发，结合空间形态来设置。同时起居室空间中虽然拥有多种多样的陈设，但也必须遵循对立统一的原则来合理配置，即设立主要的统率全局的陈设和充实、丰富空间的小陈设。主要的陈设往往位于起居室空间中的醒目位置，起视觉中心的作用，而次要和从属性的陈设则摆放比较随意，主要是依据其造型所表达的性质来和区域空间配套。

四、餐厅设计

餐室是家人日常进餐并兼作欢宴亲友的活动空间。餐厅位置应靠近厨房，并居于厨房与起居室之间最为有利，这在使用上可节约食品供应时间和就座进餐的交通路线。餐室可以是单独的房间，也可从起居室中以轻质隔断或家具分割成相对独立的用餐空间，在布设上则完全取决于各个家庭不同的生活与用餐习惯。一般对于餐厅的要求是便捷卫生、安静、舒适。除了在固定的日常用餐场所外，也可按不同时间、不同需要临时布置各式用餐场所，如阳台上、壁炉边、树荫下、庭园中无一不是别具情趣的用餐所在。餐厅设备主要是桌椅和酒柜等。现代家庭中，也常常设有酒吧台，以满足都市休闲性的餐饮需求（图1－29）。

图1－29　餐厅效果图

（一）餐厅的布局形式

根据餐厅的位置不同，可分为独立式餐厅、厨房中的餐厅、起居室中的餐厅三种。

1. 独立式餐厅

这种形式是最为理想的。这种餐厅常见于较为宽敞的住宅，有独立的房间作为餐厅，面积上较为宽裕。目前，人们住房面积普遍不大，对于面积较小的餐厅，餐桌、椅、柜的摆放与布置必须为家庭成员的活动留出合理的空间。

2. 厨房中的餐厅

厨房与餐厅同在一个空间，在功能上是先后相连贯的，即谓“厨餐合一”。厨房与餐厅合并这种布置下，就餐时上菜快速简便，能充分利用空间，较为实用，只是需要注意不能使厨房的烹饪活动受到干扰，也不能破坏进餐的气氛。要尽量使厨房和餐室有自然的隔断或使餐桌布置远离厨具，餐桌上方应设集中照明灯具。

3. 起居室中的餐厅

在起居室内设置餐厅，用餐区的位置以邻接厨房并靠近起居室最为适当，它可以同时缩短膳食供应和就座进餐的交通线路。餐厅与起居室之间通常采用各种虚隔断手法灵活处理，如用壁式家具作闭合式分隔，用屏风、花格作半开放式分隔，用矮树或绿色植物作象征性分隔，甚至不作处理。这种格局下的餐厅应注意与主要空间即起居室在格调上保持协调统一，并且不妨碍客厅或门厅的交通。

（二）餐厅的装饰手法

随着公寓房的普及，大众生活已经发生了巨大的变化，对就餐空间提出了专门要求。即一般家庭的餐厅面积是：相对宽度不小于2.5m，长度不小于3m，面积不小于6～7m^2。且餐台的长宽一般都不小于70cm，长方形餐台长度不小于1.2m，椅子长度不小于40cm。就餐时，人坐着还需要一点空当。同时，就功能而言，还要求餐厅的空间敞亮一些。而在现代观念中，则更强调幽雅的环境以及气氛的营造。餐厅的功能性较为单一，因而餐厅设计须从空间界面、材质、灯光、色彩以及家具的配置等方面配合来营造一种适宜进餐的气氛。

1. 餐厅的空间界面设计

（1）顶棚

餐厅的顶棚设计往往比较丰富而且讲求对称，其几何中心对应的位置是餐桌，因为餐厅无论在中国还是在西方，无论圆桌还是方桌，就餐者均围绕餐桌而坐，从而形成了一个无形的中心环境。由于人是坐着就餐，所以就餐活动所需要的层高并不高，这样设计师就可以借吊顶的变化丰富餐室环境，同时也可以用暗槽灯的形式来创造气氛。顶棚的造型并非一律要求对称，但即便不是对称的，其几何中心也应位于用餐中心位置，因为这样处理有利于空间的秩序化。顶棚是餐厅照明光源的主要载体，顶棚的形态除了照明功能以外，主要是为了创造就餐的环境氛围，因而还可以悬挂其他艺术品或饰物。

（2）地面

较之其他的空间，餐厅的地面可以有更加丰富的变化。可选用的材料有石材、地砖、木地板、水磨石等。而且地面的图案样式也可以有更多的选择，均衡的、对称的、不规则的等，应当根据设计的主体设想来把握材料的选择和图案的形式。并且还应当考虑便于清洁，使地面材料有一定防水和防油污的特性，做法上也要考虑灰尘不易附着于构造缝之间，否则不易清除。

(3) 墙面

餐厅墙面的装饰除了要依据餐厅和居室整体环境相协调、对立统一的原则以外，还要考虑到它的实用功能和美化效果的特殊要求。一般来讲，餐厅较之卧室、书房等空间所蕴涵的气质要轻松活泼一些，并且要注意营造出一种温馨的气氛，以满足家庭成员的聚合心理。餐厅墙面的装饰手法多种多样，但墙面的装饰要突出个性，要在选择材料上下一定的工夫，不同材料质地、肌理的变化会给人带来不同的感受。如显露天然纹理的原木会透露出自然淳朴的气息；金属和皮革的巧妙配合会表现强烈的时代感；白色的石材或涂料配以金饰会表现出华丽的风采。餐厅墙面的饰物也可调节室内环境气氛，但不可盲目堆砌，要根据餐厅的具体情况灵活安排，用以点缀，不能喧宾夺主、杂乱无章。

2. 餐厅的家具配置

餐厅的家具配置应根据家庭日常进餐人数来确定，同时应考虑宴请亲友的需要。根据餐室或用餐区位的空间大小与形状以及家庭的用餐习惯，选择适合的家具。餐厅的核心是餐台。在西方通常采用长方形或椭圆形的餐台。而我国因为中餐的方式是共食制，围绕一个中心就餐，所以多选择正方形与圆形的餐桌，具有亲和力和平等感。随着餐饮中引进了西餐的某些形式，长方形的餐台（俗称大餐台）也进入了普通人家。此外，餐室中除设置就餐桌椅外，还可设置餐具橱柜。餐室中的餐柜造型与酒具的陈设、优雅整洁的摆设也是产生赏心悦目效果的重要因素，在一定程度上规范了不良进餐习惯（图1－30）。

3. 餐厅的灯具配置

现代家庭在进行餐室装饰时，除家具的选择外，更注重灯光的调节以及色彩的运用，这样才能做出一个独具特色的餐室。餐厅的照明方式主要是对餐台的局部照明，亦是形成情调的视觉中心。照在台面区域的主光源宜选择下罩式的、多头型的或组合型的灯具，以达到餐厅氛围所需的明亮、柔和、自然的照度要求。一般不宜采用朝上照的灯具，因为这与就餐时的视觉不吻合。还应考虑灯具形态与餐厅的整体装饰风格要一致，不可只强调灯具的形式。在灯光处理上，最好在主光源周围布设一些低照度的辅助灯具，以丰富光线的层次，营造轻松愉快的气氛，起到烘托就餐环境的作用。如在餐厅家具

图1－30 餐厅的配置

（玻璃柜等）内设置照明；对艺术品、装饰品的局部照明等。需要知道的是辅助灯光主要不是为了照明，而是为了以光影效果烘托环境，因此，照度比餐台上的灯光要低，在突出主要光源的前提下，光影的安排要做到有次序、不紊乱。

4. 餐厅的色彩要求

家庭餐室宜营造亲切、淡雅的家庭用餐氛围，在色彩上，宜以明朗轻快的调子为主，用以增加进餐的情趣。色彩对人们在就餐时的心理影响较大。据科学分析，不同的色彩会引发人们就餐时不同的情绪，因此墙面的装饰决不能忽视色彩的作用。餐厅墙面色彩应以明朗轻松的色调为主，如橙色系列不仅能给人温馨的感觉，而且可以提高进餐者的兴致，促进人们之间的情感交流，活跃就餐气氛。当然人们在不同的季节、不同的心理状态，对同一种色彩都会产生不同的反应，这时我们可以用其他手段来巧妙地调节，如灯光的变化，餐巾、餐具的变化，装饰花卉的变化等，处理得当的话，效果会是很明显的。

（三）酒柜设计

现在家庭酒柜已更多地成为一种增添文化品位与家居档次的摆设和装饰，大部分的酒柜不单单是酒柜，已演变为多功能定位的家居摆设。常见的有以下几种。

1. 壁炉式酒柜

这种酒柜的设计灵感来源于美式壁炉的启发。在美式风格的家居里大都有壁炉，如今人们已经接受它作为装饰，成为客厅的一部分。考虑到开放的客厅、餐厅与门厅相连，太过于一览无余，为了让客厅和餐厅有一个区分，于是取了壁炉的造型，设计了一个大理石材质的固定酒柜。它就像一个岛，让客厅和餐厅相互关联，却又在分区上彼此明确，同时又具备酒柜的作用。

2. 玻璃隔断酒柜

如果居室空间不大，且房屋举架过低，那么这种酒柜最适合主人使用。这种酒柜纯粹是处于实用性和美观性的双重考虑。仅仅在墙壁上打造出几个玻璃板用于摆放酒瓶及酒器，这样看起来不仅将空间向高处延伸，还感觉不是很占空间。

3. 原木酒柜

这种酒柜在设计上采用了原木的制作，原木的质感让人有一种回归自然的感觉。这种风格的酒柜设计一定要符合居室的整体设计风格。

（四）吧台设计

忙碌的工作，紧张的生活，节奏的加快，使人们疲惫不堪。于是，追求现代感的都市人在住房条件改善的同时，更讲究居室的品位和休闲色彩，在家中做一小小吧台，就可尽享休闲乐趣。

吧台设计一方面要根据家人的生活方式、用餐习惯、休闲娱乐取向以及住房空间等条件；另一方面还可融入使用者的喜好和个性。此外，还应配合家中的整体风格，以免突兀。

1. 吧台建在哪里

家居吧台应着重于实用性，体现其美感。占据面积不可过大，一般有0.5m^2左右、足够一人转身的空间即可。通常家用吧台会设置在下列空间，其造型可应个人喜好而定。

客、餐厅之间：用于宴客时，调酒或调制食品。

餐厅与厨房之间：功能类似便餐台。

起居室：着重休闲功能。

主卧室：卧室离厨房较远，在空间充裕的条件下可配置简单吧台。

如果家中的空间足够大，可以另辟休息室和视听室，这都是不错的吧台安装位置，正好与其功能契合，相得益彰。

对于住在高层的人来说，因为拥有观景的绝对高度，可以把吧台放置在落地窗前，尽情享受由绝佳的视野位置带来的环境美感。

除此之外，吧台应该选择在能吸引人久坐的地方。如设在客厅电视的对面，可以边喝茶边欣赏精彩的歌舞晚会或者一场激烈的足球比赛，更能提供聊天的题材(图1-31、图1-32)。

图1-31 吧台设置（一）

图1-32 吧台设置（二）

2. 营造吧台的几个元素

灯光是营造吧台气氛的重要角色。一般暖色调的光线比较适合久坐，也便于营造气氛。黄色系的照明较不伤眼，再加上射灯光线强，可以穿透展示柜，让吧台呈现明亮的视觉感受。吧台的灯光最好采用嵌入式设计，既可以节省空间，又体现了简洁现代的风格，与吧台的氛围相适合。吧台的另一元素就是高脚椅。兼顾美观与实用的高脚椅，不仅是活化吧台空间的主角，也是成就人们美好姿态的关键。因此，在选择高脚椅的时候，除了颜色与样式需要注意，符合人体曲线的椅面及可360°旋转、方便上下活动的座椅，也要重点考虑。选购吧台椅时，除了考虑材质、外观外，还要注意其高度与吧台高度匹配。

3. 酒吧布置形态

家庭酒吧一般都是袖珍型的，可以根据居住环境及个人爱好，将其设在客厅或起居室内，也可以设在餐厅或厨房内。一般来讲，其布置方式大致可分为以下几种。

（1）转角式

利用房间转角部位进行布置。客人可以围台而坐，既方便交谈，又使室内空间布置更显紧凑，实用性较强，亦别具情趣。

（2）贴墙式

在室内干扰较小的一段墙面贴墙布置酒吧，占地少，节省空间。酒吧靠墙安放，吧柜可以摆在吧台上，也可以悬挂在墙上。吧柜上方悬挂一块顶棚，顶棚上嵌入筒灯，使灯光投射在吧台及酒具上。此法适宜于面积较小的房间。

（3）隔断式

利用吧台起到划分空间、烘托室内气氛的作用。这种布置灵活方便，使室内隔而不断。在餐厅或厨房中设置酒吧，以采用隔断式为佳。

（4）嵌入式

在不规则的居室里，利用凹入部分设置酒吧。此法可以有效地利用室内空间，有整齐划一感。如果房间内有楼梯，也可以利用楼梯下面的凹入空间设置酒吧，使这一特殊空间得到充分利用。

（5）餐桌式

将餐桌与酒吧结合，使酒吧兼作餐桌。一般可以设计成“T”形或“L”形，吧台可分为上下两层。下层挑出一部分，做成折叠式，支起时形成小餐桌，供数人用餐，放下时就成为酒吧，可减少使用面积，支架可利用吧柜的门窗。吧柜设计得稍大一些，用以存放酒具及餐具。由于一台多用，占地少，尤适宜无餐厅的小面积居室。

五、厨房设计

随着生活水平的提高，厨房已经密切关系到整个住宅的质量。人们越来越注重改善厨房的工作条件和卫生条件，更加讲究多功能和使用方便的设计，而且将生活休闲的功能也考虑在内。厨房在西方国家里，是属于起居室之外、另一个日常生活中家人活动空间的重心，它不但是烹调食物的地方，更是家人进餐、聊天的地方，甚至可以当成孩子做功课、大人处理公事之处。

今天，世界生活方式的不断融合，给厨房的布局和内容带来了更大的选择余地，也对设计造型、功能组织提出了更高的要求。理想的厨房必须同时兼顾如下要素：流程便捷、功能合理、空间紧凑、尺度科学、添加设备、简化操作、隐形收藏、取用方便、排除废气、注重卫生。

(一) 厨房的平面布局形式

以日常操作程序作为设计的基础，建立厨房的三个工作中心，即储藏与调配中心（电冰箱）、清洗与准备中心（水槽）、烹调中心（炉灶）。厨房布局的最基本概念是“三角形工作空间”，是指利用电冰箱、水槽、炉灶之间连线构成工作三角，即所谓工作三角法。从理论上说，该三角形的总边长越小，则人们在厨房中工作时的劳动强度和时间耗费就越小。一般认为，当工作三角的边长之和大于6.7m时，厨房就不太好用了，较适宜的数字，是将边长之和控制在3.5~6m之间。利用工作三角法，可形成U形、L形、走廊式（双墙式）、一字形（单墙式）、半岛式、岛式几种常见的平面布局形式。

1. U形厨房

工作区共有两处转角，空间要求较大。水槽最好放在U形底部，并将配膳区和烹饪区分设两旁，使水槽、冰箱和炊具连成一个正三角形。U形之间的距离以1200~1500mm为宜。

2. L形厨房

将清洗、配膳与烹调三大工作中心，依次配置于相互连接的L形墙壁空间内。最好不要将L形的一面设计过长，以免降低工作效率，这种空间运用比较普遍、经济。

3. 走廊式厨房

走廊式厨房是将工作区沿两面墙布置。在工作中心分配上，常将清洁区和配膳区安排在一起，而烹调独居一处。适于狭长房间，要避免有过大的交通量穿越工作三角，否则会感到不便。

4. 一字形厨房

一字形厨房是指把所有的工作区都安排在一面墙上，通常在空间不大、走廊狭窄的情况下采用。所有工作都在一条直线上完成，节省空间。但要注意避免把“战线”搞得太长，否则易降低效率。在不妨碍通道的情况下，可安排一块能伸缩调整或可折叠的面板，以备不时之需。

5. 半岛式厨房

半岛式厨房与U形厨房相类似，但有一条腿不贴墙，烹调中心常常布置在半岛上，而且一般是用半岛把厨房与餐室或家庭活动室相连接（图1-33）。

6. 岛式厨房

岛式厨房是将厨台独立为岛形，是一款新颖而别致的设计，灵活运用于早餐、熨衣服、插花、调酒等。这个“岛”充当了厨房里几个不同部分的分隔物。同时从所有各边都可就近使用它。

图1-33 半岛式厨房

图1-34 岛式厨房（一）

图1-35 岛式厨房（二）

（二）厨房设计的要点

1. 能源照明

厨房灯光须分成两个层次：一个是对整个厨房的照明，一个是对洗涤、准备、操作的照明。应设置无影和无眩光的照明，并应能集中照射在各个工作中心处。如在操作台上方的吊柜下、水池上方等处，安装紧凑型节能灯，占有空间少，照明效果极佳。

2. 人体工程尺度

这主要是指操作台高度和吊柜高度的确定，要适合使用人。操作台面高度以91cm为宜。在厨房里干活时，操作平台的高度对防止疲劳和灵活转身起到决定性作用。当主人长久地屈体向前20°时，腰部会承担极大负荷，长此以往腰疼也就伴随而来，所以，一定要依身高来决定平台的高度。如果空间允许，应考虑能坐着干活，厨房里不少活是完全可以坐着干的，这样能使主人脊椎得以放松，所以，可以为主人设置一个可以坐着干活的附加平台。厨房里的矮柜最好做成推拉式抽屉，方便取放，视觉也较好，但不要设置在柜子角落里。低柜下要留出能伸入半只脚的深度和踢脚凹槽，使操作者有舒适感，同时能有效地防止低柜的木质受潮弄脏。而吊柜一般做成30～40cm宽的多层格子，柜门做成对开或者折叠拉门的形式。另外，厨房门开启与冰箱门开启不要冲突，厨房窗户的开启与洗涤池龙头不要冲撞（图1－36）。

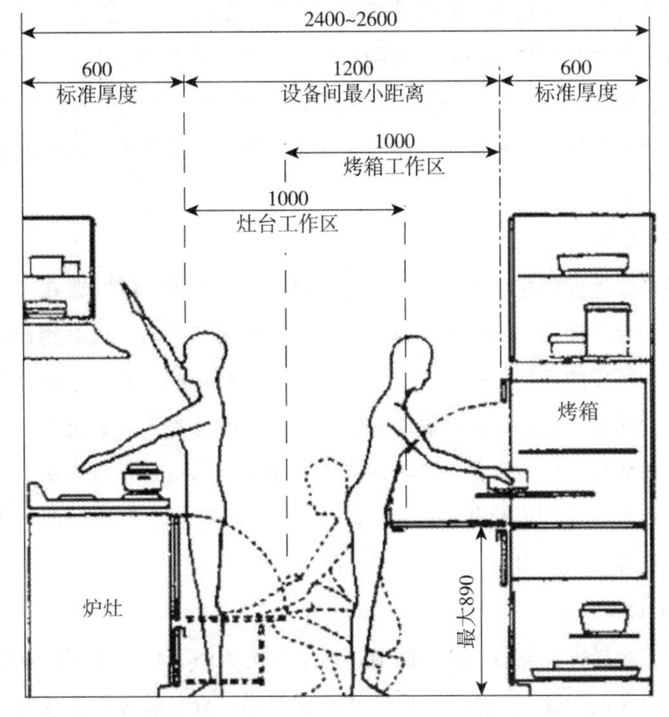

图1－36　家装功能图

3. 操作流程

厨房布局设计应按“贮藏—洗涤—配菜—烹饪”的操作流程，否则势必增加操作距离，降低操作效率。

4. 采光通风

阳光的射入，使厨房舒爽，又节约能源，更令人心情开朗。但要避免阳光的直射，防止室内贮藏的粮食、干货、调味品因受光热而变质。另外，必须通风。但在灶台上方切不可有窗，否则燃气灶具的火焰受风影响不能稳定，甚至会被大风吹灭。

5. 高效排污

忌夹缝多。厨房是个容易藏污纳垢的地方，应尽量使其不要有夹缝。例如，吊柜与天花之间的夹缝就应尽力避免，因天花容易凝聚水蒸气或油烟渍，柜顶又易积尘垢，它们之间的夹缝日后就会成为日常保洁的难点。水池下边管道缝隙也不易保洁，应用门封上，里边还可利用起来放垃圾桶或其他杂物。厨房里垃圾量较大，气味也大，易于放在方便倾倒又隐蔽的地方，比如洗漱池下的矮柜门上设一个垃圾桶，或者设可推拉式的垃圾抽屉。

垃圾桶的位置在厨房设计中往往被忽略，一般是随意放在角落中，甚至是在排满漂亮的橱柜的厨房中没有藏身之地。有些橱柜设计师将垃圾桶设计在橱柜内，但实际使用当中存在很多缺点。首先是容易造成遗忘，生腥垃圾在柜内存放时间长且不通风，容易产生异味，极不卫生。同时在操作中要频繁开启柜门易弄脏柜子，打扫起来也很不方便。一般解决方案是在橱柜下方设置部分开放空间。

很多家庭都为生腥垃圾的处理感到头疼，因其最容易腐败发臭。解决方案：日本在这方面的做法值得借鉴。在日本，生腥垃圾首先放在水池角部的专用沥水筐中，尔后将沥过水的垃圾用没有破损的塑料袋扎紧，便可以和其他垃圾一起按照分类扔到垃圾桶里去了。

6. 电气设备

电气设备应考虑嵌在橱柜中，把烤箱、微波炉、洗碗机等布置在橱柜中的适当位置，方便开启、使用。如吊柜与操作平台之间的间隙一般可以利用起来，易于放取一些烹饪中所需的用具，有的还可以做成简易的卷帘门，避免小电器落灰尘，如食品加工机、烤面包机等。冰箱进厨房已是趋势，但位置不宜靠近灶台，因为后者经常产生热量而且又是污染源，影响冰箱内的温度。冰箱也不宜太接近洗菜池，避免因溅出来的水导致冰箱漏电。另外，每个工作中心都应设有电插座，还应考虑厨房电器应与电源在同一侧。

7. 安全防护

地面不宜选择抛光瓷砖，宜用防滑、易于清洗的陶瓷块材地面；要注意防水防漏，厨房地面要低于餐厅地面，作好防水防潮处理，避免渗漏而造成烦恼等。厨房的顶面、墙面宜选用防火、抗热、易于清洗的材料，如釉面瓷砖墙面、铝板吊顶等。

同时，严禁移动煤气表，煤气管道不得做暗管，同时应考虑抄表方便。另外，厨房里许多地方要考虑到防止孩子发生危险。如炉台上设置必要的护栏，防止锅碗落下；各种洗涤制品应放在矮柜下（洗涤池）专门的柜子里，尖刀等器具应摆在有安全开启的抽屉里。

8. 材料设计

橱柜的门面就是柜门和台面。目前柜门主要有实木、防火板、吸塑、烤漆等（图1－37）。

图1－37　厨房材料

实木型：一般在实木表面做凹凸造型，外喷漆，实木整体橱柜的价格较昂贵，风格多为怀旧古典、乡村风格，是橱柜中的高档品。

防火板型：是最主流的用材，它的基材为刨花板或密度板，表面饰以特殊材料，色彩鲜艳多样，防火、防潮，耐污、耐酸碱、耐高温，易清理，价格便宜。

吸塑型：基材为密度板，表面经真空吸塑而成或采用一次无缝 PVC 膜压成型工艺。

烤漆型：基材为密度板，烤漆面板表面非常华丽、反光性高，像汽车的金属漆，怕磕碰和划痕，价格较贵。

人造石台面：人造石台面分进口及国产的，它的主要特点是绚丽多彩，表面无毛细孔，具有极强的耐污、耐酸、耐腐蚀、耐磨损性能，易清洁，极具可塑性，可以无缝连接，线条浑圆，可设计制作各类造型。

不锈钢台面：坚固耐用，也较易清理。但往往给人冷的感觉。

金属储物篮：橱柜中金属储物篮是收纳厨房中零散杂物的功臣。不锈钢材质的储物篮，隐藏在橱柜中，把空间有序地分割开，使用时得心应手。例如，放调味品的篮子可以放在灶台两侧的操作台下。最富有创意、最科学的设计是转角篮，它能充分利用橱柜的死角，发掘空间。通体篮是最高的收纳篮子，它和橱柜一般高，可以储存各种各样的食品与物品。墙面挂件系统与后台面装置可以根据不同人的习惯，更随意地设置。

9. 色彩设计

选择活泼明快的色彩，以创造轻松的气氛。

六、卧室设计

我们生命过程的三分之一，几乎是在睡眠中度过的。卧室的主要功能即是人们休息睡眠的场所。卧室设计必须力求隐秘、恬静、舒适、便利、健康，在此基础上寻求温馨氛围与优美格调，充分释放自我，求得居住者的身心愉悦。卧室是私密性很强的空间，其设计可完全依从房主的意愿，不必像起居室等公共空间一样，顾忌客人的看法而使设计受到拘束。根据卧室中的不同使用功能的需求，可对卧室空间作如下分区：睡眠区、更衣区、化妆区、休闲区、读写区、卫生区。当然功能分区的多寡，应视房型结构、空间大小，以及房主的意愿而定。设计时要考虑以下几点：防雨要求、防潮要求、隔声要求、休闲要求、私密要求、储存要求。

（一）卧室的种类及布置要求

1. 主卧室

主卧室是供夫妻居住、休寝的空间。要求严密的私密性、安宁感和心理安全感。在设计上，应营造出一种宁静安逸的氛围，并注重主人的个性与品位的表现。在功能上，主卧室是具有睡眠、休闲、梳妆、更衣、贮藏、盥洗等综合实用功能的活动空间（图1－38）。

图1－38　主卧室效果图

（1）睡眠区位

要从夫妇双方的婚姻观念、性格类型和生活习惯等方面综合考虑。在形式上，主卧室的睡眠区位可分为“共栖式”和“自由式”两种类型。

夫妻共栖式：包括双人床式和对床式，前者具有极度亲密的特点，但双方易受干扰；后者则保持适度距离，易于联系。

夫妻自由式：即同一区域的两个独立空间，两者无硬性分割。包括开放式——双方睡眠中心各自独立；闭合式——双方睡眠中心完全分隔独立，双方私生活不受干扰。

(2) 休闲区位

是指在卧室内满足主人视听、阅读、思考等以休闲活动为主要内容的区域。在布置时可根据夫妻双方在休息方面的具体要求，选择适宜的空间区位，配以家具与必要的设备。

(3) 梳妆活动

一般以美容家具为主要设备，可按照空间情况及个人喜好分别采用活动式、组合式或嵌入式的梳妆家具形式。

(4) 更衣活动

更衣是卧室活动的组成部分，在居住条件允许的情况下可设置独立的更衣区位，在空间受限制时，亦应在适宜的位置上设立简单的更衣区域。

(5) 贮藏

卧室贮藏物多以衣物、被褥为主，一般嵌入式的壁柜系统较为理想，这样有利于加强卧室的贮藏功能，亦可根据实际需要，设置容量与功能较为完善的其他形式的贮藏家具或单独的贮藏空间。

(6) 盥洗

卧室的卫生区位主要指浴室而言，最理想的状况是主卧室设有专用的浴室及盥洗设施。总之，主卧室的布置应达到隐秘、宁静、便利、合理、舒适和健康等要求。在充分表现个性色彩的基础上，营造出优美的格调与温馨的气氛，使主人在优雅的生活环境中得到充分放松的休息与心绪的宁静。

2. 客卧及保姆房

一般要求简洁大方、具备常用的生活条件，如床、衣柜及办公陈列台等。大多体现布置的灵活多样性，适用于不同需求。

3. 儿女卧室

儿女卧室相对主卧室可称为次卧室，是儿女成长与发展的私密空间，在设计上应充分照顾到儿女的年龄、性别与性格等特定的个性因素。孩子成长的不同阶段，对居室空间的使用要求不同；根据年龄段不同以及对使用要求的不同，儿女寝室可以分为三个阶段期：婴幼儿期（0~6岁）、童年期（7~13岁）、青少年期（14~17岁）。

(1) 婴幼儿期卧室

婴幼儿期指的是0~6岁年龄段，我们可以把这段时期分为两个阶段：0~3岁期，3~6岁期。0~3岁期，婴幼儿对空间的要求很小，可在主人室设育婴区或单独设育婴室（图1-39）。

单独的房间最好与照看者的房间相接近。该室内以卫生、安全为最高原则，室内配置婴儿床、器皿橱柜、安全椅、简单玩具和一小块游戏场所。3~6岁期的幼儿，这个时期属于学龄前期，他们的活动能力增强，活动内容也增多，这个时期需要一个独立的空间，需要符合身体尺寸的桌椅和衣柜等。这个时期的设计，还应考虑到充分的阳光、新鲜的空气、适宜的室温要求；布置幻想性、创造性的游戏活动区域；而房间的颜色，可较大胆，如采用对比强烈、鲜艳的颜色，可充分满足孩子的好奇心与想象力。

（2）童年期卧室

童年期指的是7～13岁年龄段，属于小学阶段。学习和游戏是他们生活中很重要的部分，室内应具备休息、学习、游戏以及交际的功能。在有条件的情况下，依据孩子的不同性别与兴趣特点，设立手工制作台、实验台养鱼及用于女孩梳妆、家务工作等方面的家具设施，使他们在完善合理的环境中实现充分的自我表现与发展。他们对空间的面积和私密性的要求越来越高。

这个时期的设计须考虑到儿童的学习是有意行为要求；并重视游戏活动的配合，可用活泼的暗示形式，引导兴趣，启发创造能力，激励发展目标（图1－40）。

图1－39 婴儿卧室

图1－40 儿童卧室

（3）青少年期卧室

青少年期指的是14～17岁年龄段，属于中学期。这个时期的孩子具有独立人格和独立的交往群体，他们对自己的房子的安排有着自己独立的主见，同样他们对空间功能的需求除了休息、学习之外，还要有待客的交往空间。

“青少年期”卧室要突出个性，可根据年龄、性别的不同，在满足房间基本功能的基础上，留下更多更大的空间给他们自己，使他们可将自己喜爱的任何装饰物随自我喜好，任意地摆放或取消。这正是一个有心事的年龄，他们需要一个比“幼儿期”更为专业与固定的游戏平台——书桌与书架，他们既可利用它们满足学习的需要，又可以利用它们保存个人的隐私与小秘密。这个时期的设计须考虑到儿童身心发展快速，但未真正成熟，纯真活泼、富于理想、热情鲁莽兼有，且易冲动；以及学习、休闲皆须重视，以陶冶情操为重点（图1－41）。

图1－41 青少年卧室

图1－42 老年卧室

4. 老人房

老人房的设计一般以实用、怀旧为主，最大限度地满足老人的睡眠及贮物需求。"中老年期"是对睡眠要求最多的时期，经过日月的洗礼，这一阶段的人们最重视睡眠质量，而对房间的装饰是否时尚，已不再追求。他们的卧室应是生活的避风港与补给站（图1－42）。

（1）装修材料重功能

隔声、防滑、平整，有时候即使是一些声音很小的音乐，对老年人来说也是"噪声"，因此老人房间的门窗所用的材料隔声效果一定要好。安装地板的时候，居室的地面应平整，不宜有高低变化，饰面材料应防滑，切忌用光滑瓷砖，而且缝隙应平整。老人居室选择的地毯应较好，但局部铺设时要防止移动或卷边，以避免使老年人跌跤。

（2）家具摆放要"安全"，减少磕碰的可能

老人的骨质钙化的程度比较高，应尽量避免直接与坚硬物体的表面频繁接触。在老人的行动范围内应留有无障碍通道，并将老人经常使用的家具集中在一个区域摆放，方便老人使用。为了避免磕碰，方方正正、见棱见角的家具应越少越好。过高的柜、低于膝的大抽屉都不宜用。老年人的床铺高低要适当，应便于上下、睡卧以及卧床时自取床下的日用品，不至于稍有不慎就扭伤摔伤。

（3）夜间照明和色彩选择有讲究：明亮、柔和、素雅

随着年龄的增长，老年人夜间如厕的次数会有所增加，再加上老年人视力一般有所衰退，因此对于老人房的灯光设计，特别是夜间照明，是不容忽视的。老人的视觉系统不喜欢受到过强的刺激，所以老人房间的配色以柔和淡雅的同色系过渡配置为佳，也可采用全面配套凝重沉稳的天然材质。选择家具时，注意不要用过于沉闷、冷静的色彩，如灰、蓝、黑等，因其易产生抑郁的气氛，不利于老人的身心健康。老人房也不可采用过于明艳活泼的色彩，因其容易使人躁动不安。

（二）卧室的装饰手法

卧室的设计总体上应追求的是功能与形式的完美统一，优雅独特、简洁明快的设计风格。在卧室设计的审美上，设计师要追求时尚而不浮躁，崇尚个性而不矫揉造作，庄重典雅之中又不乏轻松、浪漫温馨的感觉。

1. 设计以床为中心

在进行住宅的室内设计时，几乎每个空间都有一个“设计重心”。在卧室中的“设计重心”就是床，空间的装修风格、布局、色彩和装饰，定下了床的位置、风格和色彩之后，卧室设计的其余部分也就随之展开。床头背景是卧室设计的一个亮点，设计时最好提前考虑到卧室主要家具——床的造型及色调，有些需要设计床头的背景墙，而有些则不必，只要挂些饰物即可（如镜框、工艺品等）。床头背景墙是卧室设计中的重头戏，应使其造型和谐统一而富于变化。如皮料细滑、壁布柔软、榉木细腻、松木返璞归真、防火板时尚现代，使质感得以丰富地展现。

2. 空间界面设计

（1）顶棚

吊顶的形状、色彩是卧室设计的重点之一，宜用乳胶漆、墙纸（布）或局部吊顶。一般以直线条及简洁、淡雅、温馨的暖色系列或白色顶面为设计首选，现在已经很少再做复杂的吊顶造型了。

（2）墙面

卧室的墙面及顶面多宜采用乳胶漆、壁纸（布）等材质，色彩及图案则根据年龄及个人喜好来定，一般年轻人多以艳丽活泼的红黄蓝色为主，年龄稍大的则以深色（如咖啡色、胡桃木色）基调为多。

（3）地面

卧室的地面应具备保暖性，常采用中性或暖色色调，一般常采用地板（实木、复合）、地毯或玻化砖等材料，并在适当位置辅以块毯等饰物。

3. 灯光设计

卧室的灯光照明以温馨和暖色调为基调，床头上方可嵌筒灯或壁灯，也可在装饰柜中嵌筒灯，使室内更具浪漫舒适的温情。一般采用两种方式：一种是装设有调光器或电脑开关的灯具；另一种是室内安装多种灯具，分开关控制，根据需要确定开灯的范围。卧室整体照明多采用吸顶灯、嵌入式灯；局部照明一般是床头阅读照明和梳妆照明。

4. 色彩设计

色彩应以统一、和谐、淡雅为宜，对局部的原色搭配应慎重，稳重的色调较受欢迎，如绿色系活泼而富有朝气、粉红系欢快而柔美、蓝色系清凉浪漫、灰调或茶色系灵透雅致、黄色系热情中充满温馨气氛。一般卧室墙面色彩淡雅一些要比浓重容易把握一些。

七、书房设计

书房是提供阅读、书写、工作和密谈的空间，其功能较为单一，但对环境的要求较高。书房的设置首先要安静，其次要考虑到朝向、采光、景观、私密性等多项要求，书房多设在采光充足的南向、东南向或西南向，要有良好的采光和视觉环境，使主人保持轻松愉快的心态。

（一）书房的布局

书房的布置形式与使用者的职业有关，不同职业工作的方式和习惯差异很大，应具体问题具体分析。无论什么样的规格和形式，书房都可以划分出工作区域、阅读藏书区域两大部分，其中工作和阅读应是空间的主体，应在位置、采光上给予重点处理。另外，和藏书区域联系要方便（图1－43、图1－44）。

图1－43　书房（一）

图1－44　书房（二）

书房的家具设施归纳起来有如下几类：

1）书籍陈列类：包括书架、文件柜、博古架、保险柜等；其尺寸以经济实用及使用方便为参照来选择设计。

2）阅读工作台面类：写字台、操作台、绘画工作台、电脑桌、工作椅。

3）附属设施：休闲椅、茶几、文件粉碎机、音响、工作台灯、笔架、电脑等。

现代的家具市场和工业产品市场为我们提供了种类繁多、令人眼花缭乱的家具和办公设施，我们应当根据设计的整体风格去合理地选择和配置，并给予良好的组织，为书房空间提供一个舒适方便的工作环境。书房是一个工作空间，但绝不等同于一般的办公室，它要和整个家居的气氛相和谐，同时又要巧妙地应用色彩、材质变化以及绿化等手段来创造出一个宁静温馨的工作环境。在家具布置上它不必像办公室那样整齐干净，以表露工作作风之干练，而要根据使用者的工作习惯来摆设家具、设施甚至艺术品，以体现主人的爱好与个性。书房和办公室比起来往往杂乱无章、缺乏秩序，但却富有人情和个性。

（二）书房设计的要点

1. 照明采光

作为主人读书写字的场所，对于照明和采光要求很高，因为人眼在过于强和弱的光线中工作，都会对视力产生很大的影响。所以写字台最好放在阳光充足但不直射的窗边。这样在工作疲倦时还可凭窗远眺一下以休息眼睛。书房内一定要设有台灯和书柜用射灯，便于主人阅读和查找书籍。但注意台灯要光线均匀地照射在读书写字的地方，不宜离人太近，以免强光刺眼。

2. 隔声效果

“静”对于书房来讲是十分必要的，因为人在嘈杂的环境中的工作效率要比安静环境中的低得多。所以在装修书房时要选用那些隔声、吸声效果好的材料。如顶棚可采用吸声石膏板吊顶，墙壁可采用PVC吸声板或软包装饰布等装饰，地面可采用吸声效果佳的地毯，窗帘要选择较厚的材料，以阻隔窗外的噪声。

3. 内部摆设

书房设计要尽可能地“雅”。要把情趣充分融入书房的装饰中，一只艺术收藏品、几幅主人钟爱的绘画或照片、几个古朴简单的工艺品，都可以为书房增添几分淡雅、几分清新。

4. 色彩柔和

书房的色彩既不要过于耀目，又不宜过于昏暗，而应当取柔和色调的色彩装饰。在书房内养殖两盆诸如万年青、君子兰、文竹、吊兰之类的植物，则更赏心悦目。淡绿、浅棕、米白等柔和色调的色彩较为适合。但若从事需要刺激而产生创意的工作，那么不妨让鲜艳的色彩引发灵感。

5. 通风

书房内的电子设备越来越多，如果房间内密不透风的话，机器散热会令空气变得污浊，影响人的身体健康。所以应保证书房的空气对流畅顺，有利于机器散热。

（三）现代化书房

在传统观念中，书房应该是个墨香飘飘的清静空间。坐在这里可品茗看书、赏画远眺、修身养性。办公用品的现代化与网络技术的发达为书房提供了新的理念，即自由职业者的理想工作室、电脑迷的网络新空间、老板们的决策和会晤场所。现代化的书房，已开始从原来休息、思考、阅读、工作的场所，拓展成包括会谈及展示在内的综合场所（图1－45、图1－46）。

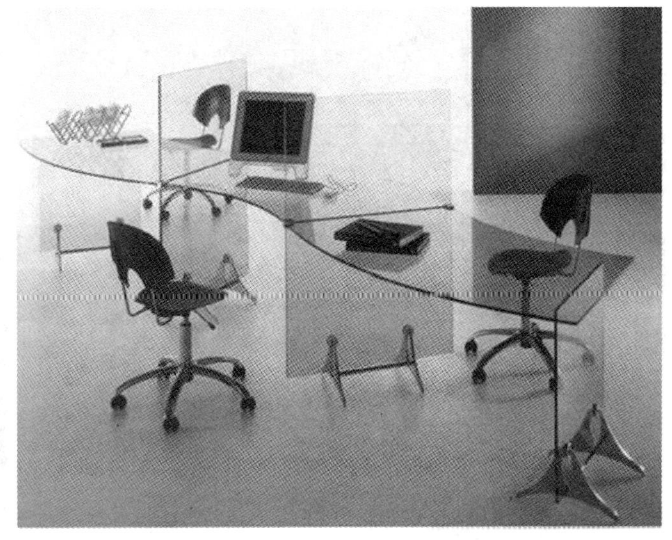

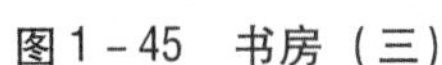

图1-45　书房（三）　　图1-46　书房（四）

1. 个人工作室

和充满商机的办公室相比，个人工作室显得更加放松、简洁、随意，其最大的特点，就是能充分发挥办公自动化的灵活性。在有限的空间内，将电脑、打印机、复印机、传真机等办公设备进行合理的布局，结合电脑桌的合理性与灵活性进行巧妙摆放，以方便自己维护藏书、办公、阅读等兴趣爱好。对于积累资料较多的人来说，多功能的暗格、活动拉板十分实用，应该充分利用各个角落和空当，在里面安置分门别类的书籍与资料，工作的时候就可以信手拈来了。

对于居住条件比较紧张的人来说，即使没有单独的书房，也可以通过餐厅或小客厅来附加添置，会有“随遇而安”的不俗表现。比如，利用餐厅一隅，巧妙地添置一个“书房角”，在白色的小书架上，放几本书、一部电脑、一部电话，实用中透出主人的情趣和品位。再如有一个小会客厅，经过矮书柜隔断，一边是半包围的书斋，一边是敞开式的待客雅座，隔柜上摆放一两个绿色植物小品，也不失高雅。

2. 商务会客室

对于一个交游广、商务活动频繁的现代人来说，在家里碰到接待商业客人的事情并不少见。一个敞亮的书房，便是高级的谈话空间，在这种颇有现代味道的宽敞书房中，真正办公的区域其实只占房间的一角。大面积的书柜，作为书房传统的风景，应选用浅木色的。如果是追求现代意识，应该多采用玻璃金属的组合制品。这样的书房，墙上的装饰要精美一些，书画的布置要精美而高级。在书架上，书籍大都是精装的，也有信手放杂志的小茶几。喜欢轰轰烈烈生活的人，应该在书房里放上红色沙发和锥形装饰台，并恰到好处地点缀绿色植物，为每个走进书房的客人，提升一种想和你愉快合作的欲望。值得注意的是，拥有这类书房的人，必须拥有两

图1－47　商务书房

图1－48　图书馆书房

个会客的位置，一个是两把椅子相对而放，显示主人居高临下、统揽全局的指挥意识，给人一种心理上的压力；另一个是两把便椅中搭个玻璃小台，台上刚好放个烟灰缸与两杯茶，两人平起平坐，随和地进行商务谈话，显得亲切许多（图1－47）。

3. 小型图书馆

以写作为生的人往往收藏了丰富的书籍，对于这些人来说，不妨把书房规划成一个小型的图书馆。有一位户主，爬格子20多年，已积累了各类书籍1万多册，全部要放在19m^2的书房里，而且还要有工作区域。最后的设计方案是：将进门左边1m宽、5m长的地方，定为大书架区，剩下的14m^2作办公室。设计可以装下万册书籍的书架，5m^2确实足够了。参照图书馆、档案馆的书架方式，在这1m宽、5m长的地方铺上轨道，放置8个带滑轮的铁制书柜，每个书柜厚45cm、高2.4m，虽然很重，移动起来却很轻松。书柜的每一层两侧放书，前后都能取，很方便。把8个书柜从两边分开，中间1m宽间隔的墙上还可以挂一幅富有情致的装饰画。书房通阳台的窗下，放一张桌子，哪怕是旧桌子也行，只需铺上装饰布美化一下就成。桌上可以暂放书架上取下的书，也可以作为剪裁和粘贴一些旧报纸资料的操作台。沿另一面墙再设计一排木书柜，厚度只有18cm，只放一排常用的书。书柜的下半截特意加宽，便于放置电脑与打印机、扫描仪之类。剩余的空间还可以放一个茶几，以便接待文友。书房阳台上可以种植花卉，不但生机盎然，还可以轮流着给书房放置一两盆。这样的书房，比起一个小型图书馆来，可以说有更独到的意境（图1－48）。

八、和室与阁楼设计

（一）和室的设计

和室，原指日本式住宅中的卧室。随着个性化装修的普及，现在所说的和室通

图1－49　和室（一）

图1－50　和室（二）

常是指开放式空间的泛称。它是一种多元化的功能设计，是指一个以天然材料装饰装修、功能不固定的空间。这个空间里的家具很少，由于地面铺了地板或席子，大家可以席地而坐。在这个空间里，可依照主人需求，设计成喝茶、视听、客房、休闲、书房等空间性质（图1－49、图1－50）。

其实，大约在唐代，中国人席地而坐的习俗传到日本，逐渐演化为日式的“榻榻米”。在近代，日本的“榻榻米”又和我国台湾的民居相结合，产生了今天日式的“和室”风格。因此，“和室”可以说是极具传统色彩的东西，但从室内设计的角度来考虑，它又很富有现代风味，其中还融合了中式、欧式等的风格。可以说“和室”汇集了“古、今、中、外”几种家居形式的优点，所以受到了不少人的欢迎。

和室的一个重要特点是它的自然性，从顶到地都是最天然、最朴实的材料，多以自然界的材料作为装饰材料。因此，通常采用天然木材、砖石、草藤、竹、树皮、泥土、棉布、麻料等原始材料，充分展示其天然的材质之美。如木造部分只单纯地刨出木料的本色，再以镀金或铜的用具加以装饰，体现人与自然的融合。所以，和室有一种独特的魅力，大量的天然材料既给人回归自然的感觉，又表现出平和的意境。与其他的装饰风格不同，和室的装饰风格简洁明快，以清雅为主，没有繁琐的装饰，更注重实际的功能。一席榻榻米、一张矮几、几只垫子、一扇格子门窗与一盏淡雅的日式纸灯，简洁的屏风，简单的色调，都能恰到好处地体现出和室风格的精简及含蓄。榻榻米是“和室”的象征，在日本，榻榻米多为独有的铺地草垫，以麦秆和稻草制成，而我们改造过的“榻榻米”多为木地板。而顶棚的装饰则最能体现和室装修的精髓，最奢侈的就是整个顶棚以实木铺设，再配上一盏日式纸灯，朴实而自然。

和室的门窗多宽大透光，家具低矮且不多，总给人以宽敞明亮的清爽感觉，因此和室还是扩大居室视野的常用方法。如在客厅的一角隔出来一间和室，它的墙面可以是构成陈列艺术品的展示柜，让人的视线在客厅和和室之间穿透，形成一个精彩的画面。而当需要作为卧室的时候，只需将窗帘拉上，即可成为一个独立的空间。

和室还是“一室多用”的典范。一般和室都是将木地板架高作为榻榻米的，因此木地板的下方就成了非常好的收纳场所。可以利用掀盖式的方法，或在和室靠近拉门的地板下设置抽屉，生活中一些暂时用不着的杂物，都可以储藏在里面。

另外，和室还是一个安放音响的不错选择。现在的家庭大都喜欢把音响放在客厅，其实客厅中由于通道较多，音响效果并不是最好，而封闭的和室不仅是一间很舒适的房间，更是一个不错的“家庭影剧院”。

（二）阁楼的设计

随着现代房产开发中顶层附带阁楼布局的普及，现代阁楼已从简陋的储物空间、拥挤的栖身之所一跃而成为都市人后花园式的私密空间，也反映了现代人、尤其是年轻人不甘平淡的生活方式（图 1 –51）。

阁楼是一个较特殊的室内空间，由于通常情况下的阁楼都具有低矮和不规则等特点，阁楼本身也大都带斜面、具备三角形外形，所以，在设计界有句行话叫“将错就错”，尽量保留原建筑风格，充分利用阁楼的层高、形状来做设计。在视觉上要使空间变高变大，同时发挥结构本身的特点产生一种建筑的结构美，并且，这种美还需要与整个居室的格调相符合，既要现代简洁，也要满足舒适与美感。

阁楼的功能具有较大的丰富性，除常见的储藏室，还可根据不同家庭的使用需要装修成书房、卧室、会客间、视听室、工作间、儿童房等。

设计成书房或工作间，阁楼能将工作、学习同生活很好地分离出来，但装修时需要营造一种宽敞、宁静的人文效果，采光和通风对房间的功能实现也尤为重要。在色调、氛围布置上还应注意淡雅、认真，装饰不须繁琐，不能显得“懒散”。

做成卧室、会客室、视听间时则应布置得轻松、舒适，不能太板、太重。且阁楼空间高低变化、结构的不规则给家居设计提供了较大的想象力空间，足够充分张扬业主的个性。

阁楼的家具一般不宜购买，均由设计师根据现有条件进行权衡，量身定做，通常以小巧别致为主，来呈现自身与整个居室品位相协调。阁楼地板有直接铺贴，也有地台式的，这须结合阁楼的功能定位。如定为私密空间或儿童房，则采用地台式时舒适性较好。至于阁楼顶面处理，相对比较复杂。通常情况是，采用本色自然的木制材料装饰为宜（图 1 –52）。

此外，阁楼装修最重要的环节是隔热，由于阁楼通常位于顶层，受阳光直射，温度较高，解决办法是加上隔热顶或者铺上隔热层，随后可在室内做 20cm 的隔热层吊顶，防止阁楼变成“蒸笼”。

图1-51　阁楼（一）

图1-52　阁楼（二）

九、卫浴间设计

一个标准的卫浴间的卫生设备一般由三大部分组成：洗脸设备、便器设备、淋浴设备。这三大设备的布局应按从低到高的基本原则进行，即从浴室门口开始，最理想的是洗手台向着卫浴间的门口，座厕紧靠其侧，把淋浴间设置在最内端。卫浴间最好能做到“干湿分离”，也就是合理地把洗浴和座厕分离，使两者互不干扰。“干湿分离”的方法很多，可以选择淋浴房，对于安装了浴缸或淋浴的卫浴间，可以采取玻璃隔断或者玻璃推拉门来分离。卫浴间的装修应以舒适、防水防潮以及地面防滑为主，饰面材料及卫生洁具等的选择应以无碍健康为准则，质地色彩要给人光洁且柔和的感觉。卫生设备的发展，加速了卫浴间的大型化、多功能化、智能化的进程，卫浴间的面积越来越大，可以边洗浴、边看电视、听音乐，甚至还可以健身等。此外，桑拿浴已进入家庭，成为卫生空间的一组成部分，通常附设在浴室的附近。

（一）卫浴间的布局形式

住宅卫浴间的平面布局与气候、经济条件、文化、生活习惯、家庭人员构成、设备大小、形式有很大关系。归结起来可分为独立型、兼用型和折中型三种形式。

1. 独立型

卫生空间中的浴室、厕所、洗脸间等各自独立的场合，称之为独立型。独立型的优点是各室可以同时使用，特别是在使用高峰期可减少互相干扰，各室功能明确，使用时方便、舒适。缺点是空间占用多、建造成本高，适合于多居室以上住宅。

独立型的另一个概念是三卫概念：

1）水卫：系指公共部分以洗涤功能为主的开放型空间，涵盖拖把池、洗手池及洗衣功能的要求，直接与室内的其他空间连接，无须做门，可增加隔断。

2）厕卫：系指居室中的公卫（即客卫）的概念，可增加小便斗、蹲便器、手纸架、洗手盆、淋浴器及浴镜、通风器、烘干器等。主要功能以如厕为主、兼洗浴。

图 1－53　卫生间

3）浴卫：系指居室中以主卧附设为主的卫生间，它更具备私密性、休闲和保健理疗功能，主要可设置坐便器、妇洗器、按摩浴缸、洗手池等，条件允许可设置桑拿房，甚至增加景观设计如落地玻璃、平板电视或留有观景天窗等。

2. 兼用型

把浴盆、洗脸池、便器等洁具集中在一个空间，称之为兼用型。兼用型的优点是节省空间、经济、管线布置简单等。缺点是一人占用卫浴间时，影响其他人使用，此外，面积较小时贮藏等空间内很难设置，不适合人口多的家庭。兼用型中一般不适合放入洗衣机，因为入浴等湿气会影响洗衣机的寿命（图 1－53）。

3. 折中型

卫生空间中的基本设备，部分独立部分合并为一室的情况称之为折中型。折中型的优点是相对节省一些空间，组合比较自由，缺点是部分卫生设备于一室时，仍有互相干扰的现象。

4. 其他布局形式

除了上述的几种基本布局形式以外，卫浴间还有许多更加灵活的布局形式，这主要是因为现代人给卫浴间注入了新的概念，增加了许多新要求。例如现代人崇尚与自然接近，把阳光和绿意引进浴室以获得沐浴、盥洗时的舒畅愉快；现代人更加注重身体保健，把桑拿浴、体育设施设备等引进卫浴间；或布置色彩鲜艳的艺术画，在浴室内设置电视与音响设备，使人在沐浴的同时得到优雅的艺术享受。

（二）卫浴间的基本尺寸

一般来说，卫生空间在最大尺寸方面没有什么特殊的规定，但是太大会造成动线加长、能源浪费，也是不可取的。卫生空间在最小尺寸方面各国都有一定的规定，即认为在这一尺寸之下一般人使用起来就会感到不舒服或设备安装不下。

独立厕所空间的最小尺寸是由坐便器的尺寸加上人体活动的必要尺寸来决定的，一般坐便器加低水箱的长度在 745 ~800mm 之间，若水箱做在角部，整体长度能缩小到 710mm。坐便器的前端到前方门或墙的距离，应保证在 500 ~600mm 左右，以便站起、坐下、转身等动作能比较自如，左右两肘撑开的宽度为 760mm，因此坐便器厕所的最小净面积尺寸应保证大于或等于 800mm × 1200mm。独立浴室的尺寸跟浴盆的大小有很大的关系，此外要考虑人穿脱衣服、擦拭身体的动作空间及内开门占去的空间。小型浴盆的浴室尺寸为 1200mm ×1650mm，中型浴盆的浴室为 1650mm ×1650mm 等。

单独淋浴室的尺寸应考虑人体在里面活动转身的空间和喷头射角的关系，一般尺寸为 900mm ×1100mm、800mm ×1200mm 等。小型的淋浴盒子间净面积可以小至 800mm ×800mm。没有条件设浴盆时，淋浴池加坐便器的卫生空间也很实用。

独立洗脸间的尺寸除了考虑洗脸化妆台的大小和弯腰洗漱等动作以外，还要考虑卫生化妆用品的储存空间，由于现代生活的多样化，化妆和装饰用品等与日俱增，必须注意留有充分的余地。此外，洗脸间还多数兼有更衣和洗衣的功能，及兼作浴室的前室，设计时空间尺寸应略扩大些。

典型三洁具卫浴间，即是把浴盆、坐便器、洗脸池这三件基本洁具合放在一个空间中的卫浴间。由于把三件洁具紧凑布置，充分利用共用面积，一般空间面积比较小，常用面积在 3～4m^2 左右。近些年来因大家庭的分化和 2～3 口人的核心家庭的普遍化，一般的公寓和单身宿舍开始采用工厂预制的小型装配式盒子间。这种卫浴间模仿旅馆的卫浴间设计，把三洁具布置得更为合理紧凑，在面积上也大为缩小。最小的平面尺寸可以做到 1400mm ×1000mm，中型的为 1200mm ×1600mm、1400mm ×1800mm，较宽敞的为 1600mm ×2000mm、1800mm ×2000mm 等（图 1－54）。

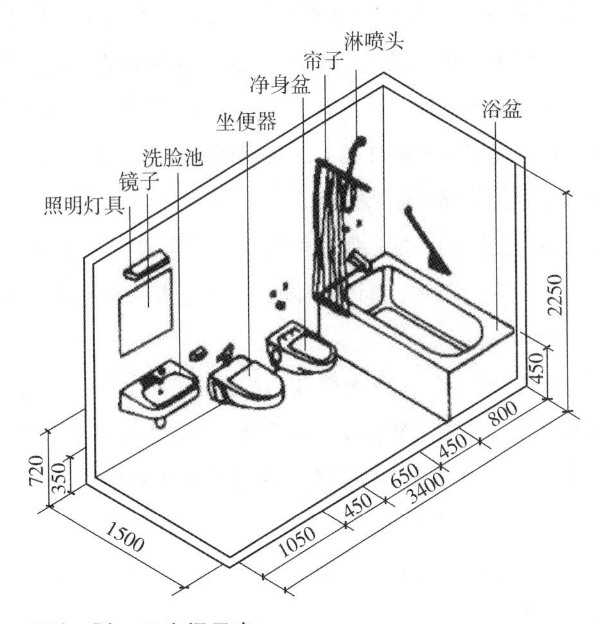

图 1－54　卫生间尺度

（三）卫浴间的装饰手法

1. 装修设计

即通过围合空间的界面处理来体现格调，如地面的拼花、墙面的划分、材质对

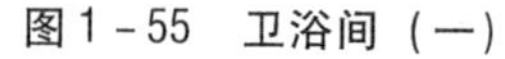

图 1－55　卫浴间（一）

图 1－56　卫浴间（二）

比、洗手台面的处理、镜面和边框的做法以及各类贮存柜的设计。装修设计应考虑所选洁具的形状、风格对其的影响，应相互协调，同时在做法上要精细，尤其是装修与洁具相互衔接的部位上，如浴缸的收口及侧壁的处理、洗手化妆台面与面盆的衔接方式，精细巧妙的做法能反映卫浴间的品格（图 1－55、图 1－56）。

2. 照明方式

经过吊顶处理后，顶棚光源距离人的视平线相对近了一些。因此要采取一定的措施，使之光线照度适宜，没有眩光直刺入目。如灯窗的罩片，可以用喷砂玻璃，也可以用印花玻璃，以及有机玻璃灯光片等，以能产生良好的散射光线为佳。

卫浴间虽小，但光源的设置却很丰富，往往有两到三种色光及照明方式综合作用，形成不同的气氛，起着不同的作用。卫生间的照明设计由两个部分组成，一个是净身空间部分，一个是脸部整理部分。

第一部分包括淋浴空间和浴盆、座厕等空间，以柔和的光线为主。光亮度要求不高，只要光线均匀即可。光源本身还要有防水功能、散热功能和不易积水的结构。一般光源设计在天花和墙壁上。

第二部分是脸部整理部分。由于有化妆功能要求，对光源的显色指数有较高的要求，一般只能是白炽灯或显色性能较好的高档光源，如三基色荧光灯、松下暖色荧光灯等。对照度和光线角度要求也较高，最好是在化妆镜的两边，其次是顶部。一般相当于 60W 以上的白炽灯亮度即可。

此外，还应该有部分背景光源，可放在镜柜（架）内和部分地坪内以增加气氛。其中地坪下的光源要注意防水要求。

3. 色彩

卫生间大多采用低彩度、高明度的色彩组合来衬托干净爽快的气氛，色彩运用上以卫浴设施为主色调，墙地色彩保持一致，这样使整个卫生间有种和谐统一感。材质的变化要利于清洁及考虑防水，如石材、面砖、防火板等。在标准较高的场所也可以使用木质，如枫木、樱桃木、花樟等。还可以通过艺术品和绿化的配合来点缀，以丰富卫浴间的色彩变化。

十、走道与楼梯设计

（一）公共走道的设计

走道在住宅的空间构成中属于交通空间，起联系和使用空间的作用。走道是空间与空间水平方向的联系方式，它是组织空间秩序的有效手段。走道在空间变化中具有引导性和暗示性，增强了空间的层次感（图1－57）。

1. 走道的形式

走道依据空间水平方向的组织方式，形式上大致分为一字形、L形和T形。性质上大致分为外廊、单侧廊和中间廊。不同的走道形式在空间中起着不同的作用，也产生了迥然不同的性格特点。如一字形走廊方向感强、简洁、直接。L形走廊迂回、含蓄，富于变化，往往可以加强空间的私密性。T形走廊是空间之间多向联系的方式，它较为通透，而两段走廊相交之处往往是设计师大做文章的地方，处理得当的话，将形成一个视觉上的景观变化，有效地打破走廊沉闷、封闭之感。

2. 走道的装饰手法

走廊由顶棚、地面、墙面组成，其中很少有固定或活动的家具，因而所有的变化集中于几个界面的处理上（图1－58）。

图1－57　走道（一）

图1－58　走道（二）

（1）顶棚

在住宅中走道的吊顶标高往往较其他空间矮一些。顶面的形式也较为简单，仅仅做照明灯具的排列布置，不再做过多的变化以避免累赘。由于走道没有特殊的照度要求，因而它的照明方式常常是筒灯或槽灯，甚至完全不设灯而依靠壁灯来完成照明。走道的灯具排布要充分考虑到光影形成的富有韵律的变化，以及墙面艺术品的照明要求，有效地利用光来消除走道的沉闷气氛，创造生动的视觉效果。

(2) 地面

在住宅的所有空间中，走道是唯一没有活动家具的空间，所以它的地面几乎百分之百地暴露。当走廊选用不同的材料时，它的图案变化也就最为完整，因此选择图案或创造拼花时应注意它的视觉完整性和轴对称性，同时图案本身以及色彩也不宜过分夸张。因为走道毕竟是从属地位，处理不当就会造成喧宾夺主。另外，走廊地面选材时还应注意声学上的要求，由于走道连接公共与私密空间，所以在选材时一定要考虑到人的活动声响对空间私密性的破坏。

(3) 墙面

走道空间的主角是墙面，墙面符合人的视觉观赏上的生理要求，可以作较多的装饰和变化。走道愈宽，人就有愈多的视觉距离，对装饰细节也就愈加关注。走道的装饰有两方面的含义，一方面是装修本身，即对界面的包装修饰，包括墙面的划分，材质对比，照明形式变化，踢脚线、阴角线的选择以及各空间与走廊相连接的门洞和门扇的处理等；另一方面是脱离于装修和固定的艺术陈设，如字画、装饰艺术品、壁毯等种类繁多的艺术形式。

(4) 房门

在走道空间的墙面大多有门的存在，门的处理就成为影响整个空间品质的重要因素。门的处理主要包含以下几个方面：门的材质与墙面材质的对比、门的样式与整个空间形式的协调以及锁具的选择等，这些都将影响到门的视觉效果乃至整个空间的效果。门的形式选择上也要兼顾实用和美观两大原则。一般来讲，卧室属私密性空间，需要采用封闭性的门，而厨房、卫浴间则可以采用半通透的门，这样的设计手段对空间的延伸和丰富有着积极的作用。

(二) 楼梯的设计

楼梯是空间之间垂直的交通枢纽，是住宅中垂直方向上相联系的重要手段。

楼梯在住宅中能很严格地将公共空间和私密性空间隔离开来。楼梯的位置明显但不宜突出，在多数商品住宅中楼梯的位置往往沿墙和拐角设置以免浪费空间，但在有些高标准的豪华住宅中楼梯的设置就不再那么拘谨，往往位置显赫以充分表现楼梯的美丽，这时楼梯也成为一种表现住宅气势的有效手段，成为住宅空间中最重要的构图因素（图 1 –59）。

1. 楼梯的形态

楼梯按材质分有木楼梯、混凝土楼梯、金属楼梯、砖砌楼梯等。由于材料不同，各种楼梯的施工方法和性能也不同。

木楼梯制作方便，款式多样，但是耐久性稍差，走动时容易发出声响，通常用于行走不多或制作简便的场合；混凝土楼梯具有坚固耐用、安全性好的特点，走动不会有响声，缺点是浇筑工序复杂，湿作业多，工期长；金属楼梯结构轻便，造型美观，施工方便，只是维护保养麻烦；砖砌楼梯具有经济耐用的特点，但造型刻板，没能有效地利用空间。

图1-59　楼梯

楼梯按形式分为单路式、拐角式、回径式和旋转式几种。

单路式：这种楼梯气势大，方向感强，应用于标准较高的户型之中，楼层的联系感较强。

拐角式：这种楼梯沿墙布置较多，优点是节约空间，有一定的引导性，楼梯的侧向常常可以利用形成储藏空间。

回径式：也叫两跑梯，这种梯型应用广泛、普及，它节约空间，和其他空间的关系易于衔接。比较隐蔽，易于强化楼上空间的私密性。

旋转式：造型生动，富于变化，节约空间，它常常成为空间中的景观构图。它的材料可以是混凝土、钢材，甚至是有机玻璃。现代的材料更宜于表现旋转梯的流动、轻盈的特点。

2. 楼梯的尺度

楼梯设计时，首先计算楼梯的级数及每级踏步的宽度、长度和高度。通常踏步的高度在150～180mm之间，宽度不小于250mm，长度不小于850mm。另外，还要留心楼梯梁的位置，避免上下楼时碰头。

3. 楼梯的装饰手段

楼梯是由踏步、栏杆和扶手组成的。三部分用不同的材料，以不同的造型解决了不同的功能。

（1）踏步

踏步用较坚硬耐磨的材料、合理的尺度搭配、巧妙的质感变化满足了使用者舒适、防滑以及使用年限等多方面的要求。踏步解决了楼梯的主要使用功能，是楼梯的主题。踏步的形态单一，变化主要依据不同使用材料时的细部处理来体现其精巧，如板材之间的搭接。踏步的材料主要有石材、木材及地毯，三种材料在做法上都有自己独特的要求。另外，当踏步材料和上、下层公共部分用材不同时，应当注意收口部位的处理，避免生硬和简陋之感。

（2）栏杆

栏杆在楼梯中的作用是围护，因而栏杆在高度和密度上都有一定的要求，如高

图1－60　楼梯

图1－61　扶手

度通常在900mm以上，密度要保证3岁左右的儿童摔倒时不至掉到楼梯以外。同时，在强度上栏杆也应能承担一定的冲力和拉力，要能承受成年人摔倒时的惯性和老年人、病人的拉力。所以楼梯栏杆的材料常用铸铁、木栏杆或较厚的（10mm以上）玻璃栏板来构成。楼梯的栏杆对楼梯的形式起着至关重要的装饰作用（图1－60）。

（3）扶手

扶手位于楼梯的栏杆的上部，它和人手相接触，把人的上部躯干的力量传递到踏步上。对老人、儿童，它则是得力的帮手，对装饰来讲，它有如画龙点睛般重要。在尺度上要符合人体工程学的要求，又要兼顾造型上的比例。在材质上要顺应人的触觉要求，要质地柔软、舒适，富于人情味。扶手断面的形式千变万化，根据不同的格调我们可以自由地选择简洁的、丰富的、古典的或现代的。但要特别注意转弯和收头处的处理，这些地方往往是楼梯最精彩和最富表现力的部分。它往往结合雕塑、灯柱等造型来共同产生生动变化的视觉效果（图1－61）。

十一、储存空间设计

随着人们生活水平的提高，物质方面的需求也越来越丰富。因此，家庭中的储藏空间也越来越受重视。

储存空间设计主要是充分利用被忽视的空间，归纳起来主要是对闲置的角落，未被利用的家具空腹，楼梯的下部、侧部和端部，走廊的顶部等空间进行开发利用。住宅条件宽裕的，则可考虑把一个小房间或利用室内的一块空间来设置成独立储藏室。

（一）储物空间的位置及时效性

设计储物空间应在如下几方面认真分析、推敲，才能使其全面、合理、细致。

首先，储存的地点和位置直接关系到储物的使用是否便利、空间使用效率是否高。例如书籍的储存地点宜靠近经常阅读活动的沙发、床头、写字台，使人方便地拿取；化妆、清洁用具的储存地点应靠近洗手间台面、梳妆台面，并且使用者能在洗脸和梳妆时方便地拿到；而调味品的储存地点则宜靠近灶台及进行备餐活动的区域；衣物的储存应靠近卧室。

其次，考虑储物空间的使用效率，指任何一处储存空间利用得是否充分，物品的摆放是否合理。如鞋类的储藏空间的搁板应根据鞋的尺寸形状来设计，以便能更多地储存鞋；衣物的储存应结合各类衣物的特点和尺寸来选择叠放、垂挂的方式；餐具的储存空间则应认真分析各类餐具的规格、尺寸、形状，来决定摆放形式。

此外，还要考虑储存的时间性。一方面是指对被储存物品使用周期的考虑，是季节性的还是每周一次，或是永久性珍藏类，或是每日都用的。另一方面，需要考虑储存空间是暂时性的还是永久性的，以决定其构造是活动的还是固定的。

（二）储存空间的形式

储存空间的样式分为开敞式、密闭式和储藏室式三种。

1. 开敞式

开敞式的储存空间用来陈列具有较强装饰作用、值得炫耀的物品，如酒柜用来陈列种类繁多、包装精美的酒具和美酒，书柜则用来展示丰实的藏书以及各类荣誉证书等。这一类的储存空间讲求形式、材质，甚至配合照明的灯光，是住宅装饰设计中的重要部分。

2. 密闭式

密闭的储藏空间往往用来存放一些实用性较强而装饰性较差的东西，如壁柜用来存放粮油、工具，衣柜用来存放四季衣物、被褥，走廊的顶柜用来存放旧的物品等。这类空间实用性很强，往往要求较大的尺度，使用的装饰材料也较普通。

3. 储藏室式

独立储藏室用于储藏日用品、衣物、棉被、箱子、杂物等物品。储藏室合理的面积为 $1.5m^2$ 以上。为了增加储藏量，储藏室一般设计成 U 形或 L 形柜，根据面积大小可设计成可进人和不进人的式样。储藏室的墙面要保持干净，不至于弄脏贮放的衣物。柜顶可装节能灯，增加照明度，减少潮湿性。地面可铺地板或地毯，保持储藏空间的干净，不易起尘。

（三）步入式衣帽间

面积较大的住宅，宜把主卧室与卫浴间、衣帽间相连，各种使用功能就十分完善了。一般来说，步入式衣帽间应在 $3.5m^2$ 以上才能保证充裕的活动空间。衣帽间的基本存放形式可根据存储需要分为挂放、叠放、内衣、鞋、提包及其他物品几个区域。须注意的是，步入式衣帽间是个独立空间，并不是卧室的附属品，所以在设计时，要合理安排灯光、色调等元素，使衣帽间成为室内的点睛之笔。随着人们生活水平的不断提升，不少家庭都开始将步入式衣帽间看做一种居家时尚。步入式衣帽间也主要有三种形式。

1. 嵌入式（图 1－62）

这种衣帽间比较节约面积，空间利用率高，容易清洁，适用于面积有限的卧室。推拉门还可以增加墙面的装饰性。不过一定要加防尘条，确保门的严密性。选择这种形式，应注意通风、去湿。在这类衣帽间里，为了充分利用有限空间可以运用一种统一规格的格子单元，即：固定的竖向隔断划分大格局，用可调节的隔板搭出单元，可随意组合，所以灵活性好，可根据需要设置挂衣杆、抽屉、箱子，以便细致收纳衬衫、内衣等。

2. 独立式（图 1－63）

独立式衣帽间对房间面积要求较高，因为如果房间本身隔断较多，采用这种形式会使空间更加拥挤。而宽敞的大空间中设立独立式衣帽间，可以把杂物都收纳其中，使室内更加整齐，易打理。如果可以单独利用一个房间作为衣帽间就更好了，不仅防尘好，储存空间完整，对空间利用率也极高。

3. 开放式

这种方式适合于那些希望在一个大空间内解决所有功能的年轻人，因为他们的生活方式和节奏要求高效、便捷。但即便是开放式也要有一定的私密性，以免使大空间显得过于凌乱。比较好的办法是利用一面空墙存放，不完全封闭。这类衣帽间空气流通好，空间宽敞。但因为不易防尘，所以要特别做好独立防尘，比如挂件用防尘罩，用形式各异的盒子来叠放衣物。为便于区别，最好用颜色加以区分，增加标志性。若多设一些抽屉、小柜，则更为实用。

图 1－62　嵌入式衣帽间

图 1－63　独立式衣帽间

十二、阳台设计

阳台是室内与室外之间的一个过渡空间，是呼吸新鲜空气、沐浴温暖阳光的理想场所。站在阳台上，人们既能凭栏远眺，也可以晾晒衣物、养花种草，使生活增添一份悠然自得的情趣。另外，在阳台上安置些简易、轻便的健身器材，还可以作为健身娱乐场所（图1－64）。

图1－64　阳台装饰

阳台按结构可分为内阳台、外阳台、挑阳台、凹阳台、转角阳台等，阳台按用途又可分为生活阳台、服务阳台和封闭阳台。不同类型的阳台，具有不同的使用功能和特色魅力，精心布置，不失为彰显个性和满足不同需要的一块“宝地”。如果阳台紧靠厨房，可利用阳台的一角建造一个储物柜，存放一些蔬菜食品或不经常使用的物品。供休息、餐饮使用的阳台，还可以摆放少量的折叠家具。在以休闲功能为主的阳台上放些花卉盆景，有利于人体健康，还可以种些爬藤类植物，到了夏天藤攀阳台，生机盎然，令人心旷神怡。除绿色植物、花卉等能起到装饰阳台的作用外，阳台侧墙面、地面也是装饰美化的重点。例如，可以整齐有致地在侧墙上挂置富有装饰韵味的陶瓷壁挂、挂盘等装饰品，有的隔墙还可做成博古架的形式，以供放置装饰器物。在光滑素雅的墙面上，也可挂置用柴、草、苇、棕、麻等材料做成的编织物。阳台的地面可利用旧地毯或其他材料铺饰，以增添行走时的舒适感。

需要注意的是，阳台底板上如果堆放的物品超过了设计承载能力，就会降低安全度。如今，阳台设计风格多种多样，简洁、清新、柔和为主要特点的日式阳台设计是比较常见的。日式设计所选用的材料以天然的鹅卵石为主。色彩搭配讲究淡雅、素丽，给人一种简朴、恬静、自在的感觉。日式设计讲究简洁，但是在细节的打造上绝不马虎，力求小至一石一木一花都能够配合整体的设计。

中式阳台设计则以假山、盆景、灯笼这类设计元素为主，讲究将自然的山水风光浓缩在一处。

西式的阳台设计常用喷泉、雕塑，绿色植物大多经过精心修剪，并选用不同的花卉，营造出浪漫雅致的气氛。

在设计内阳台时，还应考虑以下几方面：

1）窗台最好选用石材作台面板，因为和木质窗台板相比，石材具有防水、防晒、不开裂的特点。在封闭阳台时，窗口的下口最容易渗水，通常做法是窗下延预留 2cm 的间隙，然后用水泥填死，最好用专用发泡剂密封避免渗水现象产生。

2）内阳台地面铺设与房间地面铺设一致可起到扩大空间的效果。而外阳台墙地砖的色彩搭配则应与外墙协调。

3）设计阳台时要注意排水系统的设置，尤其是有水池的排水系统，水池面积也不宜过大，否则会对楼房安全造成危害。

4）阳台的吊顶有多种做法。葡萄架吊顶、彩绘玻璃吊顶、装饰假梁等。阳台的面积较小时，可以不用吊顶，以免产生向下的压迫感。

5）花卉盆景要合理安排，既要便于浇水，又要使各种花卉盆景都能充分吸收到阳光。常见的布置方式有：镶嵌式，利用墙壁镶嵌特制的半边花瓶或花盆，然后将植物栽种在里面；垂挂式，用小巧精致的容器栽种吊兰等小型植物，悬挂在阳台顶板上；阶梯式，在阳台上搭建一个小楼梯，将花盆摆放在上面；自然式，利用阳台外的盆架栽种一些藤蔓植物，使植物自然下垂。

6）阳台设计应注意通风透气。

总之，可以根据户主的居住条件和性格爱好，对阳台进行不同设计。内阳台，可以作为居室空间的延伸，或设计成书房、健身房、休闲区等。而外阳台则可以设计成养花种草的场所。

十三、家装装饰材料的选择

建筑装饰材料种类繁多，按材质分类有塑料、金属、陶瓷、玻璃、木材、无机矿物、涂料、纺织品、石材等，按功能分类有吸声、隔热、防水、防潮、防火、防霉、耐酸碱、耐污染等种类，按装饰部位分类则有墙面装饰材料、顶棚装饰材料、地面装饰材料。

（一）装饰胶凝材料

建筑上能将散粒状材料（如砂、石等）或块状材料（如砖、石块、混凝土砌块等）粘结成为整体的材料，称为胶凝材料。胶凝材料按其化学成分可分为无机胶凝材料和有机胶凝材料两大类，无机胶凝材料按其硬化条件的不同，可分为气硬性胶凝材料和水硬性胶凝材料。气硬性胶凝材料是指只能在空气中凝结硬化的胶凝材料，如石灰、石膏、水玻璃和菱苦土等。水硬性胶凝材料是指不仅能在空气中凝结硬化，而且能更好地在水中硬化，保持和发展其强度的胶凝材料，如各种水泥。因此，气硬性胶凝材料只适用于干燥环境中的工程部位；水硬性胶凝材料既适用于干燥环境，又适用干潮湿环境及水中的工程部位。

1. 建筑装饰石膏及其制品

石膏是一种气硬性胶凝材料。石膏及其制品具有造型美观，表面光滑、细腻，质轻、吸声、保温、防火等特点。

石膏中二水石膏所占的含量，常称为品位，以此来对石膏分级。一级石膏，含二水石膏95%以上，二级含二水石膏85%以上，三级含75%以上。生产建筑石膏板材大都要用三级以上的石膏。

建筑石膏的技术要求主要有强度、细度和凝结时间，并按强度、细度和凝结时间划分为优等品、一等品和合格品；各等级建筑石膏的初凝时间不小于6min，终凝时间不得大于30min。

（1）建筑石膏的性质

1）凝结硬化快、强度较低

a型半水石膏制品，硬化体积密实，强度较高，称为高强石膏。

2）体积略有膨胀

这一特性使石膏制品在硬化过程中不会产生裂缝。

3）孔隙率大，保温、吸声性能良好

4）耐水性差、抗冻性差

建筑石膏在运输及储存时应防止受潮，一般储存3个月后，强度下降30%左右。

5）调温、调湿性好

6）具有良好的防火性

（2）纸面石膏板

纸面石膏板主要用作建筑物内隔墙和室内吊顶材料。主要有普通纸面石膏板（P）、耐水纸面石膏板（S）、耐火纸面石膏板（H）和耐水耐火纸面石膏板（SH）四类。耐火纸面石膏板与耐水耐火纸面石膏板的主要技术要求是在高温明火下燃烧时，能在一定时间内保持不断裂。国家标准 GB/T9775－2008 规定：耐火纸面石膏板与耐水耐火纸面石膏板遇火稳定时间不小于20min。

普通、耐水、耐火、耐水耐火四类纸面石膏板，按棱边形状均有矩形（代号J）、倒角形（代号D）、楔形（代号C）和圆形（代号Y）四种产品。产品规格有：长1500、1800、2100、2400、2440、2700、3000、3300、3600、3660mm 等10

种规格；宽 600、900、1200、1220mm 等 4 种规格；厚 9.5、12.0、15.0、18.0、21.0、25.0mm 等 6 种。

纸面石膏板与轻钢龙骨构成的墙体体系为轻钢龙骨石膏板体系（简称 QST）。

(3) 艺术装饰石膏制品

艺术装饰石膏制品主要是根据室内装饰设计的要求而加工制作的。制品主要包括浮雕艺术石膏线角、线板、花角、灯圈、壁炉、罗马柱、圆柱、方柱、麻花柱、灯座、花饰等。

2. 白色与彩色硅酸盐水泥

(1) 白色硅酸盐水泥

白色硅酸盐水泥简称白水泥。

白水泥的很多技术性质与普通水泥相同，按照国家标准 GB 2015 规定：氧化镁含量不得超过 4.5%。而对三氧化硫含量、细度、安定性的要求与普通硅酸盐水泥相同。初凝不得早于 45min，终凝不得迟于 12h。白水泥按规定龄期的抗压强度和抗折强度划分为 32.5、42.5、52.5、62.5 四个强度等级。

白水泥的白度分为特级、一级、二级和三级四个级别。白度是指水泥色白的程度。各等级白度不得低于表 1-2 所规定的数值。

白水泥白度等级表　　表 1-2

白度等级	特级	一级	二级	三级
白度（%）	86	84	80	75

(2) 彩色硅酸盐水泥

彩色硅酸盐水泥简称彩色水泥。按其生产方法可分为两类：一类是在白水泥的生料中加入少量金属氧化物，直接烧成彩色水泥熟料，然后再加入适量石膏磨细制成。另一类是采用白色硅酸盐水泥熟料、适量石膏和耐碱矿物颜料共同磨细而制成。

还有一种配制简单的彩色水泥，可将颜料直接与水泥粉混合而成。但这种彩色水泥颜料用量大，且色泽也不易均匀。

白色和彩色硅酸盐水泥，主要用于建筑物内外的表面装饰工程中，如地面、楼面、楼梯、墙、柱及台阶等。可做成水泥拉毛、彩色砂浆、水磨石、水刷石、斩假石等饰面，也可用于雕塑及装饰部件或制品。使用白色或彩色硅酸盐水泥时，应以彩色大理石、石灰石、白云石等彩色石子或石屑和石英砂作粗细骨料。可以在工地现场浇制，也可在工厂预制。

3. 砂浆

根据砂浆中胶凝材料的不同，可分为水泥砂浆、石灰砂浆、石膏砂浆和混合砂浆。混合砂浆有水泥石灰砂浆和水泥黏土砂浆等。根据用途，砂浆可分为砌筑砂浆、抹面砂浆、装饰砂浆及特种砂浆等。

(1) 砌筑砂浆

用于砌筑砖、石、砌块等砌体工程的砂浆称为砌筑砂浆。它起着粘结砌块、构筑砌体、传递荷载和提高墙体使用功能的作用，是砌体的重要组成部分。

砂浆按其抗压强度平均值分为 M2.5、M5.0、M7.5、M10、M15、M20 等六个强度等级。砂浆的设计强度（即砂浆的抗压强度平均值），用 $f2$ 表示。

(2) 抹面砂浆

凡以薄层涂抹在建筑物或建筑构件表面的砂浆，可统称为抹面砂浆，也称为抹灰砂浆。

普通抹面砂浆对建筑物和墙体起保护作用。普通抹面砂浆通常分两层或三层进行施工。各层抹灰要求不同，所以每层所选用的砂浆也不一样。

底层抹灰的作用是使砂浆与底面能牢固地粘结，因此要求砂浆具有良好的和易性及较高的粘结力，其保水性要好。用于砖墙的底层抹灰，多用石灰砂浆或石灰炉灰砂浆；用于板条墙或板条顶棚的底层抹灰多用麻刀石灰灰浆；混凝土墙、梁、柱、顶板等底层抹灰多用混合砂浆。

中层抹灰主要是为了找平，多采用混合砂浆或石灰砂浆。

面层抹灰要达到平整美观的表面效果。面层抹灰多用混合砂浆、麻刀石灰灰浆或纸筋石灰灰浆。在容易碰撞或潮湿的地方，应采用水泥砂浆，如墙裙、踢脚板、地面、雨篷、窗台以及水池、水井等处一般多用 1:2.5 的水泥砂浆。在硅酸盐砌块墙面上做抹面砂浆或粘贴饰面材料时，最好在砂浆层内夹一层事先固定好的钢丝网，以免日后发生剥落现象。

(3) 装饰砂浆

涂抹在建筑物内外墙表面，具有美观和装饰效果的抹面砂浆通称为装饰砂浆。装饰砂浆的底层和中层抹灰与普通抹面砂浆基本相同。面层要选用具有一定颜色的胶凝材料和骨料以及采用某种特殊的施工工艺，使表面呈现出各种不同的色彩、线条与花纹等装饰效果。装饰砂浆所采用的胶凝材料有普通水泥、矿渣水泥、火山灰质水泥和白水泥、彩色水泥，或是在常用水泥中掺加些耐碱矿物颜料配成彩色水泥以及石灰、石膏等。骨料常采用大理石、花岗石等带颜色的细石碴或玻璃、陶瓷碎粒等。

一般墙面的装饰砂浆有如下的常用工艺做法：拉毛墙面、干粘石、水磨石、斩假石、假面砖（将普通砂浆用木条在水平方向压出砖缝印痕，用钢片在竖面方向压出砖印，再涂刷涂料，即可在平面上做出清水砖墙图案效果）。

4. 胶粘剂

胶粘剂是指具有一定的粘结性能，能把两种同质或不同质的物体牢固地粘结在一起的材料，又称为粘合剂。

胶粘剂的性能主要有：粘结工艺性、粘结强度、稳定性、耐久性、耐温性及其他性能。其中粘结强度是指单位胶结面积所能承受的最大破坏力，它是胶粘剂的主要性能指标。

为提高胶粘剂的粘结强度，使用时应注意：粘结面要清洗干净，胶层要匀薄，凉置时间要充分，固化要完全。

（1）酚醛树脂类胶粘剂

酚醛树脂胶粘剂：强度高，耐热好，胶层脆，常用于木材、纤维板、胶合板、硬质泡沫塑料等多孔性材料的粘结。

酚醛－缩醛胶粘剂：耐低温、耐疲劳、耐气候老化，寿命长（只能在120℃以下使用，主要粘结金属、陶瓷、玻璃、塑料等）。

酚醛－环氧胶粘剂：电绝缘性好，主要粘结金属、陶瓷、玻璃等。

（2）环氧树脂类胶粘剂

环氧树脂类胶粘剂具有强度高、收缩率小、耐腐蚀、电绝缘性好等特性，对金属、陶瓷、玻璃、木材、纤维材料、皮革、塑料、水泥制品等都具有良好的粘结力。

6202建筑胶粘剂，用于建筑五金的固定、电气安装等，对不适合打钉的水泥墙面更为合适。

XY－507胶特别适用于经常受潮和地下水位较高的场所。

EE－3建筑胶粘剂具有粘结性好、不滑动、耐潮湿、耐低温、耐水性好等特点。适用于各类建筑的厨房、浴室、地下室等的墙面、地面、顶棚等的装饰。

（3）白乳胶

无毒、无味，用于墙纸和木材，不能用于湿度较大的环境。

（二）装饰石材

装饰石材包括天然石材和人工石材两类。

1. 装饰天然石材

（1）大理石

建筑装饰工程上所指的大理石是广义的，除指大理岩外，还泛指具有装饰功能，可以磨平、抛光的各种碳酸盐岩和与其有关的变质岩。如石灰岩、白云岩、钙质砂岩等。主要成分为碳酸盐矿物。

1）大理石的特性

质地较密实、抗压强度较高、吸水率低、质地较软，属碱性中硬石材。天然大理石易加工、开光性好，常被制成抛光板材，其色调丰富、材质细腻，极富装饰性。

大理石的化学成分有CaO、MgO、SiO_2等，其中CaO和MgO的总量占50%以上，故大理石属碱性石材。在大气中受硫化物及水汽形成的酸雨长期的作用，大理石容易发生腐蚀，造成表面强度降低、变色掉粉、失去光泽，影响其装饰性能。所以除少数大理石，如汉白玉、艾叶青等质纯、杂质少、比较稳定、耐久的品种可用于室外外，绝大多数大理石品种只宜用于室内。

2）分类、等级及技术要求

分类：天然大理石板材按形状分为普型板（PX）、圆弧板（HM）。国际和国内板材的通用厚度为20mm，亦称为厚板。随着石材加工工艺的不断改进，厚度较小的板材也开始应用于装饰工程，常见的有10、8、7mm等，亦称为薄板。

等级：根据《天然大理石建筑板材》GB/T 19766—2005，天然大理石板材按板材的规格尺寸偏差、平面度公差、角度公差及外观质量分为优等品（A）、一等品（B）、合格品（C）三个等级。

技术要求：天然大理石板材的技术要求包括规格尺寸允许偏差、平面度允许公差、角度允许公差、外观质量和物理性能。其中物理性能的要求为：体积密度应不小于2.30g/cm^3，吸水率不大于0.50%，干燥压缩强度不小于50.0MPa，弯曲强度不小于7.0MPa，耐磨度不小于10^{-3}cm，镜面板材的镜向光泽值应不低于70光泽单位。

3）应用

天然大理石板材是装饰工程的常用饰面材料。大理石由于耐酸腐蚀能力较差，除个别品种外，一般只适用于室内。目前应用较多的有以下品种（表1-3）：

常见的大理石品种　　表1-3

色　彩	名称举例
黑色	黑白根、墨玉、芝麻黑、残雪
白色	汉白玉、雪花白、大花白
麻黄色	米黄、西米黄、金花米黄、金线米黄
绿色	丹东绿、莱阳绿、大花绿、孔雀绿
红色	挪威红、东北红
其他色彩	宜兴咖啡、奶油色、紫地满天星、青玉石

单色大理石：如纯白的汉白玉、雪花白；纯黑的墨玉、中国黑等，是高级墙面装饰和浮雕装饰的重要材料，也用作各种台面。

云灰大理石：云灰大理石底色为灰色，灰色底面上常有天然云彩状纹理，带有水波纹的称作水花石。云灰大理石是饰面板材中使用最多的品种。

彩花大理石：彩花大理石是薄层状结构，经过抛光后，呈现出各种色彩斑斓的天然图画。彩花大理石按其花纹、色泽的不同，又分为“绿花”、“秋花”、“水墨花”三个品种，“水墨花”是最美的一种。

(2) 花岗石

建筑装饰工程上所指的花岗石是指以花岗岩为代表的一类装饰石材，包括各类以石英、长石为主要的组成矿物，并含有少量云母和暗色矿物的岩浆岩和花岗质的变质岩，如花岗岩、辉绿岩、辉长岩、玄武岩、橄榄岩等。从外观特征看，花岗石常呈整体均粒状结构，称为花岗结构（表1-4)。

常见的花岗石品种　　表1-4

色　彩	名称举例
黑色	济南青、蒙古黑、黑金砂
白色	珍珠白、银花白、大花白、桑巴白
麻黄色	麻石、金麻石、菊花石
蓝色	蓝珍珠、蓝点啡麻、紫罗兰
绿色	宝兴绿、印度绿、幻彩率
橘红色	虎皮红、蒙地卡罗
红色	中国红、印度红、南非红

1) 花岗石的特性

花岗石构造致密、强度高、密度大、吸水率极低、质地坚硬、耐磨，属酸性硬石材。其耐酸、抗风化、耐久性好，使用年限长。花岗石所含石英在高温下会发生晶变，体积膨胀而开裂，因此不耐火。

2) 分类、等级及技术要求

分类：天然花岗石板材按形状可分为普形板（PX)、圆弧板（HM）和异形板(YX)。按其表面加工程度可分为亚光板（YG)、镜面板（JM)、粗面板（CM)三类。

等级：天然花岗石板材根据国家标准《天然花岗石建筑板材》GB/T 18601—2009，普型板按规格尺寸偏差、平面度公差、角度公差及外观质量等；圆弧板按规格尺寸偏差、直线度公差、线轮廓度公差及外观质量等分为优等品（A)、一等品(B)、合格品（C）三个等级。

技术要求：天然花岗石板材的技术要求包括规格尺寸允许偏差、平面度允许公差、角度允许公差、外观质量和物理性能。其中，物理力学性能的要求为：体积密度应不小于2.56g/cm^3，吸水率不大于0.6%，干燥压缩强度不小于100.0MPa，弯曲强度不小于8.0MPa，镜面板材的镜向光泽值应不低于80光泽单位。

3) 应用

花岗石板材主要应用于装饰等级要求较高的室内外装饰工程。

(3) 天然石子

天然石子是指天然中形成的粒径小于5cm的自然石材。因其色彩、质地偶然，施工可粘可随意堆砌，装饰质朴、自然，广泛用于家装景观。

2. 人造石材

人造饰面石材是采用无机或有机胶凝材料作为胶粘剂，以天然砂、碎石、石粉或工业渣等为粗、细填充料，经成型、固化、表面处理而成的一种人造材料。它一般具有重量轻、强度大、厚度薄、色泽鲜艳、花色繁多、装饰性好、耐腐蚀、耐污染、便于施工、价格较低的特点。按照所用材料和制造工艺的不同，可把人造饰面石材分为水泥型人造石材、聚酯型人造石材、复合型人造石材、烧结型人造石材和微晶玻璃型人造石材几类。其中聚酯型人造石材和微晶玻璃型人造石材是目前应用较多的品种。

(1) 聚酯型人造石材

聚酯型人造石材是以不饱和聚酯为胶凝材料，配以天然大理石、花岗石、石英砂或氢氧化铝等无机粉状、粒状填料，经配料、搅拌、浇筑成型，在固化剂、催化剂作用下发生固化，再经脱模、抛光等工序制成的人造石材。

1) 按成型方法可分为浇筑成型聚酯人造石、压缩成型聚酯型人造石和大块荒料成型聚酯型人造石。

2) 按花色质感可分为聚酯人造大理石板、聚酯人造花岗石板、聚酯人造玉石板。

聚酯型人造石材的特性是光泽度高、质地高雅、强度较高、耐水、耐污染、花色可设计性强。缺点是耐刻画性较差且填料级配若不合理，产品易出现翘曲变形。

聚酯型人造石材可用于室内外墙面、柱面、楼梯面板、服务台面等部位的装饰装修。

(2) 微晶玻璃型人造石材

微晶玻璃型人造石材又称微晶板、微晶石。系由矿物粉料高温熔烧而成的，由玻璃相和结晶相构成的复相人造石材。

1) 按外形分为普形板、异形板。

2) 按表面加工程度分为镜面板、亚光面板。

此类人造石具有大理石的柔和光泽，色差小、颜色多、装饰效果好、强度高、硬度高、吸水率极低、耐磨、抗冻、耐污、耐风化、耐酸碱、耐腐蚀、热稳定性好。

等级可分为优等品(A)、合格品(B)。

适用于室内外墙面、地面、柱面、台面。

3. 文化石

文化石就是用于室内外的、规格尺寸小于400mm×400mm、表面粗糙的天然或人造石材，是人们回归自然、返璞归真的心态在室内装饰中的一种体现。

(1) 天然文化石

天然文化石开采于自然界的石材矿床，其中的板岩、砂岩、石英石，经过加工，成为一种装饰建材。

(2) 人造文化石

人造文化石是采用硅钙、石膏等材料精制而成的。它模仿天然石材的外形纹理，具有质地轻、色彩丰富、不霉、不燃、便于安装等特点。

(3) 文化石在住宅建筑装饰中的一些注意事项

1) 文化石在室内不适宜大面积使用，一般来说，其墙面使用面积不适宜超过其所在空间墙面的 1/3，且居室中不宜多次出现文化石墙面。

2) 文化石安装在室外，尽量不要选用砂岩类的石质，因为此类石材容易渗水，即使表面作了防水处理，也容易受日晒雨淋致防水层老化。

3) 室内安装文化石可选用类似色或者互补色，但不宜使用冷暖对比强烈的色泽。

(三) 建筑装饰玻璃

建筑玻璃是以石英砂、纯碱、石灰石、长石等为主要原料，经 1550～1600℃高温熔融、成型、冷却并裁割而得到的有透光性的固体材料，其主要成分是二氧化硅（含量 72% 左右）和钙、钠、钾、镁的氧化物。近年，以三氧化二铝和氧化镁为主要成分的铝镁玻璃以其优良的性能，逐步成为主要的玻璃品种。玻璃是现代室内装饰的主要材料之一。随着现代建筑发展的需要和玻璃制作技术上的飞跃进步，具有高度装饰性和多种适用性的玻璃新品种不断出现，为室内装饰装修提供了更大的选择性。建筑装饰玻璃必须满足《建筑用安全玻璃》GB 15763—2009 的规定。

1. 净片玻璃

净片玻璃是指未经深加工的平板玻璃，也称为白片玻璃。

(1) 分类及规格

净片玻璃按颜色属性分为无色透明平板玻璃和本体作色平板玻璃。根据国家标准《平板玻璃》GB 11614—2009 的规定，净片玻璃按其公称厚度，可分为以下几种规格：2、3、4、5、6、8、10、12、15、19、22、25 等十二种规格。

(2) 特性

1) 良好的透视、透光性能（3、5mm 厚的净片玻璃的可见光透射比分别为 88% 和 86%）。对太阳光中近红外热射线的透过率较高，但对可见光射至室内墙顶、地面和家具、织物而反射产生的远红外长波热射线却有效阻挡，故可产生明显的“暖房效应”。净片玻璃对太阳光中紫外线的透过率较低。

2) 隔声、有一定的保温性能。抗拉强度远小于抗压强度，是典型的脆性材料。

3) 有较高的化学稳定性，通常情况下，对酸、碱、盐及化学试剂及气体有较强的抵抗能力，但长期遭受侵蚀性介质的作用也能导致变质和破坏，如玻璃的风化和发霉都会导致外观的破坏和透光能力的降低。

4）热稳定性较差，急冷急热，易发生炸裂。

（3）等级

按照国家标准，净片玻璃根据其外观质量进行定级，普通平板玻璃分为优等品、一等品和合格品三个等级。浮法玻璃分为制镜级、汽车级和建筑级三个等级。

（4）应用

3 ~5mm 的净片玻璃一般直接用于有框门窗的采光，8 ~12mm 的平板玻璃可用于隔断、橱窗、无框门。净片玻璃的另外一个重要用途是作为钢化、夹层、镀膜、中空等深加工玻璃原片。

2. 装饰玻璃

（1）彩色平板玻璃

彩色平板玻璃又称有色玻璃或饰面玻璃。彩色玻璃分为透明和不透明的两种。透明的彩色玻璃是在平板玻璃中加入一定量的着色金属氧化物，按一般的平板玻璃生产工艺生产而成；不透明的彩色玻璃又称为饰面玻璃。

彩色平板玻璃也可以采用在无色玻璃表面上喷涂高分子涂料或粘贴有机膜制得。这种方法在装饰上更具有随意性。

彩色平板玻璃的颜色有茶色、黄色、桃红色、宝石蓝色、绿色等。

彩色玻璃可以拼成各种图案，并有耐腐蚀、抗冲刷、易清洗等特点，主要用于建筑物的内外墙、门窗装饰及对光线有特殊要求的部位。

（2）釉面玻璃

釉面玻璃是指在按一定尺寸切裁好的玻璃表面上涂敷一层彩色的易熔釉料，经烧结、退火或钢化等处理工艺，使釉层与玻璃牢固结合，制成的具有美丽的色彩或图案的玻璃。

釉面玻璃的特点是：图案精美，不褪色，不掉色，易于清洗，可按用户的要求或艺术设计图案制作。

釉面玻璃具有良好的化学稳定性和装饰性，广泛用于室内饰面层、一般建筑物门厅和楼梯间的饰面层及建筑物外饰面层。

（3）压花玻璃

压花玻璃又称为花纹玻璃或滚花玻璃。有一般压花玻璃、真空镀膜压花玻璃和彩色膜压花玻璃几类。

（4）喷花玻璃

喷花玻璃又称为胶花玻璃，是在平板玻璃表面贴以图案，抹以保护面层，经喷砂处理形成透明与不透明相间的图案而成。喷花玻璃给人以高雅、美观的感觉，适用于室内门窗、隔断和采光。

(5) 乳花玻璃

乳花玻璃是在平板玻璃的一面贴上图案，抹以保护层，经化学蚀刻而成。它的花纹柔和、清晰、美丽，富有装饰性。乳花玻璃厚度一般为3 ~5mm。

(6) 刻花玻璃

刻花玻璃是由平板玻璃经涂漆、雕刻、围蜡与酸蚀、研磨而成。图案的立体感非常强，似浮雕一般，在室内灯光的照耀下，更是流光溢彩。刻花玻璃主要用于高档场所的室内隔断或屏风。

(7) 冰花玻璃

冰花玻璃是一种利用平板玻璃经特殊处理而形成的具有随机裂痕似自然冰花纹理的玻璃。冰花玻璃对通过的光线有漫射作用。它具有花纹自然、质感柔和、透光不透明、视感舒适的特点。

冰花玻璃装饰效果优于压花玻璃，给人以典雅清新之感，是一种新型的室内装饰玻璃。可用于宾馆、酒楼、饭店、酒吧间等场所的门窗、隔断、屏风和家庭装饰。

(8) 磨（喷）砂玻璃

又叫毛玻璃、暗玻璃。是用普通平板玻璃经机械喷砂、手工研磨或氢氟酸溶蚀等方法将表面处理成均匀毛面制成。由于表面粗糙，使光线产生漫射，透光而不透视，它可以使室内光线柔和而不刺目。常用于需要隐蔽的浴室、卫生间、办公室的门窗及隔断。使用时应将毛面向窗外。

(9) 镜面玻璃

也称镜子，是在玻璃表明通过化学（银镜反应）或物理（真空镀铝）等方法形成的反射率极强的镜面反射的玻璃制品。有明镜、墨镜、彩绘镜与雕刻镜等几种。

(10) 自洁玻璃

自洁玻璃是一种在普通浮法玻璃表面覆上一层特殊光触媒反应涂层的新型环保玻璃。通常的生产工艺是应用化学方法在透明玻璃表面覆上或涂上一层超薄特殊表面涂层。该涂层与太阳光里的紫外线起反应，在光触媒反应的作用下逐渐且不断地裂解有机污垢。换句话说，光触媒反应可理解为玻璃表面的活性涂层吸收太阳光紫外线后表面发生反应，反应过程中，玻璃表面的污垢逐渐裂解并脱落。

自洁玻璃还具有亲水性，这意味着下雨时雨水会冲刷掉玻璃板上的污垢而不是像普通玻璃一样把污垢留在玻璃表面。在这两种特性的作用下，当应用在直接暴露雨水的环境中，拥有特殊自洁涂层的自洁玻璃比普通玻璃能更长时间地保持更好的清洁度。

(11) 调光玻璃（电致变色玻璃）

现代调光玻璃的技术飞速发展，各种利用新原理、新技术和新工艺制作生产的调光玻璃不断涌现。按其基本工作原理分类，可分为：光致变色、电致变色、温致变色、压致变色等。目前技术较成熟的是电致变色类。电控液晶玻璃亦称电控调光玻璃或 PDLC 玻璃，也称作魔法玻璃或变色玻璃。当电控产品关闭电源时，电控调光玻璃里面的液晶分子会呈现不规则的散布状态，使光线无法射入，让电控玻璃呈现不透明的外观；通电后，里面的液晶分子呈现整齐排列，光线可以自由穿透，此时电控液晶玻璃呈现透明状态。电控液晶玻璃的尺寸能根据客户的设计定制，满足顾客个性化需求。透过电控液晶玻璃，你将会发现崭新的玻璃应用科技。按下按钮，电控液晶玻璃将会从不透光的白色转变为透明的状态。

3. 安全玻璃

(1) 钢化玻璃

1) 概念

钢化玻璃是用物理的或化学的方法，在玻璃的表面上形成一个压应力层，而内部处于较大的拉应力状态，内外拉压应力处于平衡状态。玻璃本身具有较高的抗压强度，表面不会造成破坏。当玻璃受到外力作用时，这个压应力层可将部分拉应力抵消，避免玻璃的碎裂，从而达到提高玻璃强度的目的。

2) 特性

机械强度高、弹性好、热稳定性好、碎后不易伤人、可发生自爆。

3) 应用

钢化玻璃具有较好的机械性能和热稳定性，常用作建筑物的门窗、隔墙、幕墙及橱窗、家具等。但钢化玻璃使用时不能切割、磨削，边角亦不能碰击挤压，须据现成的尺寸规格选用或提出具体设计图纸进行加工定制。用于大面积玻璃幕墙的玻璃在钢化程度上要予以控制，宜选择半钢化玻璃（即没达到完全钢化，其内应力较小），以避免受风荷载引起振动而自爆。

(2) 夹层玻璃

1) 概念

夹层玻璃是在两片或多片玻璃原片之间，用 PVB（聚乙烯醇缩丁醛）树脂胶片，经加热、加压粘合而成的平面或曲面的复合玻璃制品。用于生产夹层玻璃的原片可以是浮法玻璃、钢化玻璃、彩色玻璃、吸热玻璃或热反射玻璃等。夹层玻璃的层数有 2、3、5、7 层，最多可达 9 层。

2) 特性

透明度好；抗冲击性能要比一般平板玻璃高好几倍，用多层普通玻璃或钢化玻璃复合起来，可制成抗冲击性极高的安全玻璃；由于 PVB 胶片的粘合作用，玻璃即使破碎时，碎片也不会散落伤人；通过采用不同的原片玻璃，夹层玻璃还可具有耐久、耐热、耐湿、耐寒等性能。

3) 应用

夹层玻璃有着较高的安全性，一般在建筑上用作高层建筑的门窗、天窗、楼梯栏板和有抗冲击作用要求的商店、银行、橱窗、隔断及水下工程等安全性能高的场所或部位等。

夹层玻璃不能切割，需要选用定型产品或按尺寸定制。

4. 节能装饰型玻璃

(1) 着色玻璃

1) 概念

着色玻璃是一种既能显著地吸收阳光中热作用较强的近红外线，而又保持良好透明度的节能装饰性玻璃。着色玻璃通常都带有一定的颜色，所以也称为着色吸热玻璃。

2) 特性

有效吸收太阳的辐射热，产生“冷室效应”，可达到蔽热节能的效果。

吸收较多的可见光，使透过的阳光变得柔和，避免眩光并改善室内色泽。

能较强地吸收太阳的紫外线，有效地防止紫外线对室内物品的褪色和变质作用。

仍具有一定的透明度，能清晰地观察室外景物。

色泽鲜丽，经久不变，能增加建筑物的外形美观。

3) 应用

着色玻璃在建筑装修工程中应用得比较广泛。凡既须采光又须隔热之处均可采用。采用不同颜色的着色玻璃能合理利用太阳光，调节室内温度，节省空调费用，而且对建筑物的外形有很好的装饰效果。一般多用作建筑物的门窗或玻璃幕墙。

(2) 热反射玻璃

热反射玻璃是一种在普通浮法玻璃表面覆上一层金属介质膜以降低太阳光产生的热量，具有较高的热反射能力而又保持良好透光性的平板玻璃。热反射玻璃表面的金属介质膜具有银镜效果，因此热反射玻璃也称镜面玻璃。镀金属膜的热反射玻璃还有单向透像的作用，即白天能在室内看到室外景物，而室外看不到室内的景象，提供了更好的隐私保护。目前市面上的热反射玻璃有金色、茶色、灰色、紫色、褐色、青铜色和浅蓝等各色可选。热反射玻璃的热反射率高，如6mm厚浮法玻璃的总反射热仅16%，同样条件下，吸热玻璃的总反射热为40%，而热反射玻璃则可高达61%，因而常用它制成中空玻璃或夹层玻璃，以增加其绝热性能。热反射玻璃主要被用于幕墙玻璃。

热反射玻璃的生产工艺：采用热解法、真空蒸镀法、阴极溅射法等，在玻璃表面涂以金、银、铜、铝、铬、镍和铁等金属或金属氧化物薄膜，或采用电浮法等离子交换方法，以金属离子置换玻璃表层原有离子而形成热反射膜。

(3) Low－E 玻璃（低辐射镀膜玻璃）

Low－E 玻璃也叫做低辐射镀膜玻璃，是指表面镀上拥有极低表面辐射率的金属或其他化合物组成的多层膜层的特种玻璃。Low－E 玻璃是种绿色、节能、环保的玻璃产品。普通玻璃的表面辐射率在 0.84 左右，Low－E 玻璃的表面辐射率在 0.25

以下。这种不到头发丝百分之一厚度的低辐射膜层对远红外热辐射的反射率很高，能将80%以上的远红外热辐射反射回去，而普通透明浮法玻璃、吸热玻璃的远红外反射率仅在12%左右，所以Low－E玻璃具有良好的阻隔热辐射透过的作用。冬季，它对室内暖气及室内物体散发的热辐射，可以像一面热反射镜一样，将绝大部分反射回室内，保证室内热量不向室外散失，从而节约取暖费用。夏季，它可以阻止室外地面、建筑物发出的热辐射进入室内，节约空调制冷费用。Low－E玻璃的可见光反射率一般在11%以下，与普通白玻璃相近，低于普通阳光控制镀膜玻璃的可见光反射率，可避免造成反射光污染。

(4) 中空玻璃

中空玻璃是用两片（或更多片）玻璃，使用高强度、高气密性复合粘结剂，将玻璃片与内含干燥剂的铝合金框粘结，制成的高效隔音隔热玻璃。中空玻璃具有优良的保温隔热的性能（降低能耗损失），同时能减少冷辐射、降低噪音，防止结露等特性，是目前节能效果最显著的建筑门窗玻璃。如果加入一片吸热玻璃或者热反射玻璃，亦可制成中空吸热玻璃或者中空热反射玻璃。

(5) 玻璃砖

用透明或颜色玻璃制成的块状、空心的玻璃制品或块状表面施釉的制品。其品种主要有玻璃空心砖、玻璃饰面砖及玻璃锦砖（马赛克）等。

空心玻璃砖是一种隔音、隔热、防水、节能、透光良好的非承重装饰材料，由两块半坯在高温下熔接而成，装饰效果高贵典雅、富丽堂皇。

5. 玻璃钢（GRP）装饰板

玻璃钢是玻璃纤维增强塑料的俗称，它是以玻璃纤维及其制品为增强材料，以合成树脂为粘结剂，经一定的成型方法制作而成的一种新型材料。人们常把它称为玻璃钢。

玻璃钢装饰制品具有良好的透光性和装饰性，可制作成色彩艳丽的透光或不透光构件或饰件。玻璃钢制品的最大缺点是表面不够光滑。

玻璃钢装饰板是以玻璃纤维布为增强材料，以不饱和聚酯树脂为胶粘剂，在固化剂、催化剂的作用下经加工而成的装饰板材。

玻璃钢装饰板色彩多样、美观大方、漆膜光亮、硬度高、耐磨、耐酸碱、耐湿防潮、耐高温，是一种优良的室内装饰材料。适用于粘贴在各种基层、板材表面上作建筑装饰和家具用。

（四）建筑金属材料

金属材料种类有铝及铝合金、不锈钢、铜及铜合金等。

1. 铝合金装饰板

(1) 铝合金花纹板

花纹板材平整，裁剪尺寸精确，便于安装，广泛用于墙面装饰及楼梯、楼梯踏板处。

（2）铝质浅花纹板

铝合金浅花纹板是我国所特有的建筑装修产品。铝合金花纹板对白光反射率达75%～90%，热反射率达85%～95%。在氨、硫、硫酸、磷酸、亚磷酸、浓硝酸、浓醋酸中耐蚀性好。通过电解、电泳涂漆等表面处理可得到不同色彩的浅花纹板。

（3）铝及铝合金波纹板

铝及铝合金波纹板主要用于墙面装饰，也可用于屋面，表面经化学处理可以有各种颜色，有较好的装饰效果，又有很强的光反射能力，十分经久耐用，在大气中使用20年不需要换，搬迁拆卸下的波纹板仍可重新使用。

（4）铝合金穿孔吸声板

铝合金穿孔板采用各种铝合金平板经机械穿孔而成。这是一种降低噪声并兼有装饰作用的新产品。可用于宾馆、饭店、影院、播音室等公共建筑和中高档民用建筑改善音质条件，也可用于各类车间厂房、人防地下室等作为降噪措施。

2. 吊顶龙骨

铝合金吊顶龙骨具有不锈、质轻、防火、抗震、安装方便等特点，适用于室内吊顶装饰。吊顶龙骨可与板材组成450mm×450mm、500mm×500mm、600mm×600mm的方格，不需要大幅面的吊顶板材，可灵活选用小规格吊顶材料。

另外，铝合金还可压制五金零件，如把手、铰锁，以及标志、商标、提把、提攀、嵌条、包角等装饰制品，既美观、金属感强，又耐久不腐。

3. 塑料复合钢板

塑料复合钢板是在Q215、Q235钢板上，覆以厚0.2～0.4mm的软质或半软质聚氯乙烯膜而成的，被广泛用于交通运输及生活用品方面，如汽车外壳、家具等。但在建筑方面的应用仍占50%左右，主要用作墙板、顶棚及屋面板。

4. 轻钢龙骨

轻钢龙骨是以镀锌钢带或薄钢板由特制轧机以多道工艺轧制而成的。它具有强度大、通用性强、耐火性好、安装简易等优点，可装配各种类型的石膏板、钙塑板、吸声板等。用作墙体隔断和吊顶的龙骨支架，美观大方。它广泛用于各种民用建筑工程以及轻纺工业厂房等场所，对室内装饰造型、隔声等功能起到良好效果。

轻钢龙骨断面有U形、C形、T形及L形。吊顶龙骨代号D，隔断龙骨代号Q。吊顶龙骨分主龙骨（又叫大龙骨、承重龙骨）、次龙骨（又叫覆面龙骨，包括中龙骨和小龙骨）。隔断龙骨则分竖龙骨、横龙骨和通贯龙骨等。

轻钢龙骨的产品规格、技术要求、试验方法和检验规则在国家标准《建筑用轻钢龙骨》GB/T 11981—2008中有具体规定。

产品规格系列有以下一些：

隔断龙骨主要规格有 Q50、Q75 和 Q100。

吊顶龙骨主要规格有 D38、D45、D50 和 D60。

产品标记顺序如下：产品名称、代号、断面宽度、高度、钢板厚度和标准号。如断面形状为 C 形、宽度 45mm、高度 12mm、钢板厚度 1. 5mm 的吊顶龙骨，可标记为：建筑用轻钢龙骨 DC45 ×12 ×1. 5CB11981。

5. 彩色压型钢板

彩色压型钢板是以镀锌钢板为基材，经成型机轧制，并涂敷各种耐腐蚀涂层与彩色烤漆而制成的轻型围护结构材料。适用于工业与民用及公共建筑的屋盖、墙板及墙壁装贴等。

（五）木质装饰材料

木质室内装饰材料是指木、竹材，以及以木、竹材为主要原料加工而成的一类适合于家具和室内装饰装修的材料。木材和竹材均是人类最早应用于住宅建筑装饰装修的材料之一。

木质装饰材料按其结构与功能不同可分为竹木地板、装饰薄木、人造板、装饰人造板、装饰型材五大类。

1. 实木地板

实木地板是用天然木材经锯解、干燥后直接加工成不同几何单元的地板，其特点是断面结构为单层，充分保留了木材的天然性质。

按市场销售的实木地板形式，有三个大类品种即实木地板条、拼花地板块和立木地板。

2. 多层复合地板

多层复合地板实际上是利用珍贵木材或木材中的优质部分以及其他装饰性强的材料作表层，材质较差或质地较差部分的竹、木材料作中层或底层，经高温高压制成的多层结构的地板。

多层复合地板的结构：多层复合地板一般有二层、三层、五层和多层结构。最常见的为三层复合地板，分为表板、芯层、底层。表板采用珍贵树种制成 2 ~4mm 厚的薄板，剔除缺陷后加工成四面光洁的规格薄板条，再拼接成大幅面的表板。芯层采用普通木材或边角料制成长度不等的规则小木条，再拼成大张芯板。底层采用普通木材旋切而成的单板。上述三种材料涂胶组坯后热压成大幅面三层结构的板材，然后锯切、铣榫成为规格的地板。这种地板的厚度一般为 15. 4mm，幅面尺寸为 2200mm ×184mm。

3. 复合强化木地板

复合强化木地板在市场上的名称很多，按国家标准，它的正式学名应当是浸渍纸饰面层压木质地板。

复合强化木地板是多层结构地板。从上到下依次是：

表面耐磨层：表面耐磨层即地板中的耐磨表层纸，地板的耐磨性主要取决于这层透明的耐磨纸。表层纸中含有三氧化二铝、碳化硅等高耐磨材料，其含量的高低与耐磨性成正比。

装饰层：装饰层实际上是电脑仿真制作的印刷装饰纸，一般印有仿珍贵树种的木纹或其他图案，纸张为精制木、棉浆加工而成，有一定的遮盖力以盖住深色的缓冲层纸的色泽并防止下层的树脂透到表面上来。

缓冲层：缓冲层是使装饰层具有一定厚度和机械强度，一般为牛皮纸，其定量为 60～125g/m^2，纸的厚度在 0.2～0.3mm 之间。

人造板基材：复合强化木地板的基材主要有两种，一种是中、高密度的纤维板，一种是刨花形态特殊的刨花板。目前市场上销售的复合强化木地板绝大多数以中、高密度的纤维板为基材。

平衡层：复合强化木地板的底层是为了使板材在结构上对称以避免变形而采用的与表面装饰层平衡的纸张，此外在安装后也起到一定的防潮作用。

4. 竹地板

5. 夹板

夹板，也称胶合板，行内俗称细芯板，由三层或多层一毫米厚的单板或薄板胶贴热压制而成，是目前手工制作家具最为常用的材料。夹板一般分为 3、5、9、12、15、18 厘板六种规格（1 厘即为 1mm）。

6. 装饰面板

装饰面板，俗称面板。它是夹板存在的特殊方式，厚度为 3mm。装饰面板是目前有别于混油做法的一种高级装修材料。

7. 细木工板

细木工板，行内俗称大芯板。大芯板是由两片单板中间粘压拼接木板而成的。

8. 防火板

防火板是目前越来越多使用的一种新型材料。防火板的施工对于粘贴胶水的要求比较高，质量较好的防火板价格比装饰面板还要贵。防火板的厚度一般为 0.8、1、1.2mm。

9. 木装饰线条

也称木线，主要有：楼梯扶手、压边线、墙腰线、天花角线、弯线、挂镜线等，各类木线造型各异，断面形状多样。

10. 木花格

用木板和枋木制作成若干分格的木架。

11. 防腐木

经过防腐处理的木材。用于景观和室外工程中。

（六）建筑装饰陶瓷

从产品种类分，陶瓷可以分为陶器与瓷器两大类。陶器通常有较大的吸水率（大于10%），断面粗糙无光，不透明，敲之声音粗哑，可施釉或不施釉。瓷器坯体致密，基本上不吸水，强度高，耐磨，半透明，通常施釉。另外还有一类产品介于陶器与瓷器之间，称为炻器，也称半瓷。炻器与陶器的区别在于陶器坯体是多孔的，而炻器坯体孔隙率很低；而它与瓷器的主要区别是炻器多数带有颜色且无半透明性。

建筑装饰陶瓷是用于建筑物墙面、地面及卫生设备的陶瓷材料。主要产品分为陶瓷面砖、卫生陶瓷等。

1. 陶瓷面砖

又包括外墙面砖、内墙面砖（釉面砖）和地砖。

1）釉面砖又称内墙面砖，是用于内墙装饰的薄片精陶建筑制品。它不能用于室外，多用于厨房、卫生间、浴室、内墙裙等处的墙面装饰装修。

2）墙地砖是陶瓷锦砖、地砖、墙面砖的总称，广泛用于墙面与地面的装饰。

3）玻化砖是一种强化的抛光砖，质地比抛光砖更硬更耐磨。玻化砖主要是地面砖，常用规格是400mm×400mm、500mm×500mm、600mm×600mm、800mm×800mm、900mm×900mm、1000mm×1000mm。

4）陶瓷锦砖是一种以特殊方式存在的砖，广泛使用于室内小面积地、墙面。现代陶瓷锦砖以玻璃和金属为主，质感更为犀利，生机重现。

2. 陶瓷卫生产品

根据国家标准《卫生陶瓷》GB 6952—2005，陶瓷卫生产品根据材质分为瓷质卫生陶瓷（吸水率要求不大于0.5%）和陶质卫生陶瓷（吸水率大于或等于8.0%，小于15.0%）。

（1）常用的瓷质卫生陶瓷产品有以下几种：

1）洁面器（挂式、立柱式、台式），目前民用住宅装饰多采用台式的。

2）大小便器，分为挂式（小便器）、蹲式、坐式。坐式按水箱连接方式分为分体式和连体式，按排泄方式分为冲落式与虹吸式。蹲式按排水口位置分为前出水和后出水等。

3）浴缸，按材质分为铸铁搪瓷、钢板搪瓷、玻璃钢、亚克力和陶质陶瓷等。按形状有长方形、三角形和多边形。按洗浴方式分为坐浴、躺浴等。按水的流动特性可分为常态下的一般浴缸、冲浪浴缸、按摩浴缸等。

陶瓷卫生产品具有质地洁白、色泽柔和、釉面光亮、细腻、造型美观、性能良好等特点。

（2）技术要求：

陶瓷卫生产品的技术要求分为一般要求、功能要求和便器配套性技术要求。

1）陶瓷卫生产品的主要技术指标是吸水率，它直接影响到洁具的清洗性和耐污性。普通卫生陶瓷吸水率在1%以下，高档卫生陶瓷吸水率要求不大于0.5%。

2）耐急冷急热要求必须达到标准要求。

3）节水型和普通型坐便器的用水量（便器用水量是指一个冲水周期所用的水量）分别不大于6L和9L；节水型和普通型蹲便器的用水量分别不大于8L和11L；小便器的用水量分别不大于3L和5L。

4）卫生洁具要有光滑的表面，不宜玷污。便器与水箱配件应成套供应。

5）水龙头合金材料中的铅含量愈低愈好（有的产品铅含量已降到0.5%以下）。

6）便器安装要注意排污口安装距离（下排式便器排污口中心至完成墙的距离；后排式便器排污口中心至完成地面的距离）。

（七）建筑装饰涂料

涂敷于物体表面，能与基体材料很好地粘结并形成完整而坚韧保护膜的材料称为涂料。涂料由主要成膜物质、次要成膜物质、辅助成膜物质构成。建筑涂料专指用于建筑物内、外表装饰的涂料，同时还可对建筑物起到一定的保护作用和某些特殊的功能作用。

1. 乳胶漆

常用的建筑内墙乳胶漆以平光漆为主，其主要产品为醋酸乙烯乳胶漆。

（1）分类

乳液型内墙涂料，包括丙烯酸酯乳胶漆、苯—丙乳胶漆、乙烯—醋酸乙烯乳胶漆。

水溶性内墙涂料，包括聚乙烯醇水玻璃内墙涂料、聚乙烯醇缩甲醛内墙涂料。

其他类型内墙涂料，包括复层内墙涂料、纤维质内墙涂料、绒面内墙涂料等。

水溶性内墙涂料已被建设部2001年颁布的第27号公告《关于发布化学建材技术与产品公告》列为停止或逐步淘汰类产品，产量和使用已逐渐减少。

（2）丙烯酸酯乳胶漆的特点

涂膜光泽柔和、耐候性好、保光保色性优良、遮盖力强、附着力高、易于清洗、施工方便、价格较高，属于高档建筑装饰内墙涂料。

（3）苯—丙乳胶漆的特点

良好的耐候性、耐水性、抗粉化性，色泽鲜艳、质感好，由于聚合物粒度细，可制成有光型乳胶漆，属于中高档建筑内墙涂料。与水泥基层附着力好，耐洗刷性好，可以用于潮气较大的部位。

（4）乙烯—醋酸乙烯乳胶漆

在醋酸乙烯共聚物中引入乙烯基团形成的乙烯—醋酸乙烯（VAE）乳液中，加入填料、助剂、水等调配而成。

特点：成膜性好、耐水性较高、耐候性较好、价格较低，属于中低档建筑装饰内墙涂料。

2. 木器漆

溶剂型涂料用于家具饰面或室内木装修又常称为油漆。传统的油漆品种有清油、清漆、调合漆、磁漆等；新型木器涂料有聚酯树脂漆、聚氨酯漆等。

(1) 传统的油漆品种

清油又称熟油。由干性油、半干性油或将干性油与半干性油混合加热，熬炼并加少量催干剂而成的浅黄至棕黄色较稠液体。

清漆为不含颜料的透明漆，主要成分是树脂和溶剂或树脂、油料和溶剂，为人造漆的一种。

调合漆是以干性油和颜料为主要成分制成的油性不透明漆。稀稠适度时，可直接使用。油性调和漆中加入清漆，则得磁性调合漆。

磁漆是以清漆为基础加入颜料等研磨而制得的黏稠状不透明漆。

(2) 聚酯树脂漆

聚酯树脂漆是以不饱和聚酯和苯乙烯为主要成膜物质的无溶剂型漆。

特性：可高温固化，也可常温固化（施工温度不小于15℃），干燥速度快。漆膜丰满厚实，有较好的光泽度、保光性及透明度，漆膜硬度高、耐磨、耐热、耐寒、耐水、耐多种化学药品的作用。含固量高，涂饰一次漆膜厚可达200～300μm。固化时溶剂挥发少，污染小。

缺点：漆膜附着力差、稳定性差、不耐冲击。为双组分固化型，施工配制较麻烦，涂膜破损不易修补。涂膜干性不易掌握，表面易受氧阻聚。

应用：聚酯树脂漆主要用于高级地板涂饰和家具涂饰。施工应注意不能用虫胶漆或虫胶腻子打底，否则会降低粘附力。施工温度不小于15℃，否则固化困难。

(3) 聚氨酯漆

聚氨酯漆是以聚氨酯为主要成膜物质的木器涂料。

特性：可高温固化，也可常温或低温（0℃以下）固化，故可现场施工也可工厂化涂饰。装饰效果好、漆膜坚硬、韧性高、附着力高、涂膜强度高、高度耐磨、优良的耐溶性和耐腐蚀性。

缺点：含有游离异氰酸酪（TDI），污染环境。遇水或潮气时易胶凝起泡。保色性差，遇紫外线照射易分解，漆膜泛黄。

应用：广泛用于竹、木地板、船甲板的涂饰。

木器涂料必须执行《室内装饰装修材料木器涂料中有害物质限量》国家标准的强制性条文。

3. 防火漆

防火漆是由成膜剂、阻燃剂、发泡剂等多种材料制作而成的一种阻燃涂料。

4. 发光涂料

发光涂料是指在夜间能指示标志的一类涂料。在家装中主要用于客厅等需要发出各种色彩和明亮反光的场合。

5. 防霉涂料及灭虫涂料

防霉涂料以不易发霉材料（如硅酸钾水玻璃涂料和氯乙烯—偏氯乙烯共聚乳液）为主要成膜物质，加入两种或两种以上的防霉剂（多数为专用杀菌剂）制成。涂层中含有一定量的防霉剂就可以达到预期防霉效果。

防虫涂料是在以合成树脂为主要成膜物质的基料中，加入各种专用杀虫剂、驱虫剂制成的功能性涂料。它具有良好的装饰效果，对蚊、蝇、蟑螂等害虫有速杀和驱除功能，适用于城乡住宅、部队营房、医院、宾馆等的居室、厨房、卫生间、食品贮存室等处。

（八）装饰纤维织品

装饰纤维织品主要包括地毯、墙布、窗帘、台布、沙发及靠垫等。

1. 纺织装饰品

纺织装饰品是依其使用环境与用途的不同进行分类的。一般分为地面装饰、墙面贴饰、挂帷遮饰、家具覆饰、床上用品、盥洗用品、餐厨用品与纤维工艺美术品八大类。

（1）地面装饰类纺织品

地面装饰类纺织品为软质铺地材料——地毯。地毯种类很多，目前使用较广泛的有手织地毯、机织地毯、簇绒地毯、针刺地毯、编结地毯等。

（2）墙面贴饰类纺织品

墙面贴饰类纺织品泛指墙布织物。

（3）挂帷遮饰类纺织品

常用的织物有薄型窗纱、中、厚型窗帘、垂直帘、横帘、卷帘、帷幔等。

（4）家具覆饰类纺织品

主要有沙发布、沙发套、椅垫、椅套、台布、台毯等。此外，还有用于公共运输工具如汽车、火车、飞机上的椅套与坐垫织物。

（5）床上用品类纺织品

床上用品包括床垫套、床单、床罩、被子、被套、枕套、毛毯等织物。

（6）卫生盥洗类纺织品

主要有毛巾、浴巾、浴衣、浴帘、簇绒地巾等。

（7）餐厨用品类纺织品

一般包括餐巾、方巾、围裙、防烫手套、保温罩、餐具存放袋及购物的包袋等物。

(8) 纤维工艺美术品

主要用于装饰墙面，为纯欣赏性的织物。有平面挂毯、立体型现代艺术壁挂等。

2. 地毯

地毯按材质分为纯毛地毯、混纺地毯、化纤地毯和塑料地毯，按编织方法可分为手工织地毯、机织地毯、刺绣地毯及无纺地毯等。手工羊毛地毯按装饰花纹图案可分为北京式地毯、美术式地毯、彩花式地毯、素凸地毯等。“京”、“美”、“彩”、“素”四大类图案是我国高级羊毛地毯的主流和中坚，是中华民族文化的结晶，是我国劳动人民高超技艺的真实写照。

3. 墙布

(1) 棉纺墙布

用于较高级的民用住宅的装修。可在砂浆、混凝土、石膏板、胶合板、纤维板及石棉水泥板等多种基层上使用。

(2) 无纺贴墙布

无纺贴墙布适用于各种建筑物的内墙装饰。其中，涤纶棉无纺贴墙布还具有质地细洁、光滑等特点，尤其适用于住宅装修。

(3) 平绒织物

平绒织物是一种毛织物，属于棉织物中较高档的产品。这种织物的表面被耸立的绒毛所覆盖，绒毛高度一般为 1.2mm 左右，形成平整的绒面，所以称为平绒。

平绒织物用于居住建筑室内装饰主要是外包墙面或柱面及家具的坐垫等部位。

(九) 装饰塑料

装饰塑料是指用于室内装饰装修工程的各种塑料及其制品。

1. 聚氯乙烯 (PVC)

聚氯乙烯是家具与室内装饰中用量最大的塑料品种，软质材料用于装饰膜及封边材料，硬质材料用于各种板材、管材、异型材和门窗。半硬质、发泡和复合材料用于地板、顶棚、壁纸等。

2. 聚苯乙烯 (PS)

聚苯乙烯的透光性仅次于有机玻璃，大量用于低档灯具、灯格板及各种透明、半透明装饰件。硬质聚苯乙烯泡沫塑料大量用于轻质板材芯层和泡沫包装材料。

3. 聚乙烯 (PE)

聚乙烯常用于制造防渗防潮薄膜、给水排水管道，在装修工程中，可用于制作组装式散光格栅、拉手件等。

4. 聚酰胺 (PA)

聚酰胺俗称“尼龙”，可用于制作各种建筑小五金、家具脚轮、轴承及非润滑的静摩擦部件等，还可喷涂于建筑五金表面起到保护装饰作用。

5. ABS 塑料

ABS 塑料可用于制作压有美丽花纹图案的塑料装饰板材及室内装饰用的构配件；可制作电冰箱、洗衣机、食品箱、文具架等现代日用品；ABS 树脂泡沫塑料尚能代替木材，制作高雅而耐用的家具等。

6. 聚甲基丙烯酸甲酯（PMMA）

PMMA 俗称“有机玻璃”，在建筑中大量用作窗玻璃的代用品，用在容易破碎的场合。此外，PMMA 尚可以用作室内墙板，中、高档灯具等。

7. 不饱和聚酯树脂

液态不饱和聚酯树脂用作涂料和胶粘剂，也可以用来制造玻璃钢和人造大理石等树脂型混凝土。固化后的不饱和聚酯树脂具有优良的装饰性能和耐溶剂性能。

8. 塑料管道

（1）无规共聚聚丙烯管（PP－R 管）

1）特性：无毒，无害，不生锈，不腐蚀，有高度的耐酸性和耐氯化物性。耐热性能好，在工作压力不超过 0.6MPa 时，其长期工作水温为 70℃，短期使用水温可达 95℃，软化温度为 140℃。使用寿命长达 50 年以上，耐腐蚀性好，不会滋生细菌，无电化学腐蚀，保温性能好，膨胀力小。适合采用嵌墙和地坪面层内的直埋暗敷方式，水流阻力小。管材内壁光滑，不会结垢，采用热熔连接方式进行连接，牢固不漏，施工便捷，对环境无任何污染，绿色环保，配套齐全，价格适中。

缺点是管材规格少（外径 20～110mm），抗紫外线能力差，在阳光的长期照射下易老化。属于可燃性材料，不得用于消防给水系统。刚性和抗冲击性能比金属管道差。线膨胀系数较大，明敷或架空敷设所需支吊架较多，影响美观。

2）应用：饮用水管、冷热水管。

（2）丁烯管（PB 管）

1）特性：较高的强度，韧性好，无毒。其长期工作水温为 90℃左右，最高使用温度可达 110℃。易燃，热胀系数大，价格高。

2）应用：饮用水、冷热水管。特别适用于薄壁小口径压力管道，如地板辐射采暖系统的盘管。

（3）铝塑复合管

铝塑复合管是以焊接铝管或铝箔为中层，内外层均为聚乙烯材料（常温使用），或内外层均为高密度交联聚乙烯材料（冷热水使用），通过专用机械加工方法复合成一体的管材。

1）特性：长期使用温度（冷热水管）80℃，短时最高温度为 95℃。安全无毒，耐腐蚀，不结垢，流量大，阻力小，寿命长，柔性好，弯曲后不反弹，安装简单。

2）应用：饮用水、冷、热水管。

(4) 塑复铜管

塑复铜管为双层结构，内层为纯铜管，外层覆裹高密度聚乙烯或发泡高密度聚乙烯保温层。

1) 特性：无毒，抗菌卫生，不腐蚀，不结垢，水质好，流量大，强度高，刚性大，耐热，抗冻，耐久，长期使用温度范围宽（-70～100℃），比铜管保温性能好。可刚性连接亦可柔性连接，安全牢固，不漏。初装价格较高，但寿命长，不需维修。

2) 应用：主要用作工业及生活饮用水，冷、热水输送管道。

十四、住宅室内设计的工作方法

(一) 设计方案与构思

1. *方案前期的分析工作*

接到设计任务以后，要充分了解用户的需求和特性，并考虑到他们在室内装饰中的预算和经济能力，而在美学志趣上，设计师和业主应该为特定的空间去确定一个统一的主题，所以设计师的作用就应该是在业主的预算中去调整需求。因此，这个阶段需要设计师和业主进行充分的沟通。

(1) 家庭因素分析

1) 家庭结构形态：如新生期、发展期、老年期等。

2) 家庭综合背景：如籍贯、教育、信仰、职业等。

3) 家庭性格类型：如共同性、个别性格，偏爱、偏恶、特长、缺憾等。

4) 家庭生活方式：如群体生活、社交生活、私生活、家务态度和习惯等。

5) 家庭经济条件：如高、中、低收入型等。

(2) 居室条件分析

1) 建筑形态：独栋、集体栋，古老或现代建筑等。

2) 建筑环境条件：四周景观，近邻情况私密性、宁静性等。

3) 自然要素：采光、通风、湿度、室温等。

4) 居室空间条件：平面空间划分与立面空间组织，室内外之间的空间关系，空间面积与造型关系，区域之间的联系，门窗、梁柱、天花高度变化，平面比例和门窗位置对空间机能的影响等。

此外，设计的根本首先是资料的占有率，是否有完善的调查、横向的比较、大量的搜索，归纳整理、寻找欠缺、发现问题，进而加以分析和补充，这样的反复过程会让设计师在模糊和无从下手当中渐渐清晰起来。

设计师还应熟悉与设计有关的规范和标准，收集、分析必要的资料和信息。例如：有关参考书、手册，现行规范、规程、规定及文件，标准图集，劳动定额、预算定额资料，有关范例、产品资料等；充分利用书刊、光盘、网络等资源，通过查阅、问卷、访谈等各种渠道，进行分类、统计、分析研究或进行图表展示，为后续方案构思的形成提供新的理论。

2. 方案构思的表现方法

(1) 把握“功能、形式、技术”辩证的思维方式

1) 功能原则——用途系统（实际用途）;

2) 形式原则——美学系统（合乎审美理想）;

3) 技术原则——构造系统（合理的结构载体）。

其中，功能居主导地位，是最积极活跃的因素，是方案设计的根据，是形式、技术发展变化的先导。三者关系紧密相关、相互影响、辩证统一，设计师在作方案构思时应反复推敲、综合分析、辩证思考。三个方面关系，可以形成以下五种探讨方式：

1) 功能→形式→技术;

2) 技术→形式→功能;

3) 技术→功能→形式;

4) 形式→功能→技术;

5) 形式→技术→功能。

无论哪种方式，功能的发展都是绝对的、永恒的，是其自发的特点，而技术和形式受制于功能则相对稳定，当然也不是消极、被动地受制于功能，往往以一种新的室内空间形式和技术，积极促进功能向更新的高度发展。

(2) 方案草图的表现

方案草图的表现形式有铅笔素描、钢笔淡彩、马克笔、彩色铅笔描绘或草图加电脑修饰等。

方案草图是方案构思的延伸，是运用图解语言表达构思的总过程，是设计师与业主沟通时最有效的表达手段之一。能够熟练地掌握好手绘草图，等于随时随地带着一个设计工作室，不管是在工地或进行业务洽谈，都可马上将自己的构思充分地表达出来，是设计师表达能力的必修课，也是高效完成设计工作的有力保证。

方案草图一般应包括“一草、二草、正草”三个阶段。应从上述辩证关系出发，首要原则是要满足空间使用功能的分布，在建筑框架的局限中去寻求空间利用的最大可能性，并不断进行方案的分析与比较，逐步地深入和完善方案。各工作要点如下：

※一草：

1) 大量徒手画草图进行平面功能规划和空间形象构思。

2) 分析室内原型空间及已有的条件，确定主要功能区的大体位置，并进行功能分区，画出功能分析图（功能泡泡图）。

3) 合理安排各功能区交通流线，并画出交通流线图。

4）分析各功能空间应满足的功能需要，对各功能区进行内部规划。

※二草：

1）比较和调整总平面图。

2）按已划分的功能区布置合适的家具，考虑人体工学在设计中的应用。

3）根据总平面图进行地面铺设和顶棚设计，要求与总平面图相协调。

4）研究立面造型，推敲立面细部，要求满足功能和装饰艺术需要，并与顶棚和平面相协调。

5）考虑室内艺术功能需要，合理布置装饰陈设、绿化等。

※正草：

1）改良和弥补二草的缺漏，将方案进一步细化推敲，深入完善。

2）统一平面、顶棚和立面三者的关系，考虑造型、色彩、材质的完美结合。

3）画出所有空间的所有面的包覆与终饰。

4）画出主要空间的透视表现图。

5）考虑各有关工种的配合与协调。

6）设计上要求功能合理，具有较高文化、艺术性，体现人性化环境；确定装饰风格，满足业主情趣和品位。

7）正草的图纸要求、比例大小应与正图相同。

此外，住宅本身是一个立体的建筑空间，在进行方案构思时应该一直保持立体空间的思维方式。

3. *效果图表现*

效果图是设计构思的虚拟再现，是为了表现设计方案的空间效果而作的一种三维阐述，通过立体影像模拟真实设计效果情景。对于业主来说，效果图也是理解图纸的一种最有效方法。

效果图往往作为项目成功的敲门砖，有着直观的沟通作用，它实现从平面向三维的空间转换，传递设计师的意图及对空间创作的深刻感悟，其间要将初期的设计概念完善和实现在三维效果中；需要设计师具有丰富的创作经历及实际经验，才能创作出令人满意的效果图。效果图的表现手段包括手绘透视图、喷绘图和电脑效果图三种。

手绘以纸和笔为主，电脑图则是运用辅助设计软件（如3dmas、Photoshop、VIZ等）为主。电脑图与手绘图是设计师务必掌握的两项基本技能，对设计表达水平的提高起着举足轻重的作用。效果图的表现要以美学法则为依据，我们在绘制过程中，应注意掌握以下几方面的基本技巧。

（1）构图技巧——视点的选择

效果图给人的第一印象源于严谨、合理的构图，构图取舍是整个效果图表现的核心，而视点是关键，往往决定了画面空间的情绪特征。视点的选择包括纵向（高度）和横向（左右）。

※选择良好的视点高度，可以表达出空间的独特个性。具体表现如下：

1）1.7m视点高度表现出大中型空间的亲切感，具有进入感觉，可处理成2:1的上下画面比例，天花上扬开阔，这样符合平常人的视觉感受。

2）超过常人视点高度表现鸟瞰俯视效果，适于表达大型空间的大场面，具有视野开阔的气势。

3）0.6~1m视点，一般用于表现小空间，具有增强局部空间的表现力，视觉对比较夸张，有一定戏剧效果，富亲切感。

4）超低视点，能够强调设计的层次，较夸张地表达出空间的高耸效果，居住空间较少采用。

※横向视点的选择，则关乎空间分割的动静取向，具体表现如下：

1）中心视点的放置表现空间的平稳、宁静、安定、深邃，具有强烈的形式感，但容易显得呆板，要打破呆板须由视点的高低来调节。

2）左倾、右倾的视点产生动感，透视序列感强，可使精彩的某个面得到夸张表现，但应谨慎其变形程度，为增强画面的真实感，也可有选择地虚化某些细节和立面，适宜表现强调性较强的空间。

3）成角透视表现出两个面，所有空间物件都有较强的立体序列，适宜表现单体、局部、夸张的空间。

4）广角透视造成刺激、夸张的表现效果，适宜表现动感强烈的空间和较大的场面，形式较为自由、奔放，空间形体扭曲后，会显得不够真实，使正常视觉受到冲击，须谨慎使用。

5）散点透视来源于中国画的理念，在三维空间中并不存在，一般在方案图及构思中用，表现力自由散漫，适于表达各种抽象空间的组合。

6）透视线对矩形边框的分割，直接影响观赏者的视觉习惯，应有良好的黄金分割意识，及守边、守空的意识，让画面均衡，取悦观赏习惯。

（2）用光技巧——气氛的渲染

有了基本结构图后，光的选择是表现气氛的关键，光亮度及背景光的添加，可以控制画面的气氛效果。

1）人工光源为主的画面，注意把握主色调的倾向，应确定好主光源，将其他琐碎的小光源统一在整体的气氛色调里（小光源是指不同色温的台灯或壁灯，主光源是指照明较高的泛光光源）。

2）有阳光进入的空间画面，为了表现强烈的阳光感，画面对比较强烈，细部都统一为灰调或暗调，以衬托光区的光芒。

3）手绘表现时，须正确理解现实物体的投影形状和明暗关系，通过对画面已构思的光源位置，推算出画面中物体的投影角度和形状，根据自己设定的光源照度，确定最深的投影和辅助投影。

4）运用电脑软件来作图，光照的表现则显得尤为便捷和真实。目前，在众多的渲染引擎中，较多的是运用“全局光照算法技术”（光影跟踪或光能传递）。在这方面，出色的渲染软件有 Lightscape、vRay 等，可得到精细和多样的光照效果（如直接和间接漫反射光照、柔和阴影等），能使最终图像更加真实、合理、自然。

（3）画面效果的控制

效果图是理想化的产物，允许有夸张的成分存在，它的特点是主题突出、景象美观。画面效果的控制要注意以下问题：

1）营造画面的进入感、良好的空间感，让观者体会到画面的舒适尺寸。

2）营造气氛要与空间相匹配，如整体风格的统一；空间语言的统一；配套设施的尺寸、饰面的风格、档次都应相应匹配；人物的加插要注意光源、透视动态、衣着等因素；植物要注意色调、体量等因素；点景饰品的加贴要注意与总体透视关系相协调。

3）强化主观物体或主体，虚化次体。此外，应该说明的是，效果图只是设计师表现方案的一种方法手段，并不是设计工作的全部，让业主能直观了解设计构思的综合表现，便是效果图的目的。效果图难免会与实施后的效果有出入，这是设计师应该预先向业主提醒的，避免业主只依赖效果图来评判设计的好坏。效果图中所标示的色调、用料及气氛只表达了该空间某一时的情景，与现实因材质、光线等原因会有很大的差距，因此，效果图不可作为业主验收的标准，它不能全部表现空间的所有立面或内在的工艺，要真正实施工程项目及结算，必须严格按照施工图一一落实。

4. 设计说明的撰写

设计说明分为两大部分：第一部分是关于设计所选取的技术规范，包括国家颁布的标准规定，具体施工所用的物料性能说明、工艺程序、建造参数说明等，可根据国家建设法规或供应商提交的合格证明文件进行撰写。

第二部分是关于设计创意的描述，通常按照个案的位置简介、功能定位、风格诉求、意境描述、实施手段等来陈诉。设计说明的描述是设计师感性思维的展现，是用文字来补充设计作品的意境，应与图纸配合使用，使业主对设计作品有一个更全面的认识。设计说明可以根据空间进入的前后次序进行解说，便于业主对空间进行想象，也可按空间意境的主次进行描述，引发观者对空间的联想，达到加深理解的目的。

（二）施工图纸的技术要求

完整的施工设计图纸应包括：封面、目录、平面图类（总平面布置图、间墙平面图、地花平面图、天花平面图、天花安装尺寸施工图）、立面图类、大样图类、水电设备图类（弱电控制分布图、给水排水平面图、电插座平面图、开关控制平面图）等以及各类物料表。施工图的技术要求应严格按照国家或行业《建筑装饰装修制图标准》执行。

1. 封面

封面的内容包括：项目名称、图纸性质（方案图、施工图、竣工图）、时间、档号、公司名称等。

2. 图纸目录表

图纸目录应严格与具体图纸图号相对应，制作详细的索引，以方便查阅。

3. 平面图类

平面图通常比例为 1∶50、1∶100、1∶150、1∶200，尽量少用其他如 1∶75、1∶30、1∶25 等不利于换算的比例数值。平面图中的图例，要根据不同性质的空间，选用图库中的规范图例。

（1）总平面布置图

1）反映家具及其他设置（如卫生洁具、厨房用具、家用电器、室内绿化等）的平面布置。

2）反映各房间的分布及形状大小、门窗位置及其水平方向的尺寸。

3）注全各种必要的尺寸及标高等，注明内视符号。

4）标出各个空间的平面面积，图标图纸名称后面标注该套房的建筑外框面积或实用面积。

5）准备一张半透明的描图纸打印的天花平面图覆盖在此平面上，以方便核对灯位及与灯光设置的对应。

6）指北针的标注须清晰、准确地放在图框右上角。

（2）间墙平面图

这通常是现场核准时的原建筑框架平面图和拆改后的间墙平面图，应与总平面布置图配合展示，以方便业主对照。

1）图例规范：分别标出剪力墙、原有间墙、新建间墙、玻璃间墙等。

2）标明新建墙体厚度及材质，标明平面完成地面的高度。

3）标明预留门洞尺寸、预留管井及维修口位置、尺寸。

4）保留原有建筑框架平面图，便于施工核算拆墙成本。

（3）地面材质图

1）反映楼面铺装构造、材料规格名称、制作工艺要求等。

2）用不同的图例表示出不同的材质，并在图面空位上列出图例表。

3）标出起铺点，注意地面石、门槛石、挡水石、波打线、踢脚线应做到对线对缝（特殊设计除外）。

4）标出材料相拼间缝大小、位置。

5）标出完成面、地面填充台高度。

6）地面铺砌方法、规格应考虑出材率，尽量做到物尽其用。

7）特殊地花的造型须加索引指示，另作放大详图，并配比例格子放线，以方便订货。

（4）顶棚平面布置图

1）反映顶棚表面处理方法、主要材质、平面造型。

2）反映顶棚灯具、各设备布置形式，暗装灯具用点画线表示。

3）窗帘盒位置及做法。

4）伸缩缝、检修口的位置，并用文字注明其装修处理方式。

5）标出中庭、中空位置。

6）以地面为基准标出顶棚各标高。

7）造型的顶棚须标出施工大样索引和剖切方向。

（5）顶棚造型及设备定位施工图

1）标出灯具布置定位、灯孔距离（以孔中心为准）。

2）标出顶棚造型的定位尺寸。

3）标出各设备的布置定位尺寸。

（6）开关平面图

1）电器说明及系统图放在开关平面图的前面，或在图面空位上列出图例表。

2）开关图例严格规范，电气接线用点画线表示。

3）注明开关的高度（如 *H*1300）。

4）感应开关、电脑控制开关位置要注意其使用说明及安装方式。

5）开关位置的美观性要从墙身及摆设品作综合的考虑。

（7）插座平面图

1）在平面图上用图例标出各种插座，并在图面空位上列出图例表。

2）平面家具摆设应以浅灰色细线表示，方便插座图例一目了然。

3）标出各插座的高度、离墙尺寸。普通插座（如床头灯、角几灯、清洁备用插座及备用预留插座）高度通常为 300mm；台灯插座高度通常为 750mm；电视、音响设备插座通常为 500 ~600mm；冰箱、厨房预留插座通常为 1400mm；分体空调插座的高度通常为 2300 ~2600mm。

4）弱电部分插座（如电视接口、宽带网接口、电话线接口），高度和位置应与插座相同。

5）强弱电分管分组预埋，参见强弱电施工规范。

（8）给水排水平面图

1）给水排水说明放在给水排水平面图前面（按国家设计规范编写），或在图面空位上列出图例表。

2）根据平面标出给水口、排水口位置和高度，根据所选用的洁具、厨具定出标高（操作台面的常规高度为780～800mm）。

3）标出生活冷水管、热水管的位置和走向。

4）标出空调排水走向。

5）标出分水位坡度及地漏的位置，要考虑排水效果。

4. 立面图类

1）立面图的常用比例为1∶20、1∶25、1∶30、1∶50。

2）反映投影方向可见的室内轮廓线、墙面造型，及尺寸、标高、工艺要求。

3）反映固定家具、装饰物、灯具等的形状及位置。

4）立面要根据顶棚平面画出其造型剖面（若顶棚造型低于墙身立面顶点时，为不影响立面饰面的如实反映，顶棚造型轮廓线用虚线表示）。

5）立面的暗装灯具用点画线表示，门的开启符号用虚线表示。

6）在立面图的左侧和下侧标出立面图的总尺寸及分尺寸；上方或右侧标注材料的编号、名称和施工做法。

7）尽量在同一张图纸上画齐同一空间内的各个立面，并于立面图上方或下方插入该空间的分平面图（局部），让观者清晰了解该立面所处的位置。

8）所有的立面比例应统一，并且编号尽量按顺时针方向排列。

9）单面墙身不能在一个立面完全表达时，应在适宜位置用折断符号断开，并用直线连接两段立面。

10）图纸布置要比例合适、饱满，序号应按顺时针方向编排；注意线型的运用，通常前粗后细。

11）标出剖面、大样索引（索引应为双向）；立面编号用英文大写字母符号表示。

5. 大样图类

1）大样图的常用比例为1∶20、1∶10、1∶5、1∶2、1∶1。

2）有特殊造型的立面、顶棚均要画局部剖面图及大样图，详细标注尺寸、材料编号、材质及做法。

3）反映各面本身的详细结构、材料及构件间的连接关系和标明制作工艺。

4）反映室内配件设施的安装、固定方式。

5）独立造型和家具等需要在同一图纸内画出平面、立面、侧面、剖面及节点大样。

6）剖面及节点标注编号用英文小写字母符号表示，并为双向索引。

7）所有的剖面符号方向均要与其剖面大样图相一致。

（三）设计图纸的审核程序

为确保一份设计成果的质量，必要严格经过一定的审核程序才能正式提交。通常一个专业设计公司的图纸审核程序如下：

1）制图员在确认无错漏后进行黑白打印，打印图纸比例与图纸填写比例应一致。打印后用铅笔把自审的错误修正，包括图示是否符合公司内部图纸规定的各项规范，以及是否符合设计师初稿。修正签署后的图纸再连同设计师初稿一起交项目组审核。

2）设计助理用红色笔审阅修正，包括审核图示是否符合公司规范，是否符合设计师初稿；对材料、尺寸的标注是合止确；图例表达是否符合标准规范等，同时相应进行修改或标注，签署后提交设计师审阅。

3）设计师用蓝色笔审阅修正，在设计助理审核的基础上进行审核，并对材料搭配，尺度比例，图纸的平、立、剖面关系，节点大样及方案等相应进行系列修改或标注，签署后提交项目经理审阅。

4. 项目经埋会同设计组成员一并到现场进行详尽的校对，修改图纸，现场校对是检验设计成果的最有效方法，如项目现场暂不存在，应以原有建筑结构图作为现场度量尺寸图。详细审阅设计师的前期创意成果、创作手稿复印件，并重点检查设计空间的功能合理性、设计技术的合理化应用、图纸图例的准确性应用、绘图的机械性失误、图纸的整体关联性错误等，并用绿色笔在图纸上作出谨慎详尽的修改，审核后提交设计总监终审。

5）设计总监用绿色笔对图纸的最终可实施性进行审核，对项目的总体产品进行总控负责。

十五、装饰报价单制作

（一）家装报价单编制依据、步骤及费用组成

1. 编制依据

施工图纸，现行定额、单价、标准，装饰施工组织设计，预算手册和建筑材料手册，施工合同或协议。

2. 编制步骤

熟悉施工图纸；计算工程量；计算工程直接费；计取其他各项费用；校核；写编制说明、填写封面、装订成册。

3. 费用的组成

建筑装饰工程费用由工程直接费、企业经营费及其他费用组成。

直接费：直接费包括人工费、材料费、施工机械使用费、现场管理费及其他费用。

企业经营费：是指企业经营管理层及建筑装饰管理部门，在经营中所发生的各项管理费用和财务费用。

其他费用：主要有利润和税金等。

（二）装修报价应注意的事项

1）报价要能表示出每个项目的尺寸、做法、用料（包括品牌、型号或规格）、单价及总价。必须提供详细的做法和材料及样板。

2）要留意所要求的装修项目是否漏报。

3）报价单应包含什么?

有的业主认为报价单就是报个价，看了报价单后先急忙与装饰公司讨价还价，争论不休。这种观点和做法是错误的。一份完美与合格的报价单绝对不是简单报个价，它至少要包括：

1）项目名称；

2）单价；

3）数量；

4）总价；

5）材料结构；

6）制造和安装工艺、技术、标准等。

如果缺少以上六个方面之一，就不是一份合格与完整的报价单。

报价单中最重要的和最需关注的不是价格，而是“材料结构与制造和安装工艺、技术、标准”一栏。

十六、与客户细谈方案

作为一名室内设计师，不但需要具有专业的设计知识、丰富的施工经验及创意的思维，还须具有良好的沟通能力和语言表达能力。在介绍方案的时候，一些图纸不能表达的意境和构思，就需要用语言来进行补充描述。方案的讲述能力是设计师的又一个重要技能。

（一）讲述方案的流程与要点

1）熟练演示设备的操作：

尽量使用自带的设备进行讲述，熟悉设备的操作流程，避免在业主面前出现准备不足的尴尬局面，影响业主对方案的信心。

2）组织好文字纲要，熟记提纲要点：

以笔记提示，或做到不看笔记，全凭记忆讲述，效果更佳，这就有赖于设计师在讲述前作充分的准备，以理解的角度去讲述会具有说服力，要言之有物，用心领悟，少用空洞的辞藻。

3）功能讲解以满足客户实际需要为出发点：

功能如何满足要求是业主最关心的问题，设计师应深入分析业主的背景资料，详尽了解本案所处的环境、设计定位，功能介绍时应紧扣业主的要求，而不可被客户认为仅是纯粹的“个人”意见或某种主观的意念，并引导业主进行市场定位思考。

在方案叙述过程中，须让客户明白，设计是多方面替客户着想的，包括空间使用习惯、文化内涵外延、性价比、实施效率等，有助于客户更准确地把握建造目标，以便达到设计的最终目的。

此外，对原空间的优劣作分析，将新旧方案作比较，可加深客户对方案的印象，更具说服力。

4）有条不紊地讲述平面布局，按序展开，将业主当做参观者，你是导游，按照参观的路线，让空间逐个开放，使他感觉整体方案的完整印象。切忌进行“跳跃性”的空间讲解，从厨房一下子到了主卧室，又窜到客厅，这样会给客户带来一种很零散的空间感，使方案的说服力大打折扣。

5）结合生活体验，情景描述各空间生活的话题是人们最为关心和感兴趣的，平铺直叙会让人感到索然无味。如讲述餐厅时可以描绘一下一家人就餐时的情景，结合经历以浅显易懂的方式进行描述，能促进理解地沟通。

6）“景点”介绍，引人入胜：

将每个“景点”详细地介绍给客户，包括装饰手法、灯光、特色主材等，讲述要从大处着手，不要限于某个细节的讨论。一旦大家的注意力只集中在细节上，很易破坏设计阐述的完整性，中心提案将失去意义。

7）讲述完方案后，须简练总结，并将“景点”再次提及，以加深印象。

（二）讲述方案过程中的注意事项

1. 把握好与客户的距离

应尽量避免站在客户的正对面进行讲述，最好站在客户身边进行讲述，这样有利于拉近双方的距离，有利于方案阐述的亲切感，在客户耳边娓娓道来，更具有亲和力。

2. 注意讲述时的身体语言

讲述时应防止习惯性的“小动作”，如下意识地擦鼻子、抓痒、不好意思的搔头皮、吐舌头等。优雅的举止，往往自然流露出设计师的气质修养，应保持闲庭信步的自如，从容不迫，举手投足间散发动人神采。

3. 注意讲述时的语言技巧

一个好的完整的故事，不但条理清晰，而且扣人心弦。设计师既是“故事”的创造者，也是讲述者，应在描述意境时让听者仿佛身临其境，意犹未尽，兴趣盎然。同时，应留意客户的反应，把握语调语速，善用幽默，使客户对设计师的理念在笑语中得到很好的领会。语言表达的魅力不是一朝一夕就可形成的，平时应多加训练，如文学阅读、朗诵表演、激情歌唱、观点辩论等都可从中受益匪浅，不断地修炼才能从根本上提高。

4. 注意讲述时的心态

讲述时抱着“不必胜”的心态和“服务”的宗旨，应心无障碍地和老朋友聊天一样，保持良好的心理素质和豁达的胸襟，以平等、互助、积极的姿态与业主沟通，泰然处之，切忌急于求成。

5. 注意讲述时形象包装

衣着是体现个人品位的最直观因素，设计师自诩是时尚的弄潮儿，当然不能忽视衣着的配搭。外在形象的包装，要求设计师要有一定的潮流触角，衣着整洁是基本前提，再者谈及个性展示，并要适合场合的需要，通常接洽住宅类设计，配饰以富有生活品位为佳；而内在的气质则需要资深的经验和文化修养的长期熏陶。

签订家装施工合同

一、如何去看一份设计作品

这里所说的设计作品，包括了效果图和平面设计图。在业内，有一些人主导以表现为主，认为图画得好不好是最关键的，而另一些人则认为画得好，不如做得好。当一份设计好的作品放置在眼前时，那么我们究竟应该怎么去看呢?

（一）从设计方面去看

1）布局是否合理?

2）是否符合人体工程学，交通线设置是否合理?

3）用色是否符合色彩学原理?

4）用色是否符合色彩心理学原理?

5）设计风格是否统一，设计造型是否配合?

6）人工照明设置是否合理?

7）自然采光是否优化?

8）材料使用是否符合现实要求，配搭是否合理?

9）个体设计是否具有技术上的可实施性?

10）设计是否在真实的预算范围?

11）设计是否符合现行的技术规范与安全规范?

12）设计个体的关系、尺度的把握是否合理?

13）兴趣中心的营造。

14）设计元素的应用。

15）设计的创造性。

如果是手工图，还需要看表现技法是否成熟。如果是电脑图，还需要看图像表现是否逼真拟实。

（二）从审美感官看

从上面的几点来看，又有一个问题，那就是普通业主本身并不具备按照上面理论来分析的能力，因为他们并不具备这方面的知识。难道仅能从漂不漂亮来看?

1）看图面大的配色是否顺眼。行内有一句俗话叫：“和谐就是美”。首先要从第一感觉来看。这是从大体上来说的，不管是不是内行，其实都会有自己的一种看法和审美观。

2）看真实度。很多设计师在画效果图时都会故意地调整一些尺寸来尽量地满足自己的图面需要。例如 20m^2 的房子画成 40m^2 的，层高 2.6m 画成 3.5m。而在平面图中，往往会把房子的框架面积和家具的比例采用不同的比例，这点尤其是在开发商的图纸上最容易发生。而不幸的是这都是一种行内通病。很多业主其实都看过无数次自己的房子了，这里面一眼就可以知道究竟家里有没有这么大、这么壮观。

3）看设计是否满足自己的需要。一般你原先都会有一些自己的需要。例如你需要的柜子有没有，餐厅的餐桌大小的规划是否符合使用要求等。

4）设计是否有创意。一个好的设计师，总会有画龙点睛之笔，在家装中，不是有很多的设计项目，所以一两个纯装饰的项目就能体现出很多东西来。

5）设计是否对现有的环境有改进之处。你的房子都会有这样那样的天生缺陷，有一些是无可救药的，但有一些是可以改良的，这里就最能看出设计师的设计技巧了。

6）是否符合现实的意义。有一些设计图天马行空得有点脱离现实，这也是值得注意的，这就要根据实际的国情和环境来看了。

二、洽谈工程预算

工程预算是装修工程中的一个非常关键的环节。那么如何去做一份适合自己/客户的工程预算呢?

（一）工程预算的差别成因

一个工程的预算究竟需要多少钱，在一个相对的地区，存在着一个市场价格，俗称行价，它是一个平均水平的报价。这里面存在着几方面的影响因素：

1）市场价格受地域的影响。一些偏远地区，由于材料运输费用等方面的影响，就会使成本增加，从而推高价格。但劳动力及经营场地开支会相对低廉，也会影响价格下降。

2）市场价格受物价的影响。一个地方的物价高，工程的报价也会随之增高。反之，在一些物价低廉的地方，报价就会低。这里所说的物价是一个指数，而不是具体的价格。

3）市场价格受竞争的影响。一个地方的装饰行业发展成熟，尤其是卖方市场转为买方市场的地区，市场价格会被竞争影响而大幅度下降。

同样，在同一个地区，不同公司的报价也会有差异，这里面存在着几个方面的影响因素：

1）工程质量：这是最主要的影响因素。保证质量，首先是保证利润，只有保证利润的情况下，才有可能保证质量。俗话说：羊毛出在羊身上。一个低的价格，有必要从质量方面去取得必要的利润。

2）设计质量：一个由正式的室内设计师设计的和一个非正式设计师设计的，或者根本就不存在设计的工程，那么，在总体价格上，必然存在着成本差异。

3）场地成本：一家在商业旺区的公司，和一家较为偏僻的公司，在经营成本上，也有着较大的差异。

4）广告开支：这本属于经营成本之一，之所以单独提出来，是因为有时候广告开支要比其他的经营成本的总和还要多。而这个开支必须分摊到报价里面。

5）管理费用：排除公司的管理不说，就从工地管理上来说，成本也是不同的，一个工地的管理由一名专业工程师承担和由一名民工包工头承担，管理费用肯定不同。

（二）装修预算洽谈前的准备工作

1）了解业主拟投资费用的真实信息，过高或过低的报价都是失误的。

2）复核并确认准确的项目、面积、材料，避免任何漏项、多或少计面积及货不对板等情况的发生。

3）熟悉公司的报价体系，防止无据可依。

4）准备好相关材料样板。

（三）在装修预算的洽谈过程中应掌握的相关技巧

1）重点沟通材料结构和工艺，而不应该把重点放在讨价还价上，应以服务、施工工艺差异化让客户折服。

如家装中的衣柜打制案例：

方案一：使用密度板结构，内贴木皮、外贴木皮。

方案二：使用大芯板结构，内刷清漆、外刷混油。

方案三：使用大芯板结构，内贴柏丽板、外贴饰面板加清漆。

方案四：全实木结构，加清漆或混油。（此项视实木种类有很大差异）

就从上面的四种做法来看，理论上都是可行的，但造价却是差异很大。方案三的造价比方案一的造价可能高整整一倍，再加上设计方面的差异，那么可比性就更低了。

2）转移目标，和客户寻找设计方案的共识点，暂时放弃价格上的争论，使客户把注意力放在装修效果上，突出物有所值。

3）以公司信誉、高工程质量及售后服务来使客户折服。

4）达成共识后应立即确认，防止重复讨论。

5）注意放松或营造快乐氛围。

6）不报错价，不擅改价格，不轻易让价。

7）不要给客户随意的承诺。

8）能够因报价的变化而及时调整设计方案，并获得客户认同。

三、洽谈装修合同

装修合同是装修工程中最主要的法律文件。当所有的设计和工程预算都谈妥后，签订装修合同是装修开工前的一道必经手续。目前，一些管理较为成熟的城市的建委或者建设局都会有标准合同出售（本例以《南京市家庭居室装饰装修工程施工合同》样本为例）。签订装修合同，首先要知道装修合同的构成部分。

1）工程主体：包括 a. 施工地点名称。这是合同的执行主体。b. 甲乙双方名称。这是合同的执行对象。

2）工程项目：包括序号、项目名称、规格、计量单位、数量、单价、计价、合计、备注（主要用于注明一些特殊的工艺做法）等。这部分多数按附件形式写进工程预算/报价表中。

3）工程工期：包括工期为多少天、违约金等。

4）付款方式：对款项支付手法的规定。

5）工程责任：对于工程施工过程中的各种质量和安全责任承担作出规定。

6）双方签置：签置包括双方代表人签名和日期，作为公司一方的还包括公司盖章。

签订装修合同，一些能规定的东西，一定要详细写明。很多人可能会找一些朋友装修，碍于情面，而没有把工作做好，以致日后出现很多休休不止的摩擦，最后连朋友都没得做了。下面是一些合同常用字眼的使用方法：

1）关于项目：

例如：客厅地面铺800mm ×800mm 国产佛山 × ×牌耐磨砖（应指定样品）优级。

2）关于单位：

① 顶棚角线、踢脚线、腰线、封门套等用“米”。

② 木地板、乳胶漆、墙纸、防盗网等用“平方米”。

③ 家具、门扇、柜台等用“项”、“樘”等单位。有必要标明这些项目的报价单位及报价，例如：按正立面平方数计算，每平方米600 元。

单位应使用习惯的国际通用单位，切忌使用英制等单位。可以计算面积的子项应避免使用“项”来表达。

3）关于数量：有两种方法。

① 按实际测量后，加入损耗量，在合同内标定。日后不再另行计算。

② 按单价，再乘以实际工程量。这是一种做多少算多少的做法。

分析：建议用①方法，在签置合同前确认工程数量，然后在合同内标明，以防一些奸商用“低预算高结算”的伎俩诈财。

4）关于备注：应对一些工艺做法进行标明，例如，衣柜：表面用红榉面板、内衬白色防火板、主体为15mm 大蕊板。

5）关于违约：不管是业主违约，还是装修公司违约，都可以用经济手法进行惩罚和赔偿。一般违约金大约是工程总额的千分之一至三。但需要提醒的是要注意这个千分之几的写法。有一些人故意在千分之几后面加上元字。这就等于实际的罚款为一元的千分之几，即几厘钱，一分钱都不到。

6）关于管理费用。所谓的管理费用包括了小区管理处收取的各种行政管理费用。其中管理处收取的费用有很多种，有一些管理处不一定会收取，有一些乱收费的管理处却无处不钻，收取的名目也很多：管理押金、垃圾清运费、施工保洁费、通道粉刷费、公共设施维护费、电梯使用费、工人管理费（日）、出入证押金、出入证费、临时户口办证费。这些乱收费的管理处是最令装修公司头痛的，所以越来越多的装修公司要求这些费用由业主支付，不再计入工程预算之中。

7）关于税金。在绝大部分城市，税金是从装修公司的营业收入中收取的。在发稿之时，全中国只有深圳一市收取专门的装修税。它是通过大厦或小区管理处收取的，而不是通过企业报税的形式收取的。这一切，都有必要明确承担者。由于目前装修公司操作上面的混乱，很多人挂靠、假冒装修公司的名义，所以笔者建议业主方在签署任何法律文件时，除非签署人是企业的法人代表，否则最好注明签署人的身份证号码。

JS（NJ）F-2008-21-02　　　　合同编号：

南京市家庭居室装饰装修工程施工合同

（2008 版）

装饰工程名称：

委托方（甲方）：

施工方（乙方）：

南京市家庭居室装饰装修工程施工合同

（2008 版）

甲　方：	乙　方：	
住　所：	住　所：	
	营业执照号：	
委托代理人：	资质证书号：	
电　话：	法定代表人：	电　话：
手机号：	委托代理人：	电　话：
	工程设计人：	电　话：
	施工队负责人：	电　话：

依照《中华人民共和国合同法》、《建设工程质量管理条例》和《南京市装饰装修管理条例》及有关法律、法规的规定，结合家庭居室装饰装修工程施工的特点，双方在平等、自愿、协商一致的基础上，就乙方承包甲方的家庭居室装饰装修工程（以下简称工程）的有关事宜，达成如下协议。

第一条　工程概况

1.1　工程地点：____。

1.2　工程内容和施工方法以甲方签字确认的设计图纸、乙方工程预算及工艺说明为准。

1.3　工程承包方式，双方商定采取下列第________种承包方式：

（1）乙方包工、包全部材料。

（2）乙方包工、包部分材料，甲方提供其余材料。

（3）乙方包工，甲方提供全部材料。

1.4　工程期限__________天，开工日期______年______月______日，竣工日期______年______月______日。

1.5　合同价款：本合同工程总价为（大写）：__________________________元。

1.6　双方约定，本工程价款以下列第__________项方式结算：

（1）以设计图纸所含项目、预算一次性总包，甲方无须支付超额部分款项。

（2）预算单价不变，按实际发生并经甲方确认的工程项目结算。乙方工程结算，除去甲方要求变更的项目，其结算价不应超过预算价的百分之__________________。

第二条　工程监理

若本工程实行工程监理，甲方应当与具有相应资质的工程监理公司签订《工程监理合同》，并将监理工程师的姓名、单位、联系方式、监理工程师的职责及工程监理的内容书面通知乙方，乙方须配合监理公司的工作。

第三条 施工图纸

双方商定施工图纸采取下列第______种方式提供：

(1) 甲方自行设计并提供施工图纸，图纸一式两份，甲乙双方各执一份。

(2) 甲方委托乙方设计施工图纸，图纸一式两份，甲乙双方各执一份。

第四条 甲方义务

4.1 甲方应在装修开工前告知物业管理单位及相邻权利人，并办好相关审批手续。

4.2 甲方应在开工前______日，为乙方入场施工创造条件。包括：搬清室内家具、陈设或将室内不易搬动的家具、陈设归堆、遮盖等。

4.3 施工期间甲方提供自来水__________度（水表起始度数__________度），电________废（电表起始度数______________度），超过部分由乙方支付。

4.4 甲方涉及建筑主体、承重结构、设备管线等变动的，须到有关部门办理相关手续。

4.5 施工期间甲方仍须使用该居室的，应协助做好非作业时间的保卫、消防等项工作。

4.6 甲方应参与装饰材料及工程质量的验收。

4.7 施工期间甲方负责做好相邻住户的解释工作并督促乙方做好公共走道的卫生清扫工作。

第五条 乙方义务

5.1 乙方应将有关政策法规、规范及验收标准事先书面告知甲方。

5.2 甲方对乙方提供的材料、工程预算、施工工艺、工程保修等提出询问，乙方应当作出真实、明确的答复。

5.3 乙方应严格按设计图纸做好工程预算，不得故意漏项。工程预算必须标明材料品种、品牌、材质（天然或者人造材料）及工艺说明，并经甲方签字确认。

故意漏项是指：乙方在工程预算中主观故意漏报施工项目，以低价吸引甲方，开工后采用变更或增项手段提高工程造价的行为。包括但不限于以下几种情况：①项目在设计中包含，但预算中不报；②应做防水或找平层，预算不报防水或找平层价格；③水电项目不分项和明细报价，只报一个总价，开工后随意加价；④不注明材料品种和材质，以低价材料冒充高价材料，以人造材料冒充天然材料；⑤低报项目单位面积或数量，开工后增加单位面积和数量；⑥木门、橱柜等木制品不报五金配件等。

乙方在预算书中告知甲方的，不属于故意漏项。

5.4 乙方应严格按设计图纸施工，严格执行安全施工操作规范、防火规定、施工规范及质量标准，按期保质完成工程施工。

5.5　乙方应保护好原居室室内的家具和陈设，保证居室内给、排水管道的畅通。

5.6　乙方应妥善保管好甲方提供的材料、设备，如有遗失或损坏，由乙方负责赔偿。

5.7　乙方应保证施工现场的整洁，每日完工后及时清扫施工现场及受其影响的公共走道。

第六条　工程项目变更

工程项目如需变更，双方应协商一致，签订书面变更协议，并及时附上经甲方签字确认的变更图纸，同时调整相关工程费用及工期。工程变更协议及变更图纸，作为竣工结算和顺延工期的依据。

第七条　材料的提供

7.1　甲方提供的材料、设备，运到施工现场时，应通知乙方并向乙方提供相关说明书、质保书、环保检测证明，由双方共同验收并办理交接手续。

7.2　乙方提供的材料、设备，运到施工现场时，应通知甲方，并向甲方提供相关说明书、质保书、环保检测证明，由甲方验收并签字确认。

7.3　装饰装修材料必须符合中华人民共和国国家标准《民用建筑工程室内环境污染控制规范》GB 50325—2001 和国家室内装饰装修材料有害物质限量的相关标准，严禁使用国家明令淘汰的材料。

第八条　工期延误

8.1　对下列原因造成竣工日期延误的，经甲方确认，工期可相应顺延。

(1) 工程量变化和设计变更；

(2) 不可抗力；

(3) 甲方同意工期顺延的其他情况。

8.2　因甲方未按约定完成其应负责的工作而影响工期的，工期顺延；因甲方提供的材料质量不合格而影响工程质量的，返工费用由甲方承担，工期顺延。

8.3　甲方未按期支付工程款的，工期相应顺延。

8.4　因乙方责任不能按期开工或无故中途停工而影响工期的，工期不顺延；因乙方工程质量存在问题的，返工费用由乙方承担，工期不顺延。

第九条　质量标准

双方约定本工程施工质量标准：按《建筑装饰装修工程质量验收规范》GB 50210—2001、《住宅装饰装修工程施工规范》GB 50327—2001 和《民用建筑工程室内环境污染控制规范》GB 50325—2001 执行。

施工过程中对工程质量发生争议的，双方可聘请具有资质的质量鉴定机构对工程质量予以鉴定。经鉴定工程质量不符合合同约定的标准的，鉴定费用由乙方承担；经鉴定工程质量符合合同约定的标准的，鉴定费用由甲方承担。

第十条　工程验收

10.1　双方约定分下列阶段对工程质量进行验收。

（1）电气管线、给水排水管道铺设工程阶段验收；

（2）瓦、木工程阶段验收（墙地砖、小型砌体、粉刷、木制品等工程项目）；

（3）油漆工程阶段验收（墙、顶面乳胶漆、木器漆、墙纸等工程项目）；

（4）工程竣工验收。

在进行工程阶段验收时，双方应注意隐蔽工程质量。包括：防水、电气管线、给水排水管道铺设、吊顶内吊筋、龙骨等。

乙方应提前两天通知甲方验收，阶段验收合格后双方应在______日内填写工程阶段验收单。

10.2　在竣工验收前，对室内环境污染物浓度检测按下列第______种方式处理：

（1）进行检测；

（2）不进行检测。

室内环境污染物检测，应在工程完工至少7天以后，工程交付使用前进行。检测机构必须具有相应资格，检测时，双方均应到场。

双方约定，检测结果符合《民用建筑工程室内环境污染控制规范》的规定（室内环境污染物浓度限量标准见附表11），检测费由甲方承担；检测不合格，检测费和治理费由乙方承担。

检测室内环境污染物时，由甲方自行采购的家具、窗帘等含有污染源的物品不得进入工程现场。

10.3　如进行室内环境污染物检测，乙方应在检测合格后______日内向甲方提交书面工程竣工验收报告。

不进行室内环境污染物检测，乙方应在工程完工后______日内向甲方提交书面工程竣工验收报告。

10.4　甲方应在收到工程竣工验收报告后______日内组织验收。

10.5　验收合格由甲方签字确认。

验收不合格，甲方应提出整改意见，乙方应在______日内完成整改，重新提交验收报告并承担由自身原因造成的整改费用（包括材料费、施工费等）。甲方提出整改意见后，乙方未在约定时间内完成整改的，视为工期延误，按13.4条款支付违约金。

甲方在约定的期限内，无正当理由不组织验收，又不提出整改意见的，视为工程竣工验收合格。工程竣工验收合格日期为竣工日期，甲方应从竣工次日起承担__________元/天的工程保管费。

10.6　因特殊原因，部分工程或部位须甩项竣工时，应签订补充协议，明确双方权利义务。

甩项是指：个别工程项目由于甲方所购设备不能及时到位的原因，不能按时完工，但又不影响工程竣工验收的项目。

10.7　竣工验收时，乙方应向甲方提交工程竣工图纸。

乙方向甲方提交竣工图纸的时间为____年____月____日，共计____份，图纸种类有：

（1）电源控制线路竣工图纸；

（2）弱电控制线路竣工图纸；

（3）冷、热水管铺设安装竣工图纸；

（4）其他竣工图纸：____。

第十一条　工程保修

11.1　在正常使用条件下，乙方施工的下列工程项目保修期为：

（1）卫生间墙、地面防水及有防水要求的房间和墙面防渗漏项目为____年（不得低于5年）；

（2）电气管线、给水排水管道、设备安装为____年（不得低于2年）；

（3）装饰装修工程项目为____年（不得低于2年）；

（4）木地板、橱柜____年（不得低于1年）；

（5）其他：____。

11.2　甲方提供的装饰材料设备的保修，由甲方自行负责。

11.3　保修期内，乙方应在接到保修通知之后____日内派人维修，否则，甲方可委托其他单位或人员维修，所产生的费用由乙方承担（甲方原因造成返修的费用除外）。

11.4　乙方应在工程保修期内，对施工项目产生的工程质量问题进行维修。两次维修仍不能达到质量标准的，乙方应当负责更换，不能更换的，应当赔偿损失。

11.5　保修期从工程竣工验收合格之日起计算。

第十二条　工程量的核实和工程款支付

12.1　工程竣工验收合格后，乙方向甲方提交竣工工程量清单报告，甲方应在接到报告____日内通知乙方，核实竣工工程数量（以下简称计量），乙方应为计量提供便利条件并派人参加。

甲方收到竣工工程量清单报告____日内未通知乙方进行计量的，乙方报告中开列的工程量视为被甲方确认，作为工程款结算的依据。

乙方无正当理由不参加计量，甲方自行核实的，计量结果视为有效，作为工程款支付的依据。

乙方超出设计图纸范围且未经甲方签字确认而增加的工程量，以及乙方自身原因造成返工而增加的工程量，不予计量。

竣工工程量经甲方确认后，乙方应向甲方提交竣工工程款结算清单，并将有关资料交甲方。甲方接到资料后______日内如未提出异议，即视为同意，双方应填写工程款结算清单并签字确认。

12.2　双方约定按以下步骤支付工程款。

（1）签订合同后______日内，支付工程款总额的百分之______，计人民币______________元。

（2）电气管线、给水排水管道铺设工程阶段验收合格后______日内支付工程款总额的百分之______，计人民币____________元。

（3）瓦、木工程阶段验收合格后______日内支付工程款总额的百分之______，计人民币____________元。

（4）工程竣工验收合格后，支付工程款总额的百分之______，计人民币________________元。并于______________日内办理房屋移交手续。

（5）____。

12.3　工程款全部结清后，乙方应向甲方开具正式发票。

第十三条　违约责任

13.1　合同双方当事人中的任何一方因未履行合同约定或违反国家法律法规及有关政策规定，给对方造成损失的，应承担赔偿责任。

13.2　未办理房屋移交手续的，甲方不得使用或擅自动用工程成品，造成的损坏由甲方承担。

13.3　甲方未按期支付工程款的，按______元/天向乙方支付违约金。乙方可向甲方发出催告通知，甲方在收到通知______日后仍不支付的，乙方有权解除合同。

13.4　由于乙方原因造成的工期延误，按______元/天向甲方支付违约金。甲方可向乙方发出催告通知，乙方在收到通知______日后仍未完工的，甲方有权解除合同。

13.5　乙方在工程预算报价中故意漏项的，所增加的工程造价由乙方自行承担。

13.6　由于乙方责任导致室内环境污染物检测不合格的，乙方必须进行综合治理。因治理造成工程延期交付的视为工程延误，按13.4条款支付违约金。

13.7　乙方在所提供的材料中存在掺杂、掺假、以假充真、以次充好或不符合双方约定材料等欺诈行为的，乙方应当以材料价款的一倍给予甲方赔偿。

第十四条　合同争议的解决方式

本合同在履行过程中发生的争议，可以通过双方协商、人民调解或向装饰装修主管部门及其管理机构投诉等方式解决，协商和调解不成的，按下列第______种方式解决：

（1）向南京仲裁委员会申请仲裁：

（2）向______________人民法院提起诉讼。

第十五条　其他约定

15.1　工程施工产生的废弃物，由乙方负责运到甲方（或物业管理部门）指定的地点。

15.2　施工期间，甲方将居室外门钥匙______把，交给乙方保管。房屋移交时，甲方提供新锁______把，由乙方当场负责安装交付使用。

15.3　施工期间，在每日12时至14时、19时至次日7时之间，乙方不得使用产生噪声或者振动的工具进行施工作业。

15.4　由于乙方施工不当，造成甲方相邻权利人的墙体损坏、管道堵塞、渗漏水、停水停电等的，乙方应当及时修复。造成损失的，由甲方先行赔偿后有权向乙方追偿。

15.5　工程竣工交付甲方后，乙方应向甲方出具工程质量保修卡（单），承诺保修期内的义务。

15.6　____。

第十六条　附则

16.1　本合同经双方签字或者盖章后生效，合同履行完毕后终止。

16.2　本合同签订后工程不得非法转包或者分包。

16.3　本合同一式______份，双方各执______份，______部门______份。

合同附件：

附表1—1：家庭居室装饰装修工程施工项目确认表（一）

附表1—2：家庭居室装饰装修工程施工项目确认表（二）

附表2：家庭居室装饰装修工程内容和做法一览表

附表3：家庭居室装饰装修工程报价单

附表4：发包人提供装饰装修材料明细表

附表5：承包人提供装饰装修材料明细表

附表6：家庭居室装饰装修工程设计图纸

附表7：家庭居室装饰装修工程变更单

附表8：家庭居室装饰装修工程验收单

附表9：家庭居室装饰装修工程结算单

附表10：家庭居室装饰装修工程保修单

附表11：中华人民共和国国家标准GB 50325—2001

甲方（签字）： 乙方（盖章）：

委托代理人： 法定代表人：

委托代理人：

年 月 日 年 月 日

家庭居室装饰装修工程施工项目确认表（一）　　附表1－1

序号	施工项目	居室1 m^2	居室2 m^2	居室3 m^2	居室4 m^2	门厅 m^2	厨房 m^2	卫生间1 m^2	卫生间2 m^2	阳台 m^2	
一、顶棚	1. 涂料										
	2. 乳胶漆										
	3. 吊顶										
	4. 顶纸										
	5. 灯池										
	6. 塑料板										
	7.										
	8.										
	9.										
	10. 颜色										
二、地面	1. 通体砖										
	2. 釉面砖										
	3. 木地板										
	4. 花岗石										
	5. 地毯										
	6.										
	7.										
	8.										
	9.										
	10. 颜色										
三、墙面	1. 涂料										
	2. 乳胶漆										
	3. 壁纸										
	4. 软包										
	5. 壁板										
	6. 大理石										
	7. 瓷砖										
	8.										
	9.										
	10. 颜色										

家庭居室装饰装修工程施工项目确认表（二）　　附表 1－2

序号	施工项目	居室 1 m^2	居室 2 m^2	居室 3 m^2	居室 4 m^2	门厅 m^2	厨房 m^2	卫生间 1 m^2	卫生间 2 m^2	阳台 m^2	
四、装饰装修做法	1. 涂料										
	2. 塑料墙裙										
	3. 木踢脚										
	4. 砖踢脚										
	5. 塑料踢脚										
	6. 窗帘盒										
	7. 散热器罩										
	8. 木质阴角线										
	9. 石膏阴角线										
	10. 包门套										
	11. 包窗套										
	12. 包门										
	13. 现制门										
	14. 现制窗										
	15. 现制吊柜										
	16. 现制地柜										
	17. 现制落地柜										
	18. 包管道										
	19. 散热器移位										
	20. 管道改线										
	21. 供电改线										
	22. 做防水										
	23. 灯具安装										
	24. 洁具安装										
	25. 油烟机安装										
	26. 排风扇安装										
	27. 热水器安装										
	28. 洗手盆安装										
	29. 洗菜池安装										
	30. 拖布池安装										
	31. 防盗门安装										
	32. 铝合金门窗										
	33. 挂镜线										
	34. 饰物、镜子										
	35.										
	36.										
	37.										
	38.										
	39.										

发包人代表（签字）：　　　　承包人代表（签字）：

家庭居室装饰装修工程内容和做法一览表　　　　附表 2

序号	工程项目及做法	计量单位	工程量

发包人代表（签字）：　　　　　　　　　　　　承包人代表（签字）：

家庭居室装饰装修工程报价单　　附表3

金额单位：元

序号	装饰装修内容及材料 规格、型号、品牌、等级	数量	单位	单价	合计金额
1					
2					
3					
4					
5					
6					
7					
8					
9					
10					
11					
12					
13					
14					
15					
16					
17					
18					
19					
20					
21					
22					
23					

发包人代表（签字）：　　　　承包人代表（签字）：

发包人提供装饰装修材料明细表

附表 4

金额单位：元

材料名称	单位	品种	规格	数量	单价	金额	供应时间	供应至的地点

发包人代表（签字）：　　　　　　　　　　承包人代表（签字）：

承包人提供装饰装修材料明细表 附表5

金额单位：元

材料名称	单位	品种	规格	数量	单价	金额	供应时间	供应至的地点

发包人代表（签字）： 承包人代表（签字）：

家庭居室装饰装修工程设计图纸　　附表 6

发包人代表（签字）：　　承包人代表（签字）：

家庭居室装饰装修工程变更单 附表7

变更内容	原设计	新设计	增减费用（+ －）
详细说明：			

注：若变更内容过多请另附说明。

发包人代表（签字）： 承包人代表（签字）：

家庭居室装饰装修工程验收单 附表8

序　号	主要验收项目名称	验收日期	验收结果
整体工程验收结果			
年　　月　　日			

全部验收合格后双方签字盖章：

发包人代表（签字）：　　　　承包人代表（签字）：

家庭居室装饰装修工程结算单 附表9

年 月 日

1	合同原金额	
2	变更增加值	
3	变更减值	
4	发包人已付金额	
5	发包人结算应付金额	

发包人代表（签字盖章）： 承包人代表（签字盖章）：

家庭居室装饰装修工程保修单　　　　附表 10

公司名称		联系电话	
用户姓名		登记编号	
装修房屋地址			
设计负责人		施工负责人	
进场施工日期		竣工验收日期	
保修期限	＿＿＿＿年＿＿＿月＿＿＿日至＿＿＿＿年＿＿＿月＿＿＿日		

发包人代表（签字盖章）：　　　　承包人代表（签字盖章）：

备注：① 从竣工验收之日计算，保修期为两年。
② 保修期内由于承包人施工不当造成质量问题，承包人无条件地进行维修。
③ 保修期内如属发包人使用不当造成装饰面损坏，或不能正常使用，承包人酌情收费。
④ 本保修单在发包人签字、承包人签章后生效。

监督电话：

中华人民共和国国家标准 GB 50325—2001 附表 11

民用建筑工程室内环境污染物浓度限量 表 6.0.4

污 染 物	Ⅰ类民用建筑工程	Ⅱ类民用建筑工程
氡（Bq/m^3）	≤200	≤400
游离甲醛（mg/m^3）	≤0.08	≤0.12
苯（mg/m^3）	≤0.09	≤0.09
氨（mg/m^3）	≤0.2	≤0.5
TVOC（mg/m^3）	≤0.5	≤0.6

备注：① 住宅装饰装修适用于表内Ⅰ类民用建筑。
② 表内项目可全部或部分进行检测。

复习思考题

1. 家装设计阶段包括哪些内容?
2. 怎样接受客户咨询?
3. 家装量房时应注意哪些细节?
4. 图示说明家装各个房间的设计要点。
5. 图示说明家装各种风格的特征。
6. 家装的服务内容有哪些?
7. 签订家装合同时要注意哪些问题?
8. 怎样与客户介绍家装方案?

学习情境2

家装施工

学习项目1

家装施工准备

一、施工前应办理的手续

根据住房和城乡建设部《家庭居室装饰装修管理试行办法》规定：

房屋所有人、使用人对房屋进行装修之前，应当到房屋基层管理单位登记备案，到所在地街道办事处城管科办理开工审批。凡涉及拆改主体结构和明显加大荷载的要经房管人员与装修户共同到房屋鉴定部门申办批准。

1）施工前应向物业管理部门提供哪些必要手续?

向物业管理部门提供以下手续：

装修申请、施工图纸及所做工程项目的内容；

公司的营业执照复印件、资质证明；

施工人员的身份证、暂住证、务工证；

交纳一定的管理费及押金，办理施工人员出入证。

2）用户应提供哪些必要的施工条件?

如果是自己购买材料，告诉装饰公司你准备用什么样的材料。

到房管部门、物业管理部门办理有关的施工审批手续，如拆除非承重墙、改煤气管道（按规定不允许改动）等。

同邻里协调关系。用户应提供人口、性别、年龄，有条件的应绘制房间草图，计划好房间或区域的使用功能，标明开间进深尺寸和选用的材料、颜色等。

用户应提供家用电器的型号、规格，使用厨房主妇的高度，所喜欢的装饰风格在生活上有什么特别的要求。

腾空房屋，准备好向施工单位提供的房间钥匙。

3）业主装修房屋时应当遵守哪些规定?

业主装修房屋，是指房屋所有人对自己拥有所有权的房屋进行装修或修缮。业主在进行这类活动时，必须遵守《建筑装饰装修管理规定》、《家庭居室装修管理试行办法》等规定。具体体现在以下方面：

业主装修房屋时应与物业管理单位签订装修合约，约定：

室内装修应不擅自改动房屋主体承重结构。不得随意在承重墙上打洞，不得随意增加楼地面静荷载、在室内砌墙或者超负荷吊顶、安装大型灯具及吊扇。

凡涉及拆改主体结构和明显加大荷载的，业主必须向房屋所在地的房地产行政主管部门提出申请，并由房屋安全鉴定单位对装饰装修方案的使用安全进行审定；

房屋装饰装修申请人持批准书向城市规划主管部门办理报批手续，并领取施工许可证。

不擅自移动排污或排水管道位置。不得破坏或拆改厨房、厕所的地面防水层以及水、暖、电、煤气配套设施。

不违章搭建。不得拆除连接阳台门窗的墙体、扩大原有门窗尺寸或另建门窗。

不影响外墙整体整洁美观。

不得大量使用易燃装饰材料。

业主装修房屋无论是自行进行还是委托他人进行，都应减轻或避免对相邻居民正常生活所造成的影响。

装修房屋所形成的各种废弃物，应当按照有关部门指定的位置、方式和时间进行堆放及清运。严禁从楼上向地面或由垃圾道、排水道抛弃因装饰装修居室而产生的废弃物及其他物品。

因装修而造成相邻居民住房的管道堵塞、渗漏水、停电、物品毁坏等，应由家庭居室装饰装修的委托人负责修复和赔偿；如属被委托人的责任，由委托人找被委托人负责修复和赔偿。

4）装修公司施工前应做哪些技术、组织上的准备?

应先了解政府部门制定的有关家庭装修文件的规定，特别是关于家庭居室装修防火、消防、环境保护的规定；关于治安、安全生产和劳动保护的规定；关于家庭装饰工程质量检验、评定的规定。

了解施工状况不仅需要详细地了解用户家庭装饰本身的设计要求，而且要了解与之关联的结构、机电安装工程的设计要求及其施工情况。

家庭装饰工程准备工作应覆盖装饰施工管理的各个方面，包括技术、经济、材料、机具、人员组织、现场条件等；准备工作不仅做在施工前，而且要贯穿装饰施工全过程。

施工预算在计算家庭装饰工程量的基础上，参照本地区建筑装饰协会制定的家庭装饰参考价格，分房间、分工种、分项目确定工料消耗。

组织设计各装饰分项工程的施工方法或工艺；拟用的装饰机具一览表；落实装饰施工队伍；落实装饰材料供应；落实施工用电、用水供应；落实现场消防器具和安全设施。

二、设计交底与图纸会审

设计交底是指在施工图完成并经审查合格后，设计单位在设计文件交付施工时，按法律规定的义务就施工图设计文件向施工单位和监理单位作出详细的说明。其目的是对施工单位和监理单位正确贯彻设计意图，使其加深对设计文件特点、难点、疑点的理解，掌握关键工程部位的质量要求，确保工程质量（图2－1）。

图2-1 设计交底

（一）设计交底与图纸会审的目的

为了使参与工程建设的各方了解工程设计的主导思想、建筑构思和要求、采用的设计规范、确定的抗震设防烈度、防火等级、基础、结构、内外装修及机电设备设计，对主要建筑材料、构配件和设备的要求、所采用的新技术、新工艺、新材料、新设备的要求以及施工中应特别注意的事项，掌握工程关键部分的技术要求，保证工程质量，设计单位必须依据国家设计技术管理的有关规定，对提交的施工图纸，进行系统的设计技术交底。为了减少图纸中的差错、遗漏、矛盾，将图纸中的质量隐患与问题消灭在施工之前，使设计施工图纸更符合施工现场的具体要求，避免返工浪费，在施工图设计技术交底的同时，监理部、设计单位、建设单位、施工单位及其他有关单位须对设计图纸在自审的基础上进行会审。施工图纸是施工单位和监理单位开展工作最直接的依据。现阶段大多对施工进行监理，设计监理很少，图纸中差错难免存在，故设计交底与图纸会审更显必要。设计交底与图纸会审是保证工程质量的重要环节，也是保证工程质量的前提，还是保证工程顺利施工的主要步骤。监理和各有关单位应当充分重视。

（二）设计交底与图纸会审应遵循的原则

（1）设计单位应提交完整的施工图纸：各专业相互关联的图纸必须提供齐全、完整。对施工单位急需的重要分部分项专业图纸也可提前交底与会审，但在所有成套图纸到齐后须再统一交底与会审。现在有很多工程虽已开工，而施工图纸还不全，以至后到的图纸不经交底和会审就拿来施工。这些现象是不正常的。图纸会审不可遗漏，即使施工过程中另补的新图也应进行交底和会审。

（2）在设计交底与图纸会审之前，建设单位、监理单位及施工单位和其他有关单位必须事先指定主管该项目的有关技术人员看图自审，对本专业的图纸，进行必要的审核和计算工作。对各专业图纸之间的关系必须核对。

（3）设计交底与图纸会审时，设计单位必须派负责该项目的主要设计人员出席。进行设计交底与图纸会审的工程图纸，必须经建设单位确认。未经确认不得交付施工。

（4）凡直接涉及设备制造厂家的工程项目及施工图，应由订货单位邀请制造厂家代表到会，并请建设单位、监理单位与设计单位的代表一起进行技术交底与图纸会审。

（三）设计交底与图纸会审会议的组织及程序

（1）时间：设计交底与图纸会审在项目开工之前进行，开会时间应由建设单位或由建设单位委托监理单位决定并发通知。参加人员应包括监理、建设、设计、施工等单位的有关人员。

（2）会议组织：按《建设工程监理规范》第5.2.2条要求，项目监理人员应参加由建设单位组织的设计技术交底会，一般情况下，设计交底与图纸会审会议由总监理工程师主持，监理部和各专业施工单位（含分包单位）分别编写会审记录，由监理部汇总和起草会议纪要，总监理工程师应对设计技术交底会议纪要进行签认，并提交建设、设计和施工单位会签。

（四）设计交底与图纸会审工作的程序

（1）首先由设计单位介绍设计意图、结构设计特点、工艺布置与工艺要求、施工中的注意事项等。

（2）各有关单位对图纸中存在的问题进行提问。

（3）设计单位对各方提出的问题进行答疑。

（4）各单位针对问题进行研究与协调，制订解决办法。写出会审纪要，并经各方签字认可。

（五）设计交底与图纸会审的重点

（1）设计单位资质情况，是否无证设计或越级设计；施工图纸是否经过设计单位各级人员签署，是否通过施工图审查机构审查。

（2）设计图纸与说明书是否齐全、明确，坐标、标高、尺寸、管线、道路等交叉连接是否相符；图纸内容、表达深度是否满足施工需要；施工中所列各种标准图册是否已经具备。

（3）施工图与设备、特殊材料的技术要求是否一致；主要材料来源有无保证，能否代换；新技术、新材料的应用是否落实。

（4）设备说明书是否详细，与现行规范、规程是否一致。

（5）土建结构布置与设计是否合理，是否与工程地质条件紧密结合，是否符合抗震设计要求。

（6）几家设计单位设计的图纸之间有无相互矛盾：各专业之间、平立剖面之间、总图与分图之间有无矛盾；建筑图与结构图的平面尺寸及标高是否一致，表示方法是否清楚；预埋件、预留孔洞等设置是否正确；钢筋明细表及钢筋的构造图是否表示清楚；混凝土柱、梁接头的钢筋布置是否清楚，是否有节点图；钢构件安装的连接节点图是否齐全；各类管沟、支吊架（墩）等专业间是否协调统一；是否有综合管线图，通风管、消防管、电缆桥架是否相碰。

（7）设计是否满足生产要求和检修需要。

（8）施工安全、环境卫生有无保证。

（9）建筑与结构是否存在不能施工或不便施工的技术问题，或导致质量、安全及工程费用增加等问题。

（10）防火、消防设计是否满足有关规程要求。

（六）纪要与实施

（1）项目监理部应将施工图会审记录整理汇总并负责形成会议纪要。经与会各方签字同意后，该纪要即被视为设计文件的组成部分（施工过程中应严格执行），发送建设单位和施工单位，抄送有关单位，并予以存档。

（2）如有不同意见，通过协商仍不能取得统一时，应报请建设单位定夺。

（3）对会审会议上决定必须进行设计修改的，由原设计单位按设计变更管理程序提出修改设计，一般性问题经监理工程师和建设单位审定后，交施工单位执行；重大问题报建设单位及上级主管部门与设计单位共同研究解决。施工单位拟施工的一切工程项目设计图纸，必须经过设计交底与图纸会审，否则不得开工。已经交底和会审的施工图以下达会审纪要的形式作为确认。

三、现场交底

在家庭装修的整个过程中，现场交底是签订家装合同后的第一步，同时也是接下来所有步骤中最为关键的一步。借此机会，合同双方可把一些不容易在合同中讲清楚的问题予以明确。虽然无论是装饰公司还是家装业主都对这一步非常重视，有时却容易忽视某些细小但又必须重视的地方，带来众多纠纷。

在施工现场进行工程交底时，合同双方一定要对所有的工程项目进行确认，其中包括口头的。

（一）关注一：谁来参加现场交底

现在家装行业的现状有一个非常有趣的现象就是：施工队进场开始施工之前，与工程项目有关的图纸或文件往往还没有准备齐全，或者说以后也不会准备齐全，在这样的情况下，现场交底就成为家装施工中一个必不可少的程序。所以，我们在即将开工的家装工地经常可以看到这样的现象，装饰公司的设计师和消费者以及施工队负责人一起在四壁空空的房间里讲述顶棚、地面以及墙壁怎样施工。但有人会问，尽管家庭装修经过了这样的程序，为什么还会出现如此众多的纠纷呢?

从装修现场交底这道程序来说，首先应该注意的是现场交底的参与人员。对大多数家装工程的现场交底来说，参与人员一般只是装饰公司的设计师、消费者本人以及施工队的负责人。可是这样做以后的施工过程中消费者经常发现，现场交底时说得好好的工艺做法，经工人的手一干就走样了，问干活的工人，人家讲了，上面就是这样让我干的！这说明了什么？深究其原因，恐怕就是装饰公司的上下信息传递出现了问题。所以，为避免上述问题的发生，建议正准备进行装修现场交底的消费者，在进行现场交底时一定要求装饰公司方面的相关人员如设计师、工程管理人员、施工队负责人，以及各关键工种的施工人员都要参加这次现场交底!

木工瓦工参与交底，可以了解清楚木工瓦工各个施工项目的做法、造型以及使用的材料；油工参与交底，可以对工艺做法以及材料心知肚明；水电工参与交底，可以对线路的走向，开关插座的位置，灯位，给水排水管路的安装，使用的卫生洁具以及洁具的位置是否需要改变等，都在第一时间通过设计师以及消费者双方进行确认。在以后的施工过程中，即使改变，也是进入工程变更阶段。

(二) 关注二：现场交底该明确什么

装饰公司的设计师、消费者以及施工队的相关人员开始现场交底的第一项工作就是，消费者要求工地的哪些项目或者设施需要保留。

现场交底应该进行的第二项工作就是检查现场现存的问题。房子存在一些这样那样的问题是不足为奇的，但是如果在施工队进场施工之前没有对存在问题的部位作出相关责任的判定，也就会成为以后发生纠纷的隐患。

第一，如果装饰公司把业主希望保留的设备当做垃圾处理掉，活儿干得再好也没用；第二，先把现场的毛病挑出来，以免“秋后算账”时说不清楚；第三，借助现场交底，把稀里糊涂的事情搞清楚，让合同双方借助此次交底把施工项目以及合同双方需要配合的工作理出头绪。

(三) 现场交底时书面手续的必要性

在以前的装修课堂中，我们反复强调合同双方应该杜绝口头协议，对所有应该明确的合同条款都应该用书面形式表达清楚。在这里，介绍一下现场交底应写明的事项。

第一，施工现场需要保留的设备。这方面，合同双方应该把这些设备的数量、品质、保护的要求等，用文字说明。第二，现场存在的问题。比如卫生间排水发现堵塞现象，比如电视天线信号存在问题，比如具有防盗功能的户门门锁损坏等，需要甲乙双方签字确认。第三，关于现场制作或有特殊做法的确认。对于家庭装修的每一个工种这方面的工作都是完全必要的，如木工的细木工制品的造型，瓦工粘贴瓷砖时腰线的位置，油工油漆涂刷多少遍，电工的线路怎样走，开关插座有多少个、在哪里？水暖工是否需要改变给水排水的走向，卫生洁具是否需要移位等。文字能够表达清楚的，用文字就可以了；如果用文字难以表达清楚，就需要用说明性的草图或正规图纸来作出更深入的说明。

合同的甲乙双方应该清楚的是，现场交底时达成的书面共识，属于协议型文件，与家装合同具有同等的法律效力，是在施工以及以后的合同执行过程中合同双方必须遵守的。

四、家装施工组织设计范例

以北京市某家装工程施工组织设计为例：

（一）编制依据

（二）工程概况

（三）施工部署

（四）施工准备计划

（五）主要项目施工方法

（六）主要分部分项工程质量标准

（七）主要技术措施

（八）雨期施工措施

（九）文明施工

（一）编制依据

1. 根据户主提供的方案、意见；

2. 根据北京市家居装修的有关规定；

3. 家居内部装修防火规范；

4. 电气装置安装工程，电气照明装置施工及验收规范；

5. 建筑装饰工程施工及验收规程；

6. 中国建筑装饰工程公司家装项目部有关管理规章制度等。

（二）工程概况

1. 该工程为民用家居，须满足户主安居的舒适、使用方便、感观良好、居住心情舒畅。

2. 家居面积不是太大，如整套同时开工，施工会造成混乱，所以只能按顺序流水作业，材料随用随买，保证施工顺畅、质量达标，减少材料浪费。

（三）施工部署

1. 为确保本工程质量达标，施工队伍须用本单位队伍，不能招马路边散工。各工种施工时须有一个班长以上管理人员在场带班作业，另加一工长在现场管理全面工作。

2. 施工程序：根据家装特点，施工时应按先制作柜架、管道、暖气罩、门套等基层，制门待用，再吊顶，后墙面、地面的流程组织施工。

3. 施工目标：争创家装优质工程，各施工人员将严格遵循公司家装部的质量方针，以优质、高效的敬业精神为户主服务。我们有信心，也有能力通过全体员工的共同努力，通过自己辛勤的劳动和汗水，以一流的质量、一流的管理水平，创行业一流，争领先地位。

4. 安全目标：施工人员要以公司为核心，人人来把关，避免安全隐患，杜绝一切安全责任事故和火灾事故发生。

（四）施工准备计划

1. 家装部负责人应主动和户主协商落实有关事项，装修的意图、想法、要求、建议、使用中的功能，尽量把问题解决在施工前。

2. 根据现场情况和户主意图，合理安排施工程序，先进什么材料，后进什么材料，以免施工中倒腾，造成浪费、污损。

（五）主要项目施工方法

1. 吊顶

（1）如需吊顶时，木方必须干燥、刨直，刷防火涂料，做防腐，固定须用钉子钉牢、不松动，固定点间距不大于400mm。

（2）板拼接时，如是石膏板须留3～5mm缝，饰面夹板板缝须严密，但不能强压挤入。

2. 大理石地面

（1）工艺流程：基层清理→选料刷保护层→弹线→控制点→铺水泥砂浆→试铺板→洒水泥浆→正式铺板→清理养护→检查勾缝→成品保护→交工前清理。

（2）石材施工前准备：按现场实际情况，排布板块，算出材料用量。

（3）购进材料在铺贴前应挑选，对有裂纹、缺棱掉角、边豁口、色差严重的，必须挑出，不得使用。

（4）地面所有粘结物，必须彻底清除干净。

3. 施工要求

（1）弹线应按室内中心线设双向控制点，粘贴用水泥砂浆，采用干硬性1∶3水泥砂浆，砂浆以平推即实、落地即散为准。试铺板用橡皮锤敲实后，再翻开板，均匀洒素水泥浆，然后正式铺板，石材与水泥砂浆一定要饱满，不得有空鼓。

（2）地面有坡度及地漏时，应满足设计要求，不倒泛水，细部结合处应严密，无渗漏现象。

（3）石材铺设不留缝，缝隙之间勾缝材料采用1∶1相近颜色稀释水泥浆，注入石材板之间。

4. 瓷砖墙面粘贴

（1）施工工序：基层处理→抹底层砂→选砖浸泡→排砖弹线→贴标准点→铺贴面砖→勾缝与擦缝→清理保护。

（2）基层处理：将残存在墙面上的砂、灰尘、油污清理干净，要提前一天浇水充分湿润基体，基层抹灰应分层进行，每层厚度5～7mm，找平层要刮平、搓糙，做到基层表面平整面粗糙。底层灰6～7成干时，按瓷砖的尺寸在墙面上弹横网格线，弹线应先排好位置，在同一墙面上只能留一排粘整块砖，非整块砖应排在不显眼的阴角处。

（3）挂线选出已弹好的主线，找出地面标高1.3cm的阴角位置，定出角面墙的两端点，在下面用拖板尺垫平垫牢，使它和墙面地砖下线相平，然后在拖板尺上划出尺杆，在尺杆定好之后，要在竖线上、下端适当处钉入钉子，挂线成为竖向表面平整线。表面平整线两个方向挂好后，才能层层开始粘贴。

（4）浸砖和湿润墙面：面砖在粘贴前应进行挑选然后放入清水中浸泡4h以上取出晾干方可粘贴，同时在粘贴前应将墙面用清水湿润2h以上。

（5）瓷砖粘贴：贴时按照预先弹好的网络线镶贴，镶贴时采取直缝镶贴，做到横平竖直，不得有空鼓、不平、不直等现象。凡有管道、卫生设备、灯具、支撑等时，砖面应截成“U”形口套入，严禁用零砖拼凑。

（6）勾缝：采用白色或相似颜色水泥勾缝，嵌缝中应封闭缝中粘贴时产生的气泡和砂眼。待嵌缝材料硬化后用棉纱蘸水将石灰浆拭净。

5. 涂料、涂饰

（1）涂料、涂饰内容：包括室内顶棚、内墙面涂料等。

（2）施工工序：

涂料施工顺序　　表2－1

项次	工程名称	高级	项次	工程名称	高级
1	清扫	+	8	第一遍涂料	+
2	板缝处理、刮腻子	+	9	复补腻子	+
3	磨平	+	10	磨平（光）	+
4	第一遍满刮腻子	+	11	第二遍涂料	+
5	磨平	+	12	磨平（光）	+
6	第二遍满刮腻子	+	13	第三遍涂料	+
7	磨平	+			

(3) 施工要点：

1) 涂刷顺序是先顶棚后墙面，墙面是先上后下。乳胶漆可用排笔涂刷或滚涂。涂刷前应将涂料搅拌均匀，并将其稀释，以满足施工要求。施工时涂料的涂膜不宜过厚或过薄。

2) 乳胶涂料干燥快，大面积涂刷时应该注意配合操作，流水作业，操作时顺一个方向刷，做到上下衔接，后一排紧接前一排，避免干燥后出现接头。如墙面有分色线，施工前应认真划好粉线，刷分色线时要靠直尺，用力均匀，起落要轻，排笔蘸漆量适当，从前往后刷。

3) 涂刷带颜色的涂料时应配料适当，保证独立面每遍用同一批涂料，以保证表面均匀、色泽一致。

6. 电器安装

(1) 内容范围：

室内电器安装包括PVC线管、导线、电器照明、开关、插座装置的安装。

(2) 施工要点：

1) 家居中线管宜采用PVC管，PVC管在使用功能上能满足要求，其他物质对其腐蚀性少，穿线时对线不会损坏，且方便施工。

2) 线管与器具间的电线保护管宜采用金属软管，软管长度不应大于1m，软管不应退纹、松散，中间不应有接头，与器具连接时应采用专用接头，连接处应密封可靠，软管应可靠接地。

3) 管内导线采用塑料线，管内不允许有导线接头，所有导线接头应装设接线盒连接，穿管的导线总截面不超过管内截面的40%，同类照明的几个回路可以穿在同一管内，但管内导线总数不应多于8根。

4) 配线工程中采用暗配管敷设的各个部位，任何情况下，导线均不得明露，埋入建筑物、构筑物的电线保护管与建筑物、构筑物表面的距离不应小于15mm，箱、盒须用盖板封闭，盖板螺栓应齐全牢固。

5) 墙面开关、插座距离地面高度为1.3～1.5m，当插座安装高度小于1.3m，导线直敷时应加防护管。

7. 灯具安装

(1) 内容范围：

灯具安装包括室内装饰灯具如吸顶灯、壁灯和各种功能性灯具如射灯、筒灯等的安装。

(2) 施工要点：

所有灯具的规格、品种和功能均应满足户主要求，安装时应遵照生产厂家规定的安装方式，如无具体规定时，可参照如下方式：

1) 壁灯安装高度一般在距地面1800～2000mm，通常采用预埋或打孔的方法，将壁灯灯座固定在墙壁上，安装灯具即可。

2）射灯根据选用的种类进行安装，可直接用螺栓或夹子将灯固定在墙面或吊顶架子上。

3）大吊灯的安装必须单独吊挂于原混凝土楼板或梁、特制骨架上，严禁挂于装修顶棚上，以防脱落。

六、主要分部分项工程质量标准

根据国家标准《建筑装饰装修工程质量验收规范》GB50210—2001及北京市有关家居装修规定。

分部：

1）地面工程；

2）门窗工程；

3）装饰工程；

4）电气安装工程。

主要分项工程质量标准如下。

1. 涂料工程

（1）所用涂料和半成品的品名、等级、种类、颜色、性能等，必须符合选定样品的要求。刷涂的涂膜厚度应均匀、颜色一致、无明显刷痕。

（2）质量标准见表2-2：

涂料工程验收标准　　表2-2

项次	项目	质量标准	检验方法
1	掉粉起皮	不允许	观察、手摸检查
2	反碱咬色	不允许	观察检查
3	漏刷透底	不允许	观察检查
4	流坠疙瘩	无	观察、手摸检查
5	颜色刷线	颜色一致、无砂眼刷纹	观察检查
6	装饰线、分色线平直	偏差不大于1mm	拉5m线检查，不足5m拉通线检查
7	门窗、玻璃、灯具	全部洁净	观察检查

2. 细木工程

（1）木材的材质、品种、规格、等级，骨架的含水率，必须符合北京市建筑室内装饰设计防水要求。

（2）细木制品的制作加工尺寸必须正确，安装必须牢固、无松动。

（3）细木制品的表面颜色一致、表面平整、光滑、无开裂、无划痕、不露钉帽、无锤印、线脚直顺、无弯曲变形。装饰线条刻纹清晰、直顺、棱角凹凸、层次分明，出墙尺寸一致。

（4）细木制品板面拼接在龙骨上，并不在显眼位置，纹理通顺，表面平整、严密、无缝隙，同一房间花纹位置相同，拼花吻合、对称，装饰线接头平整、光滑、严密、无缝隙。

（5）允许偏差见表2-3：

细木工工程质量标准　（单位：mm）　表2-3

项次	项　目	暖气罩		窗帘盒		筒子板		木线		窗台板		检验方法
		国标	企标	国标	企标	国标	企标	国标	企标	国标	企标	
1	两段高低差	1	0.0	2	1					1	0.0	用水平尺检查
2	表面平整度	1	0.0			1	0.0			1	0.0	用靠尺板和楔形塞尺检查
3	侧面位置安装差	2	1	2	1	2	1			2	1	用尺量检查
4	上口平直	2	1					2	1	2	1	拉线尺量检查
5	下口平直			2	1							拉线尺量检查
6	垂直度	2	1	1	0.0	2	1	2	1			全高吊线和尺量检查
7	两窗帘轨间的距离差			2	1							用尺量检查
8	两端距离洞口长度差	2	1	2	1					2	1	用尺量检查
9	各边交圈标高差					2	1	2	1			用尺量检查

3. 吊顶工程

（1）骨架和罩面板的材质、品种、样式、规格应符合户主要求。

（2）骨架安装中主、次龙骨必须位置正确，连接牢固，无松动。

（3）罩面板应无脱层、翘曲、折裂、缺棱掉角等缺陷，安装必须牢固。

（4）允许偏差见表2-4：

吊顶工程允许偏差　（单位：mm）　表2-4

项次	项目	允许偏差		检验方法
		市标	企标	
1	表面平整	1.5	1	用2m靠尺和楔形塞尺检查
2	接缝平直	1.5	1	拉5m线检查，不足5m拉通线检查
3	分格线平直	1	1	拉5m线检查，不足5m拉通线检查
4	接缝高低差	0.3	0.3	用直尺、塞子尺检查
5	压条间距	2	1	用尺量检查
6	收口线标高差	2	1	用水准仪或尺量检查

七、主要技术措施

1. 质量保证措施

本工程必须按照公司家装项目部家居装修质量条例的有关规定执行，具体内容如下。

（1）施工班组的质量责任

第一条：施工班组必须对承担工程的施工质量负责。

第二条：施工班组应当建立健全质量体系，全面落实质量责任制，并对户主采购的材料、构配件和设备的质量承担把关的责任。

第三条：施工班组应当做好施工现场的质量管理、计量、测试等基础工作。对进入施工现场的原材料、构配件和设备妥善保管，并按规定进行试验，检验不合格的原材料、构配件和设备不准使用。

第四条：施工班组应当提高工人素质，加强职工职业道德、技术业务培训。施工现场工长、质量检查员必须按规定经过培训，经考核合格后上岗，特种专业技术人员必须持证上岗。

第五条：施工班组应当编制工程施工组织设计。

第六条：工程竣工，其质量应当符合有关技术标准及合同规定的要求，具有完整的技术档案，并按规定签订工程保修合同。

第七条：工程发生质量问题，如现场无法解决，现场主管应当按照规定报告公司家装部相关部门，商讨解决方案，确保工程质量。

（2）工程保修和质量投诉

第八条：根据北京市家居装修的规定实行质量保修制度。已交付使用的家居工程出现质量缺陷，在保修期内，责任单位应当按照规定及时无偿保修，并对因工程质量缺陷造成的损害向使用户主承担赔偿责任。

工程质量出现永久性缺陷的，承担责任的期限不受保修期限制。由此受到的损失，由我公司家装部赔偿。

第九条：户主有权就工程质量缺陷向我公司家装工程部或公司投诉，提出维修和赔偿的要求。家装工程部应当及时受理，负责解决，并可向造成质量缺陷的责任班组追偿。

第十条：家装工程部对户主反映的工程质量问题和工程质量投诉，应当负责及时处理，并给予答复。

第十一条：因工程质量发生的争议，当事人可以协商解决，也可以依法申请仲裁或者向人民法院提起诉讼。

1）质量目标：

室内装饰工程质量标准为：北京市家居优质装饰工程。其中分部工程优良品率为100%，分项工程优良品率为95%，观感得分为95%。

2）组织保证：

为确保该项工程项目的质量目标，本工程将全面施行公司2002版的本程序文件，运用ISO 9001质量体系进行管理。

家装项目经理部对工程质量全面负责，项目经理是质量的第一责任人。项目设立质检部，由项目常务副经理直接领导，下设各专业专职质量检查员，对工程进行全面质量管理，建立完善的质量保证体系和质量信息反馈体系，对工程质量进行控制和监督，层层落实《工程质量管理责任制》。

主要项目选择技术水平高、责任心强、整体素质高的施工操作人员上岗作业，施工前及施工中随时对操作人员进行质量意识教育与调整。

3）质量管理保证：

认真落实技术交底制度，每道工序施工前必须进行技术、工艺、质量交底，交接双方必须在书面交底资料上签字，如有新材料使用，必须进行试验，掌握其性能特点，做出样板后方可全面积施工。

严格按“三不”施工，即不具备保证工程质量的施工条件不施工；无出厂合格证不施工；未做好作业指导书技术交底以前不施工。严格认真地接受户主对施工过程的监督、检查。严格执行公司程序文件中的《过程控制程序》、《检验和试验状态程序》，对一般过程、关键过程、特殊过程进行有效控制，以达到施工全过程验收处于受控状态。

认真落实执行“三检制”和“隐检”、“分项工程检查”验收检查制度，项目组认真编制技术交底，采用质量预控措施，做好逐步交底。以样板标准组织施工。落实岗位责任制，作业班组对每道工序实行“自检”、“交接检”、“专检”，专职质检员进行复检，重要部位项目主任工程师组织“专检”把关。“隐检”必须经家装项目工程部验收签认后方可进行下一工序。

加强材料的严格检查验收，并要有出厂合格证，不合格的伪劣材料向户主提出质量问题，建议户主更换，严格按《材料控制程序》、《顾客提供产品控制程序》等有关要求进行管理。

严格按公司和户主提供的装修意图施工，不允许自作主张，盲目施工，造成浪费而影响工程质量。

2. 安全管理措施

(1) 严格执行国家有关安全生产和劳动保护的法规，建立健全各项安全生产制度，切实贯彻全员、全面、全过程、全天候的“四全”安全管理制度，严格落实公司《施工现场安全生产责任制》，加强规范化管理。

(2) 严格执行公司颁布的ISO 9001文件中的安全程序文件，根据此文件定期组织各部门、各施工队负责人和专职安全员参加的定期现场安全检查，消除隐患，防止事故发生。

(3) 施工人员进场前，各施工队必须对每一个职工进行安全培训教育，培训内容包括一般安全知识、特殊工种安全知识、安全生产规章制度，以增强安全意识。考试合格后，方可允许上岗作业。

(4) 施工人员必须严格遵守各项操作规章制度，服从现场主管指挥，在施工前必须层层进行安全交底工作，切实落实各项安全措施。

3. 消防、环保措施

(1) 由于装饰工程材料多为易燃材料，稍有不慎，就会酿成事故，给住户的生命财产造成严重的损失，因此在施工现场必须加强消防教育，做好防火工作，杜绝火灾事故的发生。同时北京市是一个严重污染的城市，市政府号召还市民一个蓝天，施工工地所产生的扬灰是污染环境的重要来源，所以必须采取一切措施，减少扬灰，保护环境，严禁向窗外抛杂物。

(2) 项目组与各施工队负责人确定消防、环保岗位责任制，加强职工消防、环保教育，负责落实到人，做到人人有责。

(3) 定期组织各部门、各施工队负责人和监督员参加的现场消防、环保联查，发现问题，随时解决，杜绝事故发生。

(4) 由专人负责对消防器材进行管理，做好消防器材配备、管理及维修工作，定期检查，保持常备有效，消防器材位置固定、统一，消防工具不得随意挪动，附近不得堆放杂物。

(5) 施工现场严禁吸烟和使用明火。确须使用明火作业的（如电气焊等），应严格履行施工用火制度，事先清理用火处周围的易燃物品，配置灭火器械，由专人负责。

(6) 施工现场禁止使用电炉做饭、取暖。

(7) 防水、油漆等工作所有的材料、有机溶剂、二甲苯等多为易燃物，储存和保管要远离火源、热源，施工时应注意通风，防止静电起火和工具碰撞打火。

（8）安装和使用电气设备时，应注意各类电气设备、线路不准超负荷使用，线路接头要接牢，防止设备线路过热或打火短路；各种穿墙电线或靠近易燃物的照明线要穿管保护，灯具与易燃物应保持安全距离。

（9）如发生火灾应及时报警，立即切断电源，组织人员积极扑救。遇电火灾时应使用干粉灭火器扑救，不得用泡沫灭火器。

（10）为了减少施工现场的噪声，严禁施工人员野蛮施工，应尽量减少和控制施工中产生的噪声，严禁使用高分贝机具，禁止在晚上使用机具，避免施工扰民。

（11）为了减少扬灰，施工现场要求每一个施工人员做到工完场清、活完料尽，地面无积水、无污物，并将垃圾装袋后运到指定地点。

4. 成品保护措施

（1）室内装饰工程交叉作业较多，须保护的半成品和成品较多，须保护的时间较长，因此，特制定成品保护措施。另应根据施工情况，制定成品保护责任制和成品保护奖惩办法，加强思想教育，提高成品保护工作。

（2）已安装好的铝合金门窗及其他金属门在施工其他项目前应严格仔细检查原保护层，在施工涂料或包柱以及其他装饰项目距门窗较近时，应采取用板或纸及塑料薄膜、胶带等材料保护，并在交工前再撕去，防止其表面划伤。

（3）已做好的石材、木质门套待油漆施工后拆除。

（4）地砖及石材地面施工完后，面层清理干净，上面满铺一层塑料薄膜，表面再铺多层木板，待交工前再拆除。

（5）土建或安装已施工完的各种管道，装饰施工时不允许随意挪动、碰撞、踩踏，如需动用时应指定专人同有关单位协商。

（6）如需在土建主体结构上开凿孔洞，须经同有关单位协商同乙方采取措施后再行施工。

八、雨期施工措施

雨期施工由于湿度大，各种材料所发生的反应也不同，应在各分项工程中的各阶段采取防范措施以保证施工质量。

1. 木制品施工

（1）如木方或木板材应选用含水率不大于 12% 的进入现场。

（2）木制品运输过程中，应采取防雨措施，严禁在运输或搬运中遭遇雨淋而发生变形。

（3）木夹板在施工现场堆放时，堆放材料的地面应均匀铺设 40mm ×40mm 以上的木方，木方的间距不大于 800mm，堆放材料的空间应处于良好的通风状态。

（4）木材料骨架必须是干燥的、无扭曲的红白松种，直接接触土建结构的木龙骨应预先刷防腐剂。

2. 顶棚、墙面腻子施工

在顶棚、墙面腻子施工中，应在基层面含水率达到8%以下、表面全部泛白后方可施工下道工序，在刮腻子时应保证刮完每一道腻子，完全干燥后方可进入下一道工序施工。

3. 油漆工程

木材表面施涂清漆磨退施工：

(1) 施工时周围环境相对湿度不宜大于60%，施工地点要通风良好。顶板、墙面、地面等湿作业完成并具备一定强度，环境比较干燥和干净，施工温度宜保持均衡，不得突然有较大变化。

(2) 木基层含水率一般大于12%。

(3) 在空气湿度大于60%时，应尽量避免硝基类油漆，以避免出现泛白现象。

九、文明施工

施工现场文明施工管理：

(1) 施工现场不得扬尘作业，保持空气清新。施工中不扰民，噪声不得超过国家规定标准，严禁野蛮施工。

(2) 现场不得乱贴、乱画。

(3) 施工人员严禁打架斗殴，杜绝赌博、偷盗等现象发生。施工现场严禁大、小便，违反者应进行教育或予以经济处罚。

房间分隔与水电改造

一、骨架隔墙隔断工程施工工艺

（一）施工准备

1. 技术准备

1）按照设计图纸和现场尺寸进行深化设计，绘制安装节点大样图。

2）编制板材隔墙工程施工方案，并对施工人员进行书面技术及安全交底。

3）大面积施工前先做样板，经现场监理、建设单位确认后，方可组织施工。

2. 材料要求

（1）轻钢龙骨

轻钢龙骨主件：沿顶龙骨、沿地龙骨、加强龙骨、竖向龙骨、通长龙骨、横撑龙骨应符合设计和相关标准的要求。

轻钢骨架配件：支撑卡、卡托、角托、连接件、固定件、护墙龙骨和压条等附件应符合设计要求和标准要求。

（2）木龙骨

木龙骨的材质、规格均应符合现行国家标准和行业标准的规定。

（3）紧固材料

拉铆钉、膨胀螺栓、镀锌自攻螺栓、木螺钉和粘贴嵌缝材料，应符合设计和相关标准的要求。

（4）罩面板

按设计要求选用，其表面平整、边缘整齐，不应有污垢、裂纹、缺角、翘曲、起皮、色差、图案不完整等缺陷。胶合板、木质纤维板不应脱胶、变色和腐朽。

（5）填充隔声材料

玻璃棉、岩棉等按设计要求选用，并符合环保要求。

（6）嵌缝材料

嵌缝腻子、接缝带、胶粘剂、玻璃纤维布。

3. 主要机具、设备

（1）机具

角磨机、直流电焊机、砂轮切割机、手电钻、电锤、射钉枪等。

(2) 工具

墨斗、拉铆枪、壁纸刀、靠尺、钳子、锤、钢锯等。

(3) 计量检测用具

钢尺、水平尺、方尺、线坠、托线板。

4. 作业条件

1) 结构工程施工完毕，并验收合格，吊顶和墙面已初装修。

2) 标高控制线（+0.500m 水平线）测设完毕，并预检合格。

3) 安装各种系统的管、线盒弹线及其他准备工作已到位。

4) 楼地面已施工。

5) 场地已清理，无影响施工安装的障碍物。

6) 人造板甲醛含量复验，其检测报告符合设计要求和规范规定。

(二) 施工工艺

1. 工艺流程

(1) 轻钢龙骨石膏板隔墙隔断

弹线→安装沿顶、沿地龙骨→安装门窗框→安装龙骨→安装系统管线→安装横向龙骨→安装石膏板→接缝及面层处理→细部收口处理。

(2) 木龙骨板材隔墙隔断

弹线→安装木龙骨→安装小龙骨→防火、防腐处理→安装饰面板→安装压条。

2. 操作工艺

(1) 轻钢龙骨石膏板隔墙隔断

弹线：在基体上弹出水平线和竖向垂直线，以控制隔断龙骨安装的位置、龙骨的平直度和固定点。

安装沿顶、沿地龙骨：按墙顶龙骨位置边线，安装顶龙骨和地龙骨。安装时一般用射钉或金属膨胀螺栓固定于主体结构上，其固定间距不大于600mm。

安装门窗框：隔墙的门窗框安装并临时固定，在门窗框边缘安加强龙骨，加强龙骨通常采用对扣轻钢竖龙骨。

安装龙骨：

1) 安装竖龙骨：按门窗位置进行竖龙骨分格。根据板宽不同，竖龙骨中心距尺寸一般为453、603mm。当分格存在不足模数板块时，应避开门窗框边第一块板的位置，使破边石膏板不在靠近门窗边框处。安装时，按分格位置将竖龙骨上、下两端插入沿顶、沿地龙骨内，调整垂直，用抽芯铆钉固定。靠墙、柱的边龙骨除与沿顶、沿地龙骨用抽芯铆钉固定外，还须用金属膨胀螺栓或射钉与墙、柱固定，钉距一般为900mm。竖龙骨与沿顶、沿地龙骨固定时，抽芯铆钉每面不少于三颗，品字形排列，双面固定。

2）安装横向龙骨：根据设计要求布置横向龙骨。当使用贯通式横向龙骨时，若高度小于3m应不少于一道，3～5m之间设两道，大于5m设三道横向龙骨，与竖向龙骨采用抽芯铆钉固定。使用支撑卡式横向龙骨时，卡距400～600mm，支撑卡应安装在竖向（即横向龙骨间距）龙骨的开口上，并安装牢固。

安装系统管线：安装墙体内水、电管线和设备时，应避免切断横、竖向龙骨，同时避免在沿墙下端设置管线。要求固定牢固，并采取局部加强措施。

安装石膏板：石膏板安装前应检查龙骨的安装质量；门、窗框位置及加固是否符合设计及构造要求；龙骨间距是否符合石膏板的宽度模数，并办理隐检手续。水电设备须系统试验合格后，办理交接手续。

1）首先，从门口处开始安装一侧的石膏板，无门洞口的墙体由墙的一端开始。石膏板宜竖向铺设，长边接缝宜落在竖向龙骨上。曲线墙石膏板宜横向铺贴。门窗口两侧应用刀把形板。石膏板用自攻螺钉固定到龙骨上，板边钉距不应大于200mm，板中间钉距不应大于300mm，螺钉距石膏板边缘的距离应为10～16mm。自攻螺钉紧固时，石膏板必须与龙骨贴平贴紧。安装石膏板时，应从板的中部向长边及短边固定，钉头稍埋入板内，但不得损坏纸面，以利于板面装饰和进行下道工序。

2）其次，墙体内安装防火、隔声、防潮填充材料，与另一侧石膏板安装同时进行，填充材料应铺满、铺平。

3）最后，安装墙体另一侧石膏板：安装方法同第一侧石膏板，接缝应与第一侧面板缝错开，拼缝不得放在同一根龙骨上。

4）双层石膏板墙面安装：第二层板的固定方法与第一层相同，但第二层板的接缝应与第一层错开，不能与第一层的接缝落在同一龙骨上。

接缝及面层处理：隔墙石膏板之间的接缝一般做平缝，并按以下程序处理：

1）首先，刮嵌缝腻子：刮嵌缝腻子前，将接缝内清除干净，固定石膏板的螺钉帽进行防腐处理，然后用小刮刀把腻子嵌入板缝，与板面填实刮平。

2）其次，粘贴接缝带：嵌缝腻子凝固后粘贴接缝带。先在接缝上薄刮一层稠度较稀的胶状腻子，厚度一般为1mm，比接缝带略宽，然后粘贴接缝带，并用开刀沿接缝带自上而下一个方向刮平压实，使多余的腻子从接缝带的网孔中挤出，使接缝带粘贴牢固。

3）第三，刮中层腻子：接缝带粘贴后，立即在上面再刮一层比接缝带宽80mm左右、厚度约1mm的中层腻子，使接缝带埋入腻子中。

4）最后，刮平腻子：用大开刀将腻子在板面接缝处满刮，尽量薄，以与板面填平为准。

细部收口处理：墙面、柱面和门口的阳角应按设计要求做护角；阳角处应粘贴两层玻璃纤维布，角两边均拐过100mm，表面用腻子刮平。

（2）木龙骨板材隔墙隔断

弹线：在基体上弹出水平线和竖向垂直线，以控制隔断龙骨安装的位置、格栅的平直度和固定点。

安装木龙骨：沿弹线位置固定沿顶和沿地龙骨（采用金属膨胀螺栓或直钉），各自交接后的龙骨应保持平直。固定点间距应不大于1000mm，龙骨的端部必须固定牢固。边框龙骨与基体之间，应按设计要求安装密封条。

门窗或特殊节点处，应使用附加龙骨，其安装应符合设计要求。

防火、防腐处理：安装饰面板前，应对龙骨进行防火、防腐处理。

安装饰面板：

1）石膏板安装：安装石膏板前，应对预埋隔断中的管道和附设于墙内的设备采取局部加强措施。石膏板宜竖向铺设，长边接缝宜落在竖向龙骨上。双面石膏罩面板安装，应与龙骨一侧的内外两层石膏板错缝排列，接缝不应落在同一根龙骨上；需要隔声、保温、防火的应根据设计要求在龙骨一侧安装好石膏罩面板后，进行隔声、保温、防火等材料的填充；一般采用玻璃丝棉或30～100mm岩棉板进行隔声、防火处理；采用50～100mm聚苯板进行保温处理。再封闭另一侧的板。石膏板应采用自攻螺钉固定。周边螺钉的间距不应大于200mm，中间部分螺钉的间距不应大于300mm，螺钉与板边缘的距离应为10～16mm。安装石膏板时，应从板的中部开始向板的四边固定。钉头略埋入板内，但不得损坏纸面；钉眼应用石膏腻子抹平；钉头应作防锈处理。石膏板应按框格尺寸裁割准确；就位时应与框格靠紧，但不得强压。隔墙端部的石膏板与周围的墙或柱应留有3mm的槽口。施铺罩面板时，应先在槽口处加注嵌缝膏，然后铺板并挤压嵌缝膏使面板与邻近表层接触紧密。在丁字形或十字形相接处，如为阴角应用腻子嵌满，贴上接缝带，如为阳角应做护角。石膏板的接缝，可参照轻钢龙骨板材隔墙处理。

2）胶合板和纤维板、人造木板安装：安装胶合板、人造木板的基体表面，须用油毡、釉质防潮时，应铺设平整，搭接严密，不得有皱折、裂缝和透孔等。胶合板、人造木板采用直钉固定，钉距为80～120mm，钉长为20～30mm，钉帽应打扁并钉入板面0.5～1mm；钉眼用油性腻子抹平。墙面用胶合板、纤维板装饰时，阳角处宜做护角；硬质纤维板应用水浸透，自然阴干后安装。胶合板、纤维板用木压条固定时，钉距不应大于200mm，钉帽打扁后钉入木压条0.5～1mm，钉眼用油性腻子抹平。

3）塑料板安装：塑料板安装方法，一般有粘结和钉结两种。粘结：用聚氯乙烯胶粘剂（601胶）或聚醋酸乙烯胶进行粘结。先用刮板或毛刷同时在墙面和塑料板背面涂刷，不得有漏刷。涂胶后见胶液流动性显著消失、用手接触胶层感到黏性较大时，即可粘结。粘结后应采用临时固定措施，同时将从板缝中挤压出多余的胶液刮除，将板面擦净。钉接：安装塑料贴面复合板应预先钻孔，再用木螺钉加垫圈紧固。也可用金属压条固定。木螺钉的钉距一般为400～500mm，排列应一致整齐。加金属压条时，应拉横竖通线，并应先用钉子将塑料贴面复合板临时固定，然后加盖金属压条，用垫圈找平固定。

4）铝合金装饰条板安装：用铝合金条板装饰墙面时，可用螺钉直接固定在结构层上，也可用锚固件悬挂或嵌卡的方法，将板固定在墙筋上。

（三）质量标准

1. 主控项目

1）骨架隔墙所用龙骨、配件、墙面板、填充材料及嵌缝材料的品种、规格、性能应符合设计要求。有隔声、隔热、阻燃、防潮等特殊要求的工程，材料应有相应性能等级的检测报告。

检验方法：观察；检查产品合格证书、进场验收记录和性能检测报告。

2）骨架隔墙工程边框龙骨必须与基本结构连接牢固，并应平整、垂直、位置正确。

检验方法：手扳检查；尺量检查；检查隐蔽工程验收记录。

3）骨架隔墙工程中龙骨间距和构造连接方法应符合设计要求。骨架内设备管道的安装、门窗洞口等部位加强龙骨应安装牢固、位置正确，填充材料的设置应符合设计要求。

检验方法：检查隐蔽工程验收记录。

4）骨架隔墙的墙面板应安装牢固，无脱层、翘曲、折裂及缺损。

检验方法：观察；手扳检查。

5）墙面板所用接缝材料的接缝方法应符合设计要求。

检验方法：观察。

6）木龙骨及木墙面板的防火和防腐处理必须符合设计要求。

检验方法：检查隐蔽工程验收记录。

2. 一般项目

1）骨架隔墙表面应平整光滑、色泽一致、洁净、无裂缝，接缝均匀、顺直。

检验方法：观察；手摸检查。

2）骨架隔墙上的孔洞、槽、盒位置正确，套割吻合，边缘整齐。

检验方法：观察；尺量检查。

3）骨架隔墙内的填充材料应干燥，填充应密实、均匀、无下坠。

检验方法：轻敲检查；检查隐蔽工程验收记录。

4）骨架隔墙安装的允许偏差和检验方法（表2-5）。

骨架隔墙安装的允许偏差和检验方法　　表2-5

项次	项　目	允许偏差（mm）		检验方法
		纸面石膏板	人造木板、水泥纤维板	
1	立面垂直度	3	4	用2m垂直检测尺检查
2	表面平整度	3	3	用2m靠尺和楔形塞尺检查
3	阴、阳角方正	3	3	用直角检测尺检查
4	接缝直线度	—	3	拉5m线，不足5m拉通线，用钢直尺检查
5	压条直线度	—	3	拉5m线，不足5m拉通线，用钢直尺检查
6	接缝高低差	1	1	用钢直尺和楔形塞尺检查

（四）成品保护

1）隔墙骨架及饰面板安装时，应注意保护隔墙内装好的各种管线。

2）施工部位已安装的门窗，已施工完的地面、墙面、窗台等应注意保护，防止损坏。

3）骨架材料，特别是饰面板材料，在进场、存放、使用过程中应妥善管理，使其不变形、不受潮、不损坏、不污染。

4）安装水、电管线和设备时，固定件不准直接设在龙骨上，应按设计要求进行加强处理。

（五）应注意的质量问题

1）施工时要保证骨架的固定，间距、位置和连接方法应符合设计和规范要求，防止因节点构造不合理造成骨架变形。

2）安装饰面板前要检查龙骨的平整度，挑选厚度一致的石膏板，避免饰面板不平。

3）门窗口排板应用刀把形板材安装，防止门窗口上角出现裂缝。

4）骨架隔墙施工时应选择合理的节点构造和材质好的石膏板。嵌缝腻子选用变形小的原料配制，操作时认真清理缝内杂物，腻子填塞适当，接缝带粘贴后放置一段时间，待水分蒸发后，再刮腻子将接缝带压住，并把接缝板面找平，防止板缝开裂。

5）隔墙与顶棚及其他墙体的交接处应采取防开裂措施。

6）隔墙周边应留3mm的孔隙，作打胶或柔性材料填塞处理，可避免因温度和湿度影响造成墙边变形裂缝。

7）超长的墙体（超过12m）受温度和湿度的影响比较大，应按照设计要求设置变形缝，防止墙体变形和裂缝。

（六）质量记录

1）轻钢龙骨、连接件出厂合格证、性能检测报告。

2）石膏板出厂合格证、性能检测报告。

3）检验材质质量验收记录。

4）轻钢骨架安装隐检记录。

5）分项工程质量验收记录。

（七）安全环保措施

1. 安全措施

1）施工中使用的各种架子搭设应符合安全规定，并经安全部门检查合格。铺板不得有探头板和飞挑板。采用高凳上铺脚手板时，宽度不得少于两块脚手板（宽500mm），间距不得大于2m，移动高凳时上面不得站人，作业人员最多不得超过2人。高度超过1m时，应由架子工搭设脚手架。

2）工人进入施工现场应戴安全帽，2m以上作业必须系安全带并应穿防滑鞋。

3）机电设备安装人员应持证上岗。

4）清理施工垃圾时，不得从窗口、阳台等处往下抛掷。

2. 环保措施

1）施工现场必须工完场清。

2）有噪声的电动工具应在规定的作业时间内施工，防止噪声污染、扰民。

3）机电器具必须安装触电保安器，发现问题立即修理。

4）现场保持良好通风。

二、家装水电改造的施工

（一）家装水电改造的施工准备工作

对业主来说，水电改造开工前应具备：

1）水电改造设计方案完成并经用户确认，完整方案应该包括准确的水路电路定位点。

2）签订水电改造安装合同。

3）必要的临时用电用水环境。

对施工单位的要求：

1）详细可行的水电管线走向设计图纸。

2）临时施工用电设备安全可靠。

3）其他日常准备工作完毕。

（二）电路改造施工程序

施工人员对照设计图纸与业主确定定位点→施工现场成品保护→根据线路走向

弹线→根据弹线走向开槽→开线盒→清理渣土→电管、线盒固定→穿钢丝拉线→连接电线线头（不可裸露在外）→封闭电线线槽→验收测试。

1. 电路材料

1）家装水电二次改造强电线路须采用经过国家强制3C认证标准的BV（聚氯乙烯绝缘单芯铜线）导线；一般不采用护套多芯线缆，如出现多芯与单芯线缆对接情况，必须对接头处进行刷锡处理。

2）强电材料采购遵循不同用途线缆采用分色原则，防止不分色造成后期维护不方便，具体表现在：零线一般为蓝色，火线（相线）黄、红、绿三色均可采用，接地线为黄绿双色线。保证线色的统一分配有利于后期维护工作的进行。

2. 家庭电路改造施工及其注意事项

1）二手房预制板结构楼板尽量避免在原楼板基础上开槽走管，防止打穿到楼下甚至因为施工中的较大振动可能会造成老楼房结构破坏。

2）不宜随意在地面开槽跨接线管，避开管道区；不宜随意在地面打卡固定管线，避开管道区。

3）开暗盒遇到钢筋要避开，可上移下移甚至更改位置，禁止断筋。

4）禁止在墙体开长横槽走电管。承重墙易破坏结构，轻体墙长距离断筋照样会造成后患。

5）无特殊情况，电线管不宜走石膏线内，易造成死弯、死线。

6）管径小于25mm的PVC冷弯电管拐弯用弯管器，不能加弯头拐弯。

7）走电管禁止采用三通走线，后期无法维护。

8）PVC电线管铺设完毕，须用PVC胶粘结接口处。

9）卫生间潮湿区域地面不宜走电管；如避免不了，地面必须整管，不可留管接头。

10）电线管预先铺设完毕，固定完毕，然后用钢丝穿线。

11）电路走线把握“两端间最近距离走线”，禁止无故绕线，无谓增大水电改造开支且易造成人为的“死线”情况发生。

12）强弱电线接线盒间距正常情况下不小于500mm，地面平行间距不低于200mm，弱电电线特别是铜轴电缆必须采用多层屏蔽功能线缆。

13）卫生间等电位联结端子箱不可封死。

14）各房间插座开关面板参考数据。照明控制主开关高度1400～1500mm，左右距毛坯门框200mm；普通插座高度350～400mm；床头双控开关高度850mm左右；壁挂电视电源高度根据空间大小及电视尺寸确定，一般高度为1000～1200mm；背景音乐、温控、智能照明、电器控制弱电面板高度数值参考照明主开关，以方便控制为宜。

15）禁止非导管电线直埋入墙、顶、地面。

16）PVC导线管暗敷使用规格，2.5mm^{2}BV导线采用直径16mm管，4mm^{2}BV导线采用直径20mm管，保证暗敷导线管穿线后的空余量不少于60%。

17）保证导线连接坚固，接头不受拉力，包扎严密，导线间连接应用压接或铰接法，铰接长度不小于5.5圈，裸露电线头必须先用防水胶带包扎后用耐磨胶布缠绕。

18）强电改造中原则上禁止单芯线缆与多芯线缆直接对接头，如无法避免，接头必须刷锡处理。

19）严格遵守强弱电走线设计方案弹线开槽，线管长度超过15m或有两个直角弯时，应增设拉线盒或适当增大直角弯半径。暗埋管线弯路过多，铺设管路时，应按设计图纸要求及现场情况，按最近的距离铺设线路。

20）强电电源线与电话线、电视线、网线、音响线等弱电线不得穿入同一根管内。

21）强电导线电管与水管、燃气、弱电电管不可同槽暗敷。

22）家装水电改造中，强电导线线色需要区分明确：相线（L）颜色宜用红、绿、黄三相任意色，零线（N）采用蓝色，保护（PE）线用黄绿双色线，控制线采用白色。

23）电气改造中任何接线头处必须加装过线盒，直管中不可留有接线头；任何有线头接线盒不可用石膏或水泥材料封堵，应加装盖板易于维护。

24）电气工程施工完成后，应进行必要的检查和试验，如漏电开关的动作、各回路的绝缘电阻以及电器通电、灯具试亮、开关试控制等，检验合格后方能进行下一步工作。

25）电路改造竣工后必须出具相关详细图纸。

（三）水路改造施工程序（以PPR管为例）

施工人员对照设计图纸与业主确定定位点→施工现场成品保护→根据线路走向弹线→根据弹线对顶面固定水卡→根据弹线走向开槽→清理渣土→根据尺寸现场进行墙顶面水管固定→检查各回路是否有误→对水路进行打压验收测试→封闭水槽。

1. 水路材料

1）分清楚原房间管道材料材质，目前新建住宅给水管道以PPR管居多，辅以PB管、PE-RT管、铜管、铝塑管和其他管道；老式住宅给水大多为镀锌管。新居装修大多采用PPR管道进行改造，此管道性能稳定，只要材料质量可靠及掌握技术要领，管件连接方式较为方便，隐患较小。

2）注意若塑料制品给水管道材质不一样，就不可以直接热熔连接，如有必要，应该加装专用转换接头进行转接。

3）家装中禁止使用对饮用水产生严重污染的含铅 PVC 给水管材及镀锌管材（镀锌管长时间使用后，管内产生锈垢，夹杂着不光滑内壁滋生细菌，锈蚀造成水中重金属含量过高，严重危害人体的健康）。

2. 水路改造注意事项

1）家装二次水路改造遵循“水走天”原则，易于后期维护，不用大幅度提高地面高度，且不影响层高。

2）家庭装修水路改造常用参考尺寸数据（尺寸以毛坯未处理墙地数据为准）：淋浴混水器冷热水管中心间距 150mm，距地 1000～1200mm；上翻盖洗衣机水口高度 1200mm；电热水器给水口高度等于层净高－电热水器固定上方距顶距离－电热水器直径－200mm；水盆菜盆给水口高度 450～550mm；马桶给水口距地 200mm，距马桶中心一般靠左 250mm；拖布池给水口高出池本身 200mm 为宜。其他给水排水尺寸根据产品型号确定。

3）水路改造严格遵守设计图纸的走向和定位进行施工，在实践操作过程中，必须通过业主联系相关产品厂家，掌握不同型号橱柜、净软水机、洗衣机、水盆、浴用混水器、热水器等机型要求的给水排水口位置及尺寸，防止操作失误造成后期无法安装相关设备。

4）一般来说，正对给水口方向，右冷左热（个别设备特殊要求除外）。

5）管材剪切：管材采用专用管剪剪断，管剪刀片卡口应调整到与所切割管径相符，旋转切断时应均匀用力，断管应垂直平整、无毛刺。

6）PPR 管熔接：PPR 管采用热熔连接方式最为可靠，接口强度大，安全性能更高。连接前，应先清除管道及附件上的灰尘及异物。连接完毕，必须紧握管子与管件保持足够的冷却时间方可松手。

7）PPR、PB、PE 等不同材质热熔类管材相互连接时，必须采用专用转换接头或进行机械式连接，不可直接熔接。

8）给水管顶面宜采用金属吊卡固定，直线固定卡间距一般不大于 600mm。

9）二手房排水管改造注意原金属管与 PVC 管连接部位的特殊处理，防止处理不当造成下水管渗漏水。

10）室内有条件的应尽量加装给水管总控制阀，方便日后维护；如遇水表改造必须预留检修空间，且水表改后保持水平。

11）水路改造完毕须出具详细图纸备案。

3. 施工要点

1）管子的切割应采用专门的切割剪。剪切管子时应保证切口平整。剪切时断面应与管轴方向垂直。

2）在熔焊之前，焊接部分最好用酒精清洁，然后用清洁的布或纸擦干，并在管子上划出须熔焊的长度。

3）将专用熔焊机打开加温至260℃，当控制指示灯变成绿灯时，开始焊接。

4）将须连接的管子和配件放进焊接机头，加热管子的外表面和配件接口的内表面。然后同时从机头处拔出并迅速将管子加热的端头插入已加热的配件接口。插入时不能旋转管子，插入后应静置冷却数分钟不动。

5）熔焊机用完后，须清洁机头以备下次使用。

6）将已熔焊连接好的管子安装就位。

（四）水电安装注意事项（图2-2）

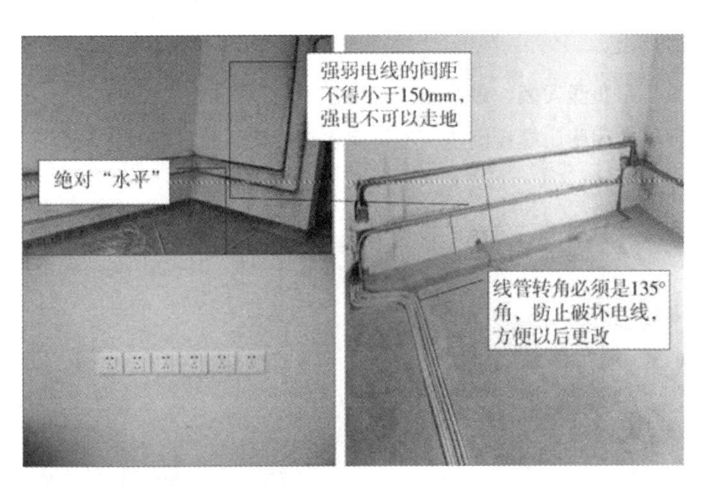

图2-2　水电施工标准要求

1. 电气安装

（1）灯具安装

灯具大于3kg时，固定在螺栓或预埋吊钩上。

软线吊灯，灯具在0.5kg及以下时，采用软电线自身吊装；大于0.5kg的灯具采用吊链，且软电线编叉在吊链内，使电线不受力。

灯具固定牢固可靠，不使用木楔。每个灯具固定用螺钉或螺栓不少于2颗。

其余参照《电气装置安装工程电气照明装置施工及验收规范》执行。

（2）强电开关、插座安装

横装插座，面对插座的右极接相线，左极接零线，上接地线。

接线：先将盒内甩出的导线留出维修长度（15～20cm），削去绝缘层，注意不要碰伤线芯，如开关、插座内为接线柱，将导线按顺时针方向盘绕在开关、插座对应的接线柱上，然后旋紧压头。如开关、插座内为插接端子，将线芯折回头插入圆孔接线端子内（孔经允许压双线时），再用顶丝将其压紧，注意线芯不得外露。

插座的安装高度应符合设计的规定，当设计无规定时，应符合下列要求：暗装用插座距地面不应低于0.3m，特殊场所暗装插座不应小于0.15m。在儿童活动场所应采用安全插座。采用普通插座时，其安装高度不应低于1.8m。

特别关注：为了避免交流电源对电视信号的干扰，电视柜线线管、插座与交流电源线管、插座之间应有0.5m以上的距离（特殊情况下电视信号线采用屏蔽线缆，间距也不得低于0.3m）。

在卫生间、厨房等潮湿场所，应采用密封良好的防水、防潮插座。

相同型号并列安装及同一室内开关安装高度一致，且控制有序不错位。并列安装的插座距离相邻间距不小于20mm。

（3）弱电双绞线568B标准的接线方法

1—白橙、2—橙、3—白绿、4—蓝、5—白蓝、6—绿、7—白棕、8—棕。

2. 水路安装

1）洁具厂家负责安装，最好由厂家提供质量良好的软管及阀门。

2）坐便器应用膨胀螺栓固定，不得用水泥砂浆固封，底座应与地面平齐，并用油石灰或硅胶连接密封。

3）洗手（菜）盆和洗涤槽的排水管应有存水弯，排水管与地面落水口应密封无渗漏。

房间吊顶

家装吊顶的类型主要有纸面石膏板吊顶、玻璃吊顶、集成吊顶。纸面石膏板吊顶是以轻钢为龙骨，纸面石膏板为覆面板材的吊顶。玻璃吊顶是以轻钢或木条为龙骨，胶合板为基层板材，玻璃贴面的吊顶。集成吊顶是以轻钢为龙骨，铝板为覆面板的吊顶。

一、纸面石膏板吊顶施工工艺

（一）施工准备

1. 技术准备

1）熟悉施工图纸及设计说明，对房间的净高、各种洞口标高和吊顶内的管道、设备的标高进行校核。发现问题及时向设计单位提出，并办理洽商变更手续，把各专业设备安装间的矛盾解决在施工之前。

2）根据设计图纸、吊顶高度和现场实际尺寸进行排板、排龙骨等深入设计，绘制大样图，办理委托加工。

3）根据施工图中吊顶标高要求和现场实际尺寸，对吊杆进行翻样并委托加工。

4）编制施工方案并经审批。

5）施工前先做样板间（段），经现场监理、建设单位检验合格并签认。

6）对操作人员进行安全技术交底。

2. 材料要求

各种材料必须符合国家现行标准的有关规定。应有出厂质量合格证、性能及环保检测报告等质量证明文件。人造板材应有甲醛含量检测（或复验）报告，应对其游离甲醛含量或释放量进行复验，并应符合现行国家标准《室内装饰装修材料人造板及其制品中甲醛释放限量》GB 18580—2001 的规定。

1）轻钢龙骨：其主、次龙骨的规格、型号、材质及厚度应符合设计要求和现行国家标准《建筑用轻钢龙骨》的有关规定，应无变形和锈蚀现象。金属龙骨及配件在使用前应作防腐处理。

2）铝合金龙骨：其主、次龙骨的规格、型号应符合设计要求和现行国家标准的有关规定；无扭曲、变形现象。

3）木龙骨：其主、次龙骨的规格、材质应符合设计要求和现行国家标准的有关规定；含水率不得大于 12%，使用前必须作防腐、防火处理。

4）饰面板：按设计要求选用饰面板的品种，主要有石膏板、纤维水泥加压板、金属扣板、矿棉板、胶合板、铝塑板、格栅等。

5）辅材：龙骨专用吊挂件、连接件、插接件等附件。吊杆、膨胀螺栓、钉子、自攻螺钉、角码等应符合设计要求并进行防腐处理。

3. 主要机具

1）机具：电锯、电刨、无齿锯、手枪钻、冲击电锤、电焊机、角磨机等。

2）工具：拉铆枪、射钉枪、手锯、手刨、钳子、扳手、螺钉旋具等。

3）计量检测用具：水准仪、靠尺、钢尺、水平尺、楔形塞尺、线坠等。

4）安全防护用品：安全帽、安全带、电焊面罩、电焊手套等。

4. 作业条件

1）施工前应按设计要求对房间的层高、门窗洞口标高和吊顶内的管道、设备及其支架的标高进行测量检查，并办理交接记录。

2）各种材料配套齐全，已进场，并已进行了检测或复验。

3）室内墙面施工作业已基本完成，只剩最后一道涂料。地面湿作业已完成，并经检验合格。

4）吊顶内的管道和设备安装已调试完成，并经检验合格，办理完交接手续。

5）木龙骨已作防火处理，与结构直接接触部分已作好防腐处理。

6）室内环境应干燥，通风良好。吊顶内四周墙面的各种孔洞已封堵处理完毕。抹灰已干燥。

7）施工所需的脚手架已搭设好，并经检验合格。

8）施工现场所需的临时用水、用电、各工种机具准备就绪。

（二）施工工艺

1. 工艺流程

测量放线→固定吊杆→安装边龙骨→安装主龙骨→安装次龙骨、撑挡龙骨→安装纸面石膏板→安装压条、收口条。

2. 操作工艺

1）测量放线

按标高控制水准线在房间内每个墙（柱）上返出高程控制点（墙体较长时，控制点间距宜3～5m设一点），然后用粉线沿墙（柱）弹出吊顶标高控制线。按吊顶龙骨排列图，在顶棚上弹出主龙骨的位置线和嵌入式设备外形尺寸线。主龙骨间距一般为900～1000mm，均匀布置，排列时应尽量避开嵌入式设备位置，并在主龙骨的位置线上用十字线标出固定吊杆的位置。吊杆间距应为900～1000mm，距主龙骨端头应不大于300mm，均匀布置。若遇较大设备或通风管道，吊杆间距大于1600mm时，宜采用型钢扁担来满足吊杆间距。

放设备位置线：按施工图上的位置和设备的实际尺寸、安装形式，将吊顶上的所有大型设备、灯具、电扇等的外形尺寸和吊具、吊杆的安装位置，用墨线弹于顶棚上。

2）固定吊杆

通常用冷拔钢筋或盘圆钢筋做吊杆，使用盘圆钢筋时，应用机械先将其拉直，然后按吊顶所需的吊杆长度下料。断好的钢筋一端焊接 L30 ×30 ×3 角码（角码另一边打孔，其孔径按固定吊杆的膨胀螺栓直径确定），另一端套出长度大于 100mm 的螺纹（也可用全丝螺杆做吊杆）。

不上人吊顶，吊杆长度小于 1000mm 时，直径宜不小于 6mm；吊杆长度大于 1000mm 时，直径宜不小于 10mm。上人的吊顶，吊杆长度小于 1000mm 时，直径应不小于 8mm；吊杆长度大于 1000mm 时，直径应不小于 10mm。吊型钢扁担的吊杆，当扁担承担 6 根以上吊杆时，直径应适当增加。当吊杆长度大于 1500mm 时，还必须设置反向支撑杆。制作好的金属吊杆应作防腐处理。

吊杆用冲击电锤打孔后，用膨胀螺栓固定到楼板上。吊杆应通直并有足够的承载力。在埋件上安装吊杆和吊杆接长时，宜采用焊接并连接牢固。主龙骨端部的吊杆应使主龙骨悬挑长度不大于 300mm，否则应增加吊杆。

吊顶上的灯具、风口及检修口和其他设备，应设独立吊杆安装，不得固定在龙骨吊杆上。

3）安装边龙骨

边龙骨、沿墙龙骨应按大样图的要求和弹好的吊顶标高控制线进行安装。安装时把边龙骨的靠墙侧涂刷胶粘剂后，用水泥钉或螺钉固定在已预埋好的木砖上（木砖须经防腐处理）。固定在混凝土墙（柱）上时，可直接用水泥钉固定。固定点间距应不大于吊顶次龙骨的间距，一般为 300 ~600mm，以防止发生变形。

4）安装主龙骨

金属主龙骨通常分不上人 UC38 和上人 UC50 两种。安装时应采用专用吊挂件和吊杆连接，吊杆中心应在主龙骨中心线上。主龙骨安装间距为 900 ~1000mm，一般宜平行于房间长向布置。主龙骨端部悬挑应不大于 300mm，否则应增加吊杆。主龙骨接长时应采取专用连接件，每段主龙骨的吊挂点不得少于 6 处，相邻两根主龙骨的接头要相互错开，不得放在同一吊杆档内。木质主龙骨安装时，将预埋钢筋端头弯成圆钩，8 号镀锌钢丝与主龙骨绑牢，或用 ϕ6mm、ϕ8mm 吊杆先将木龙骨钻孔，再将吊杆穿入木龙骨锁紧固定。

吊顶跨度大于 15m 时，应在主龙骨上每隔 15m 范围内，垂直主龙骨加装一道大龙骨，连接牢固。

有较大造型的顶棚，造型部分应形成自己的框架，用吊杆直接与顶板进行吊挂连接。

重型灯具、吊扇及其他专业设备严禁直接安装在吊顶龙骨上。

主龙骨安装完成后，应对其进行一次调平，并注意调好起拱度。

5）安装次龙骨、撑挡龙骨

金属次龙骨用专用连接件与主龙骨固定。次龙骨必须对接，不得有搭接。一般次龙骨间距不大于600mm，潮湿或重要场所，次龙骨间距宜为300～400mm。次龙骨的靠墙一端应放在边龙骨的水平翼缘上，次龙骨须接长时，应使用专用连接件进行连接固定。每段次龙骨与主龙骨的固定点不得少于6处，相邻两根次龙骨的接头要相互错开，不得放在两根主龙骨的同一档内。次龙骨安装完后，若饰面板在次龙骨下面安装，还应安装撑挡龙骨，通常撑挡龙骨间距不大于1000mm，最后调整次龙骨，使其间距均匀、平整一致，并在墙上标出次龙骨中心位置线，以防安装饰面板时找不到次龙骨。

木质主、次龙骨间的连接宜采用小吊杆连接，小吊杆钉在龙骨侧面时，相邻吊杆不得钉在龙骨的同一侧，必须相互错开。次龙骨接头应相互错开，采用双面夹板用圆钉错位钉牢，接头两侧最少各钉两个钉子。木质龙骨安装完后，必须进行防腐、防火处理。

各种洞口周围应设附加龙骨和吊杆，附加龙骨用拉铆钉连接固定到主、次龙骨上。

次龙骨安装完后应拉通线进行一次整体调平、调直，并注意调好起拱度。起拱高度按设计要求，设计无要求时一般为房间短向跨度的3%～5%。

6）安装纸面石膏板

纸面石膏板材应在自由状态下安装固定。每块板均应从中间向四周放射状固定，不得从四周多点同时进行固定，以防出现弯棱、凸鼓的现象。通常整块纸面石膏板的长边应沿次龙骨铺设方向安装。自攻螺钉距板的未切割边为10～15mm，距切割边为15～20mm。板周边钉间距为150～170mm，板中钉间距不大于250mm。钉应与板面垂直，不得有弯曲、倾斜、变形现象。自攻螺钉头宜略低于板面，但不得损坏纸面。钉帽应作防锈处理，后用石膏腻子抹平。双层石膏板安装时，两层板的接缝不得放在同一根龙骨上，应相互错开。

7）安装压条或收口条

各种饰面板吊顶与四周墙面的交接部位，应按设计要求或采用与饰面板材质相适应的收边条、阴角线或收口条收边。收边用石膏线时，必须在四周墙（柱）上预埋木砖，再用螺钉固定，固定螺钉间距宜不大于600mm。其他轻质收边、收口条可用胶粘剂粘贴，但必须保证安装牢固可靠、平整顺直。

（三）质量标准

1. 主控项目

1）吊顶标高、尺寸、起拱和造型应符合设计要求。

检验方法：观察；尺量检查。

2）饰面材料的材质、品种、规格、图案和颜色应符合设计要求。

检验方法：观察、检查产品合格证书、性能检测报告、进场验收记录和复验报告。

3）吊杆、龙骨和饰面材料的安装必须牢固。

检验方法：观察、手扳检查、检查隐蔽工程验收记录和施工记录。

4）吊杆、龙骨的材质、规格、安装间距及连接方式应符合设计要求。金属吊杆、龙骨应经过表面防腐或防锈处理，木吊杆、龙骨应进行防腐、防火处理。

检验方法：观察、尺量检查、检查产品合格证书、性能检测报告、进场验收记录和隐蔽工程验收记录。

5）石膏板的接缝应按其施工工艺标准进行板缝防裂处理。安装双层石膏板时，面层板与基层板的接缝应错开，并不得在同一根龙骨上接缝。

检验方法：观察。

2. 一般项目

1）饰面材料表面应洁净、色泽一致，不得有翘曲、裂缝及缺损。压条应平直、宽窄一致。

检验方法：观察、尺量检查。

2）饰面板上的灯具、烟感器、喷淋头、风口箅子等设备的位置应合理、美观，与饰面板的交接应吻合、严密。

检验方法：观察。

3）金属吊杆、龙骨的接缝应均匀一致，角缝应吻合，表面应平整，无翘曲、锤印。木质吊杆、龙骨应顺直，无劈裂、变形。

检验方法：检查隐蔽工程验收记录和施工记录。

4）吊顶内填充吸声材料的品种和铺设厚度应符合设计要求，并应有防散落措施。

检验方法：检查隐蔽工程验收记录和施工记录。

5）暗龙骨吊顶工程安装允许偏差和检验方法见表2-6。

暗龙骨吊顶工程安装允许偏差和检验方法 表2-6

项次	项目	允许偏差（mm）				检验方法
		纸面石膏板	金属板	矿棉板	木板、塑料板、格栅	
1	表面平整度	3	2	2	2	用2m靠尺和塞尺检查
2	接缝直线度	3	1.5	3	3	拉5m线，不足5m拉通线，用钢直尺检查
3	接缝高低度	1	1	1.5	1	用钢直尺和塞尺检查

（四）成品保护

1）骨架、饰面板及其他材料进场后，应存入库房内码放整齐，上面不得放置重物。露天存放必须进行遮盖，保证各种材料不受潮、不霉变、不变形。

2）骨架及饰面板安装时，应注意保护顶棚内的各种管线及设备。吊杆、龙骨及饰面板不准固定在其他设备及管道上。

3）吊顶施工时，对已施工完毕的地、墙面和门、窗、窗台等必须进行保护，防止污染、损坏。

4）不上人吊顶的骨架安装好后，不得上人踩踏。其他吊挂件或重物严禁安装在吊顶骨架上。

5）安装饰面板时，作业人员宜戴干净的线手套，以防污染，并拉5m线检查。

（五）应注意的质量问题

1）严格按弹好的水平和位置控制线安装周边骨架，受力节点应按要求用专用件组装连接牢固，保证骨架的整体刚度。各龙骨的规格、尺寸应符合设计要求，纵横方向起拱均匀，互相适应，用吊杆螺栓调整骨架的起拱度，金属龙骨严禁有硬弯，以确保吊顶骨架安装牢固、平整。

2）施工前应准确弹出吊顶水平控制线，龙骨安装完后应拉通线调整高低，使整个底面平整，中间起拱度符合要求，龙骨接长时应采用专用件对接，相邻龙骨的接头要错开，龙骨不得向一边倾斜，吊件安装必须牢固，各吊杆的受力应一致，不得有松弛、弯曲、歪斜现象。龙骨分档尺寸必须符合设计要求和饰面板块的模数。安装纸面石膏板的螺钉时，不得出现松紧不一致的现象，纸面石膏板安装前应调平、规方，龙骨安装完应经检验合格后再安装纸面石膏板，以确保吊顶面层的平整度。

3）纸面石膏板安装前应逐块进行检验，边角必须规整，尺寸应一致，安装时应拉纵横通线控制板边，安装压条应按线进行钉装，以保证接缝均匀一致、平顺光滑，线条整齐、密合。

4）轻钢龙骨预留的各种孔、洞（灯具口、通风口等）处，其构造应按规范、图集要求设置龙骨及连接件。避免孔、洞周围出现变形和裂缝。

5）吊杆、龙骨应固定在主体结构上，不得吊挂在顶棚内的各种管线、设备上，吊杆螺母调整好标高后必须固定拧紧；轻钢龙骨之间的连接必须牢固可靠，以免造成龙骨变形使顶板不平、开裂。

6）纸面石膏板在下料切割时，应控制好切割角度，切口的毛茬、崩边应修整平直。避免出现接缝明显、接口露白茬、接缝不平直等问题。

7）各专业工种应与装饰工种密切配合施工，施工前先确定方案，按合理工序施工；各孔、洞应先放好线后再开洞，以保证位置准确、吊顶与设备衔接吻合、严密。

（六）质量记录

参见各地具体要求，例如四川省装饰工程参见四川省《建筑工程施工质量验收规范实施指南》表SG—T061。

（七）安全环保措施

1. 安全操作要求

1）施工中使用的电动工具及电气设备，均应符合国家现行标准《施工现场临时用电安全技术规范》JGJ 46—2005的规定。

2）施工中使用的各种架子搭设应符合安全规定，并经安全部门检查合格。铺板不得有探头板和飞挑板。采用高凳上铺脚手板时，宽度不得少于两块脚手板（宽500mm），间距不得大于2m，移动高凳时上面不得站人，作业人员最多不得超过2人。高度超过1m时，应由架子工搭设脚手架。

3）在高处作业时，上面的材料码放必须平稳可靠，工具不得乱放，应放入工具袋内。工人进入施工现场应戴安全帽，2m以上作业必须系安全带并应穿防滑鞋。

4）电、气焊工应持证上岗并配备防护用具，使用电、气焊等明火作业时，应清除周围及焊渣溅落区的可燃物，并设专人监护。

2. 环保措施

1）施工用的各种材料应符合现行国家标准《民用建筑工程室内环境污染控制规范》的规定。工程所使用的胶合板、玻璃胶、防腐涂料、防火涂料应有正规的环保监测报告。

2）施工现场垃圾不得随意丢弃，必须做到活完脚下清。清扫时应洒水，不得扬尘。

3）施工空间应尽量封闭，以防止噪声污染、扰民。

4）废弃物应按环保要求分类堆放，并及时清运。

二、玻璃吊顶施工工艺

（一）施工准备

1. 技术准备

1）熟悉施工图纸及设计说明，对房间的净高、各种洞口标高和吊顶内的管道、设备的标高进行校核。发现问题及时向设计单位提出，并办理洽商变更手续，把各专业设备安装间的矛盾解决在施工之前。

2）根据设计图纸、吊顶高度和现场实际尺寸进行排板、排龙骨等深入设计，绘制大样图，办理委托加工。

3）根据施工图中吊顶标高要求和现场实际尺寸，对吊杆进行翻样并委托加工。

4）编制施工方案并经审批。

5）施工前先做样板间（段），经现场监理、建设单位检验合格并签认。

6）对操作人员进行安全技术交底。

2. 材料要求

各种材料应符合国家现行标准的有关规定。应有出厂质量合格证、性能及环保检测报告等质量证明文件。

1）轻钢龙骨：U形主龙骨和配套副龙骨等。其质量应符合现行国家标准《建筑用轻钢龙骨》的规定。龙骨按荷载分为上人与不上人两种，施工时应按设计要求选用。

2）木龙骨：木材骨架料应是烘干、无扭曲的红、白松等树种，含水率不大于12%，使用前应进行防火处理。木龙骨规格应符合设计要求，如设计无明确规定时，主龙骨规格一般为50mm×70mm，次龙骨规格一般为50mm×50mm。

3）饰面板：轻钢龙骨胶合板基层玻璃吊顶通常采用钢化镀膜玻璃或3+3厚镜面（装饰）夹胶玻璃，规格由设计确定。基层胶合板按设计要求选用，通常为7mm厚，材料的品种、规格、质量应符合设计要求。木龙骨玻璃吊顶通常采用微晶玻璃、幻影玻璃、镭射玻璃、彩色有机玻璃等。

4）辅材：主、次龙骨吊挂件、连接件、插接件，吊杆、膨胀螺栓、ϕ8mm螺栓、收边收口条、插挂件、自攻螺钉、角码、固定玻璃板的半圆头（带胶垫）不锈钢螺钉等，质量应符合要求。

5）其他材料：胶粘剂、防火剂、防腐剂等。胶粘剂一般按主材的性能选用玻璃胶，并应作相容性试验，质量符合要求后方可使用。防火涂料一般按建筑物的防火等级选用。胶粘剂、防火剂、防腐剂应有环保检测报告。

3. 主要机具

1）机具：电锯、电刨、无齿锯、手枪钻、冲击电锤、电焊机、角磨机等。

2）工具：拉铆枪、射钉枪、手锯、手刨、钳子、扳手、螺钉旋具、平刨、槽刨、线刨、斧、锤等。

3）计量检测用具：水准仪、靠尺、钢尺、水平尺、方尺、塞尺、线坠等。

4）安全防护用品：安全帽、安全带、电焊面罩、电焊手套等。

4. 作业条件

1）施工前应按设计要求对房间的层高、门窗洞口尺寸和吊顶内的管道、设备及其支架的标高进行测量检查，并办理交接件记录。

2）各种材料配套齐全，已进场，并已进行了检验或复验。

3）室内墙面施工作业已基本完成，只剩最后一道涂料，地面湿作业已完成，并经检验合格。

4）吊顶内的管道和设备安装已调试完成，并经检验合格，办理完交接手续。

5）木龙骨已作防火处理，与结构直接接触部分已作好防腐处理。

6）室内环境应干燥，湿度不大于60%，通风良好。吊顶内四周墙面的各种孔洞已封堵处理完毕。抹灰已干燥。

7）施工所需的脚手架已搭设好，并经检验合格。

8）施工现场所需的临时用水、电、各种机具准备就绪。

（二）施工工艺

1. 轻钢龙骨胶合板基层镜面玻璃、钢化镀膜玻璃吊顶

（1）工艺流程

弹线、定位→吊杆安装→主龙骨安装→次龙骨安装→补刷防锈漆→基层板安装→面层玻璃→收口收边

（2）操作工艺

1）弹线、定位：依据室内标高控制线，在房间内四周墙（柱）上，标出设计吊顶标高控制点（墙体较长时，中间宜增加控制点，其间距宜为3~5m），然后沿四周墙壁弹出吊顶水平标高控制线，线应位置准确、均匀清晰。按吊顶龙骨排列图，在顶板上弹出主龙骨的位置线和嵌入式设备外形尺寸线。主龙骨间距一般为900~1000mm均匀布置，排列时应尽量避开嵌入式设备，并在主龙骨的位置线上用十字线标出固定吊杆的位置。吊杆间距应为900~1000mm，距主龙骨端头应不大于300mm，均匀布置。若遇较大设备或通风管道，吊杆间距大于1600mm时，宜采用型钢扁担来满足吊杆间距。

2）吊杆安装：通常用冷拔钢筋或盘圆钢筋做吊杆，使用盘圆钢筋时，应用机械先将其拉直，然后按吊顶所需的吊杆长度下料。断好的钢筋一端焊接L30×30×3角码（角码另一边打孔，其孔径按固定吊杆的膨胀螺栓直径确定），另一端套出长度大于100mm的螺纹（也可采用全丝螺杆做吊杆）。

不上人吊顶，吊杆长度小于1000mm时，直径宜不小于6mm；吊杆长度大于1000mm时，直径宜不小于8mm。上人的吊顶，吊杆长度小于1000mm时，直径应不小于8mm；吊杆长度大于1000mm时，直径应不小于10mm。吊型钢扁担的吊杆，当扁担承担6根以上吊杆时，直径应适当增加。当吊杆长度大于1500mm时，还必须设置反向支撑杆。制作好的金属吊杆应作防腐处理。

吊杆用冲击电锤打孔后，用膨胀螺栓固定到楼板上。吊杆应通直并有足够的承载力。金属预埋杆件需要接长时，宜采用搭接焊并连接牢固。主龙骨端部的吊杆应使主龙骨悬挑不大于300mm，否则应增加吊杆。

吊顶灯具、风口及检修口和其他设备，应设独立吊杆安装，不得固定在龙骨吊杆上。

3）主龙骨安装：主龙骨通常分不上人U38和上人U50两种，安装时应采用

专用吊挂件和吊杆连接，吊杆中心应在主龙骨中心线上。主龙骨安装间距一般为900 ~1000mm，一般宜平行房间长向布置。主龙骨端部悬挑应不大于300mm，否则应增加吊杆。主龙骨接长时应采取专用连接件，每段主龙骨的吊挂点不得少于6处，相邻两根主龙骨的接头要相互错开，不得放在同一吊杆档内。

吊顶跨度大于15m时，应在主龙骨上每隔15m垂直主龙骨加装一道大龙骨，连接牢固。

有较大造型的顶棚，造型部分应形成自己的框架，用吊杆直接与顶板进行吊挂连接。

重型灯具、吊扇及其他专业设备严禁直接安装在吊顶龙骨上。

主龙骨安装完成后，应对其进行一次调平，并注意调好起拱度。

4）次龙骨安装：应按设计规定选择次龙骨，设计无要求时，不上人吊顶次龙骨与主龙骨应配套。次龙骨用专用连接件与主龙骨固定。

次龙骨必须对接，不得有搭接。次龙骨间距应根据设计要求或面板规格确定，一般次龙骨中心距不大于600mm。次龙骨的靠墙一端应放在边龙骨的翼缘上。次龙骨须接长时，应使用专用连接件进行连接固定。

每段次龙骨与主龙骨的固定点不得少于6处，相邻两根次龙骨的接头要相互错开，不得放在两根主龙骨的同一档内。

各种洞口周围，应设附加龙骨，附加龙骨用拉铆钉连接固定到主、次龙骨上。

5）剪刀撑安装：应按设计规定选用剪刀撑，设计无要求时，上人吊顶龙骨、不上人吊顶龙骨应配套选用。间距按设计要求或面板规格确定，通常剪刀撑中心间距不大于600mm。

剪刀撑应使用专用挂件固定到次龙骨上，固定应牢固可靠。

剪刀撑安装完后，应拉通线进行一次整体调整，使各龙骨间距均匀、平整一致，并按设计要求调好起拱度，设计无要求时一般起拱度为房间跨度的3% ~5%。

补刷防锈漆：龙骨安装完成后，所有焊接处和防锈层破坏的部位，应补刷防锈漆进行防腐。

6）基层板安装：轻钢龙骨安装完成并经验收合格后，按基层板的规格、拼缝间隙弹出分块线，然后从顶棚中间沿次龙骨的安装方向先装一行基层板，作为基准，再向两侧展开安装。

基层板应按设计要求选用，设计无要求时，宜选用7mm厚胶合板。基层板按设计要求的品种、规格和固定方式进行安装。采用胶合板时，应在胶合板朝向吊顶内侧面涂满防火涂料，用自攻螺钉与龙骨固定，自攻螺钉中心距不大于650mm。

7）面层玻璃安装：面层玻璃应按设计要求的规格和型号选用。一般选用3 +3厚镜面夹胶玻璃或钢化镀膜玻璃。

先按玻璃板的规格在基层板上弹出分块线，线必须准确无误，不得歪斜、错位。

先用玻璃胶或双面玻璃胶纸将玻璃临时粘贴，再用半圆头不锈钢装饰螺钉在玻璃四周固定。螺钉的间距、数量由设计确定，但每块玻璃上不得少于4个螺钉。玻璃上的螺钉孔应委托厂家加工，孔距玻璃边缘应大于60mm，以防玻璃破裂。玻璃安装应逐块进行，不锈钢螺钉应对角安装。

收口、收边：吊顶与四周墙（柱）面的交接部位和各种孔洞的边缘，应按设计要求或采用与饰面材质相适应的收边条、收口条或阴角线进行收边。收边用石膏线时，必须在四周墙（柱）上预埋木砖，再用螺钉固定，固定螺钉间距宜不大于600mm。其他轻质收边、收口条，可用胶粘贴，但应保证安装牢固可靠、平整顺直。

2. 木龙骨玻璃吊顶

(1) 工艺流程

放线→吊杆安装→主龙骨安装→次龙骨安装→防腐、防火处理→玻璃安装→收边收口处理。

该工艺流程适用于不上人吊顶。用于上人吊顶或吊顶内有其他较重设备时，龙骨截面及布置应进行结构计算，并绘制详细施工图。

(2) 操作工艺

1）放线：依据室内标高控制线，在房间内四周墙（柱）上，标出设计吊顶标高控制点（墙体较长时，中间宜增加控制点，其间距宜为3~5m），然后沿四周墙壁弹出吊顶水平标高控制线，线应位置准确、均匀清晰。按吊顶龙骨排列图，在顶板上弹出主龙骨的位置线和嵌入式设备外形尺寸线。主龙骨间距一般为900~1000mm均匀布置，排列时应尽量避开嵌入式设备，并在主龙骨的位置线上用十字线标出固定吊杆的位置。吊杆间距应为900~1000mm，距主龙骨端头应不大于300mm，均匀布置。若遇较大设备或通风管道，吊杆间距大于1600mm时，宜采用型钢扁担来满足吊杆间距。

2）吊杆安装：利用预留钢筋吊环或打孔安装膨胀螺栓固定吊杆，吊杆中心距900~1000mm，吊杆的规格、材质、布置应符合设计要求，设计无要求时，宜采用大于40mm×40mm的红松、白松方木，先用膨胀螺栓将方木固定在楼板上，再用100mm长铁钉将木吊杆固定在方木上，每个木吊杆上不少于两颗钉子，并错位钉牢。吊杆要逐根错开，不得钉在方木的同一侧面上或用ϕ8mm钢筋吊杆。

吊杆用冲击电锤打孔后，用膨胀螺栓固定到楼板上。吊杆应通直并有足够的承载力。金属预埋杆件需要接长时，宜采用搭接焊并连接牢固。主龙骨端部的吊杆应使主龙骨悬挑不大于300mm，否则应增加吊杆。

吊顶灯具、风口及检修口和其他设备，应设独立吊杆安装，不得固定在龙骨吊杆上。

3）主龙骨安装：木质主龙骨的材质、规格、布置应按设计要求确定。设计无要求时，主龙骨宜采用50mm ×70mm的红松、白松，中心距900 ~1000mm。主龙骨与木质吊杆的连接采用侧面钉固法时，相邻两吊杆不得钉在主龙骨的同一侧，应相互错开。木质龙骨采用金属吊杆时，先将木龙骨钻孔，并将龙骨下表面孔扩大，能够将螺母埋入，再将吊杆穿入木龙骨锁紧，并使螺母埋入木龙骨与下表面平。

4）次龙骨安装：木质次龙骨的材质、规格、布置应按设计要求确定。设计无要求时，次龙骨宜采用50mm ×50mm的红松、白松，正面刨光，中心距按饰面玻璃规格确定，一般不大于600mm。木质主、次龙骨间宜采用小吊杆连接，小吊杆钉在龙骨侧面时，相邻吊杆不得钉在龙骨的同一侧，应相互错开。也可采用16号镀锌低碳钢丝绑扎固定。

5）防腐、防火处理：木质吊杆、龙骨安装完成形成骨架后，应进行全面检查，对防火、防腐层遭到破坏处应进行修补。

6）面层玻璃安装：应按设计要求的规格和型号选用玻璃。设计无要求时，通常采用8 ~15mm厚的微晶玻璃、镭射玻璃、幻影玻璃、彩色有机玻璃等。用胶粘贴后，用木压条或半圆头不锈钢装饰玻璃螺钉直接固定在木龙骨上。

7）钉（粘）装饰条：应按设计要求的材质、规格、型号、花色选用装饰条。装饰条安装时，宜采用钉固或胶粘。

3. 季节性施工

1）雨期各种吊顶材料的运输、搬运、存放，均应采取防雨、防潮措施，以防止发生霉变、生锈、变形等现象。

2）冬期玻璃吊顶施工前，应完成外门窗安装工程。否则应对门、窗洞口进行临时封挡保温。

3）冬期玻璃安装施工时，宜在有采暖条件的房间进行施工，室内作业环境温度应在0℃以上。打胶作业的环境温度不得低于5℃。玻璃从过冷或过热的环境中运入操作地点后，应待玻璃温度与操作场所温度相近后再行安装。

4）夏季打胶作业的环境温度不得高于35℃。

（三）质量标准

1. 主控项目

1）吊顶标高、尺寸、起拱和造型应符合设计要求。

检验方法：观察、尺量检查。

2）饰面材料的材质、品种、规格、图案和颜色应符合设计要求。

检验方法：观察、检查产品合格证书、性能检测报告、进场验收记录和复验报告。

3）吊杆、龙骨和饰面材料的安装必须牢固。

检验方法：观察、手扳检查，检查隐蔽工程验收记录和施工记录。

4）吊杆、龙骨的材质、规格、安装间距及连接方式应符合设计要求。金属吊杆、龙骨应经过表面防腐或防锈处理，木吊杆、龙骨应进行防腐、防火处理。

检验方法：观察、尺量检查，检查产品合格证书、性能检测报告、进场验收记录和隐蔽工程验收记录。

5）石膏板的接缝应按其施工工艺标准进行板缝防裂处理。安装双层石膏板时，面层板与基层板的接缝应错开，并不得在同一根龙骨上接缝。

检验方法：观察。

2. 一般项目

1）饰面材料表面应洁净、色泽一致，不得有翘曲、裂缝及缺损。压条应平直、宽窄一致。

检验方法：观察、尺量检查。

2）饰面板上的灯具、烟感器、喷淋头、风口箅子等设备的位置应合理、美观，与饰面板的交接应吻合、严密。

检验方法：观察。

3）金属吊杆、龙骨的接缝应均匀一致，角缝应吻合，表面应平整，无翘曲、锤印。木质吊杆、龙骨应顺直，无劈裂、变形。

检验方法：检查隐蔽工程验收记录和施工记录。

4）吊顶内填充吸声材料的品种和铺设厚度应符合设计要求，并应有防散落措施。

检验方法：检查隐蔽工程验收记录和施工记录。

5）玻璃板吊顶工程安装的允许偏差和检查方法见表2－7。

玻璃板吊顶工程安装的允许偏差和检验方法　　表2－7

项次	种类	项目	允许偏差（mm）	检验方法
1	龙骨	龙骨间距	6	尺量检查
		龙骨平直	6	用6m靠尺检查
2	玻璃板	表面平整	6	用6m靠尺检查
		接缝平直	3	拉5m线检查
		接缝高低	1	用直尺或楔形塞尺检查
		吊顶四周水平	6	拉线或用水平仪检查

（四）成品保护

1）龙骨、基层板、玻璃板等材料入场后，应存入库房码放整齐，上面不得压重物。露天存放必须进行覆盖，保证各种材料不受潮、不霉变、不变形。玻璃存放处应有醒目标志，并注意作好保护。

2）龙骨及玻璃板安装时，应注意保护顶棚内各种管线及设备。吊杆、龙骨及饰面板不准固定在其他设备及管道上。

3）吊顶施工时，对已施工完毕的地、墙面和门、窗、窗台等应进行保护，防止污染、损坏。

4）不上人吊顶的骨架安装好后，不得上人踩踏。其他吊挂件或重物严禁安装在吊顶骨架上。

5）安装玻璃板时，作业人员宜戴干净线手套，以防污染板面，并保护手臂不被划伤。

6）玻璃饰面板安装完成后，应在吊顶玻璃上粘贴提示标签，防止损坏。

（五）应注意的质量问题

1）主龙骨安装完后应认真进行一次调平，调平后各吊杆的受力应一致，不得有松弛、弯曲、歪斜现象。并拉通线检查主龙骨的标高是否符合设计要求，平整度是否符合规范、标准的规定。避免出现大面积的吊顶不平整现象。

2）各种预留孔、洞处的构造应符合设计要求，节点应合理，以保证骨架的强度、整体刚度和稳定性。

3）顶棚的骨架应固定在主体结构上，骨架整体调平后吊杆的螺母应拧紧。顶棚内的各种管线、设备件不得安装在骨架上。避免造成骨架变形、固定不牢现象。

4）饰面玻璃板应保证加工精度，尺寸偏差应控制在允许范围内。安装时应注意板块规格，并挂通线控制板块位置，固定时应确保四边对直，避免造成饰面玻璃板之间的隙缝不顺直、不均匀现象。

（六）质量记录

具体见各地规定，如四川省装修工程参见四川省参见《建筑工程施工质量验收规范实施指南》表 SG—T061。

（七）安全环保措施

1. 安全操作要求

1）施工中使用的电动工具及电气设备，均应符合国家现行标准《施工现场临时用电安全技术规范》的规定。

2）施工中使用的各种架子搭设应符合安全规定，并经安全部门检查合格。铺板不得有探头板和飞挑板。采用高凳上铺脚手板时，宽度不得少于两块脚手板（宽 500mm），间距不得大于 2m，移动高凳时上面不得站人，作业人员最多不得超过两人。高度超过 1m 时，应由架子工搭设脚手架。

3）在高处作业时，上面的材料码放必须平稳可靠，工具不得乱放，应放入工具袋内。工人进入施工现场应戴安全帽，2m以上作业必须系安全带并应穿防滑鞋。

4）电、气焊工应持证上岗并配备防护用具，使用电、气焊等明火作业时，应清除周围及焊渣溅落区的可燃物，并设专人监护。

2. 环保措施

1）施工用的各种材料应符合现行国家标准《民用建筑工程室内环境污染控制规范》的规定。工程所使用胶合板、玻璃胶、防腐涂料、防火涂料应有正规的环保监测报告。

2）施工现场垃圾不得随意丢弃，必须做到活完脚下清。清扫时应洒水，不得扬尘。

3）施工空间应尽量封闭，以防止噪声污染、扰民。

4）废弃物应按环保要求分类堆放，并及时清运。

三、集成吊顶施工工艺

（一）施工准备

1. 材料

各种材料应符合设计要求和国家现行标准的有关质量规定。应有出厂质量合格证、性能及环保检测报告等质量证明文件。人造板材应有甲醛含量检测（或复试）报告，并应符合现行国家标准《室内装饰装修材料人造板及其制品中甲醛释放限量》的规定。

1）龙骨：可选用轻钢龙骨或型钢。轻钢主、次龙骨的规格、型号、材质及厚度应符合设计要求和国家现行标准的有关规定；应配有专用吊挂件、连接件、插接件等附件。型钢主、次龙骨的规格、型号、材质及厚度应符合设计要求和现行国家标准《建筑用轻钢龙骨》的有关规定。

2）饰面板：饰面板按形状分为条板、方板两种；按材质分为铝合金板、铝塑板、不锈钢板及金属合金板等多种；具体材质、规格、形状按设计要求选用。基板一般用胶合板或细木工板。

3）附材、配件：吊杆、膨胀螺栓、角码、自攻螺钉、清洗剂、胶粘剂、嵌缝胶等应符合设计要求；金属件须进行防腐处理；清洗剂、胶粘剂、嵌缝胶应符合环保要求，并进行相容性试验。

2. 机具设备

1）机具：型材切割机、电锯、无齿锯、手枪钻、冲击电锤、电焊机、角磨机等。

2）工具：拉铆枪、射钉枪、手锯、钳子、扳手、螺钉旋具等。

3）计量检测用具：钢尺、水平尺、水准仪、靠尺、塞尺、线坠等。

4）安全防护用品：安全帽、安全带、电焊帽、电焊手套、线手套等。

3. 作业条件

1）各种材料配套齐全，已进场，并进行了检验或复试，填写好检验记录。

2）室内墙面装饰施工作业已完成或只剩最后一道涂料，地面湿作业完成，并经检验合格。

3）饰面板安装前，吊顶内的管道和设备安装、调试完成，并经检验合格办理完交接手续。

4）室内环境必须干燥，湿度不大于60%，通风良好。吊顶内四周墙面的各种孔洞已封堵处理完毕，抹灰已干燥。

5）施工所需的脚手架已经搭设完毕，高度合适，并经检验合格。

4. 技术准备

1）施工前应熟悉施工图纸及设计说明，根据现场施工条件进行必要的测量工作，对房间的净高、各种洞口标高和吊顶内的管道、设备的标高进行校核。发现问题及时向设计提出，并办理洽商变更手续，确保与专业设备安装间的矛盾解决在施工前。

2）编制施工方案并经审批。

3）根据设计图纸、吊顶标高和现场实际进行排板、排龙骨等深化设计，绘制大样图，并翻大样，办理委托加工。

4）根据设计要求的吊顶标高和现场实际尺寸，对吊杆进行翻样并委托加工。

5）施工前先做样板间（段），并经监理、建设单位检验合格并签认。

6）对操作人员进行安全技术交底。

（二）操作工艺

1. 工艺流程

测量放线→固定吊杆→安装主龙骨→安装次龙骨、撑挡龙骨→安装饰面板→安装压条、收口条→清理

2. 操作工艺

（1）放线

1）放吊顶标高及龙骨位置线：依据室内标高控制线（点），用尺或水准仪找出吊顶设计标高位置，在四周墙上弹一道墨线，作为吊顶标高控制线。弹线应清晰，位置应准确。再按吊顶排板图或平面大样图，在楼板上弹出主龙骨的位置线。主龙骨宜从吊顶中心开始，向两边均匀布置（应尽量避开嵌入式设备），最大间距应根据设计要求和饰面板的规格确定，一般应不大于1000mm。然后，在主龙骨位置线上用小“十”字线标出吊杆的固定位置，一般吊杆间距为900～1000mm，距主龙骨的

端头应不大于300mm，均匀布置。若遇较大设备或管道，吊杆间距大于1200mm时，宜采用型钢扁担来满足吊杆间距。

2）放设备位置线：按施工图上的位置和设备的实际尺寸、安装形式，将吊顶上的所有大型设备、灯具、电扇等的外形尺寸和吊具、吊杆的安装位置，用墨线弹于顶板上。

（2）固定吊杆

通常用冷拔钢筋或盘圆钢筋做吊杆，使用盘圆钢筋时，应用机械先将其拉直，然后按吊顶所需的吊杆长度下料。断好的钢筋一端焊接L30×30×3角码（角码另一边打孔，其孔径按固定吊杆的膨胀螺栓直径确定），另一端套出长度不小于100mm的螺纹（也可用全丝螺杆做吊杆）。吊杆长度小于1000mm时，直径宜不小于6mm；吊杆长度大于1000mm时，直径宜不小于8mm。吊装型钢扁担的吊杆，当扁担上有2根以上吊杆时，直径应适当增加1~2级。当吊杆长度大于1500mm时，还应设置反向支撑杆。制作好的金属吊杆应作防腐处理，吊杆用金属膨胀螺栓固定到楼板上。吊杆应通直并有足够的承载力。在预埋件上安装金属吊杆和吊杆接长时，宜采用焊接并连接牢固。吊顶上的灯具、风口及检修口和其他设备，应设独立吊杆安装，不得固定在龙骨吊杆上。吊杆、角码等金属件和焊接处应作防腐处理。

（3）安装主龙骨

主龙骨按设计要求选用。通常用UC38或UC50轻钢龙骨，也可用型钢或其他金属方管做主龙骨。龙骨安装时采用专用吊挂件与吊杆连接，吊杆中心应在主龙骨中心线上。主龙骨的间距一般为900~1000mm。主龙骨端部悬挑应不大于300mm，否则应增加吊杆。主龙骨接长时应采取专用连接件，每段主龙骨的吊挂点不得少于2处，相邻两根主龙骨的接头要相互错开，不得放在同一吊杆档内。采用型钢或其他金属方管做主龙骨时，通常与吊杆用螺栓连接或焊接。主龙骨安装完成后，应拉通线对其进行一次调平，并调整至各吊杆受力均匀。

（4）安装次龙骨

次龙骨按设计要求选用。通常选用与主龙骨配套的U形或T形龙骨，用专用连接件与主龙骨固定。次龙骨间距按设计要求确定，一般不大于600mm。次龙骨须接长时，必须对接，不得有搭接，并应使用专用连接件连接固定。每段次龙骨与主龙骨的固定点不得少于2处，相邻两根次龙骨的接头要相互错开，不得放在两根主龙骨的同一档内。次龙骨安装完后，还应安装撑挡龙骨，通常撑挡龙骨间距不大于1000mm，最后调整次龙骨，使其间距均匀、平整一致。各种洞口周围，应设附加龙骨，附加龙骨用拉铆钉连接固定到主、次龙骨上。次龙骨装完后，应拉通线进行整体调平、调直，并注意调好起拱度。起拱高度按设计要求确定，一般为房间跨度的3%~5%。

(5) 饰面板安装

1) 有基层板的金属饰面板安装：根据设计要求确定基层板和饰面板的材质、规格、颜色，通常基层板选用胶合板或细木工板。粘贴、安装施工过程，必须拉通线，从房间一端开始，按一个方向依次进行。并边粘贴、安装，边将板面调平，板缝调匀、调直。

① 在暗龙骨上安装：次龙骨调平、调直后，用自攻螺钉将基层板固定到龙骨上，然后用胶粘剂将金属饰面板粘贴到基层板上。粘贴时应采取临时固定措施，涂胶应均匀，厚薄一致，不得漏刷，并及时擦去挤出的胶液。金属饰面板块之间，应根据设计要求留出适当的缝隙，待粘贴牢固后，用嵌缝胶嵌缝。

② 在明龙骨上安装：先在加工厂将基层板按金属饰面板的规格和设计要求尺寸裁好，然后把金属饰面板粘贴到基层板上，加工成需要的饰面板块。现场安装时，根据吊顶施工大样图，将加工好的饰面板置于T形龙骨的翼缘上，应放置平稳、固定牢固。

2) 无基层板的金属饰面板安装：按设计要求确定饰面板的材质、规格、颜色及安装方式。安装方式有钉固法和卡挂法两种。

① 钉固法安装（适用于矩形金属饰面板安装）：通常金属饰面板均较薄，易发生变形，因此板块四周应按设计要求扣边，一般扣边尺寸应不小于10mm；板块边长大于600mm时，板背面应加肋。安装前应在工厂按设计尺寸将板块加工好，然后运抵现场安装。安装时，先在地上将角码用拉铆钉固定在板块的扣边上，角码的材质应与饰面板相适应，固定位置、间距按设计要求确定，一般应不大于600mm且每边不少于两个角码。相对两边角码的位置应相互错开，避免安装时相临两块板的角码打架。然后用自攻螺钉通过角码将板块固定到龙骨上。板与板之间应按设计要求留缝，通常为8～15mm，以便拆装板块。安装过程中必须双方向拉通线，从房间一端开始，按一个方向依次进行，并边安装，边将板面调平，板缝调匀、调直。最后在缝隙中塞入胶棒，用嵌缝胶进行嵌缝。

② 卡挂法安装（适用于条形金属饰面板安装）：通常金属饰面板与龙骨由厂家配套供应，饰面板已经扣好边，可以直接卡挂安装。安装应在龙骨调平、调直后进行。安装时，将条板双手托起，把条板的一边卡入龙骨的卡槽内，再顺势将另一边压入龙骨的卡槽内。条板卡入龙骨的卡槽后，应选用与条板配套的插板与邻板调平，插板插入板缝应固定牢固。通常条板应与龙骨垂直，走向应符合设计要求，吊顶大面应避免出现条板的接头，一般将接头布置在吊顶的不明显处。施工时应从房间一端开始，按一个方向依次进行，并拉通线进行调整，将板面调平，板边和接缝调匀、调直，以确保板边和接缝严密、顺直，板面平整。

(6) 收口安装压条

吊顶的金属饰面板与四周墙、柱面的交界部位及各种预留孔洞的周边，应按设计要求收口，所用材料的材质、规格、形状、颜色应符合设计要求，一般用与饰面板材质相适应的收口条、阴角线进行收口。墙、柱边用石膏线收口时，应在墙、柱上预埋木砖，再用螺钉固定石膏线，螺钉间距宜小于600mm。其他轻质收口条，可用胶粘剂粘贴或卡挂，但必须保证安装牢固可靠、平整顺直。

(7) 清理

在整个施工过程中，应保护好金属饰面板的保护膜。待交工前再撕去保护膜，用专用清洗剂擦洗金属饰面板表面，将板面清理干净。

3. 季节性施工

1) 雨期各种吊顶材料的运输、存放均应采取防雨、防潮措施，以防止发生霉变、生锈、变形等现象。

2) 冬期安装金属饰面板进行注胶作业时，作业环境温度应控制在10℃以上。

(三) 质量标准

1. 主控项目

1) 吊顶标高、尺寸、起拱和造型应符合设计要求。

检验方法：观察、尺量检查。

2) 饰面材料材质、品种、规格、图案和颜色应符合设计要求。

检验方法：观察，检查产品合格证书、性能检测报告、进场验收记录和复验报告。

3) 吊顶的吊杆、龙骨和饰面材料的安装必须牢固。饰面材料与龙骨的搭接宽度应大于龙骨受力面宽度的2/3。

检验方法：观察、手扳检查、尺量检查。

4) 吊杆、龙骨的材质、规格、安装间距及连接方式应符合设计要求。金属吊杆应经过表面防腐处理。

检验方法：观察、尺量检查，检查产品合格证书、性能检测报告、进场验收记录和隐蔽工程验收记录。

2. 一般项目

1) 饰面材料表面应洁净、色泽一致，不得有翘曲、裂缝及缺损。饰面板与明龙骨的搭接应平整、吻合，压条应平直、宽窄一致。

检验方法：观察、尺量检查。

2) 饰面上的灯具、烟感器、喷淋头、风口箅子等设备的位置应合理、美观，与饰面板的交接应吻合、严密。

检验方法：观察。

3) 龙骨的接缝应均匀一致，角缝应吻合，表面应平整，无翘曲、锤印。

检验方法：观察。

4）轻钢骨架金属饰面板顶棚安装的允许偏差和检验方法见表2－8。

轻钢骨架金属饰面板顶棚安装的允许偏差和检验方法　　表2－8

项　目	允许偏差（mm）	检验方法
表面平整度	2.0	用2m靠尺和塞尺检查
分格线平直度	1.0	用尺量检查
接缝平直度	2.0	拉5m线（不足5m拉通线），用钢尺和塞尺检查
接缝高低差	1.0	用钢尺和塞尺检查
收口线高低差		用水准仪或尺量检查

（四）成品保护

1）骨架、金属饰面板及其他材料进场后，应存入库房内码放整齐，上面不得放置重物。露天存放应进行遮盖，保证各种材料不发生变形、受潮、生锈、霉变、污染、脱色、掉漆等。

2）骨架及饰面板安装时，应注意保护顶棚内各种管线及设备。吊杆、龙骨及饰面板不准固定在其他设备及管道上。

3）吊顶施工时，对已施工完毕的地、墙面和门、窗、窗台等应采取可靠的保护措施，防止污染、损坏其他已做完的成品、半成品。

4）吊顶的骨架安装后，不得上人踩踏。其他设备的吊挂件或重物不得安装在吊顶骨架上。

5）安装饰面板时，作业人员宜戴干净线手套，以防污染板面或板边划伤手。

（五）应注意的质量问题

1）吊顶骨架的受力节点应按要求，用专用件组装连接牢固，保证骨架的整体刚度；各龙骨的规格、尺寸应符合设计要求，纵横方向起拱均匀，互相适应；金属龙骨不得有硬弯，否则应先调直后再进行安装，以确保吊顶骨架安装牢固、平整。

2）施工前应准确弹出吊顶水平控制线；龙骨安装完后应拉通线调整高低，使整个骨架底面平整，中间起拱度符合要求；龙骨接长时应采用专用件对接，相邻龙骨的接头要错开，龙骨不得向一边倾斜；吊件安装必须牢固，各吊杆的受力应一致，不得有松弛、弯曲、歪斜现象；龙骨分档尺寸应符合设计要求和饰面板块的模数。安装饰面板的螺钉时，松紧应一致；龙骨安装完应经检查合格后再安装饰面板，以确保吊顶面层的平整度。

3）饰面板安装前应逐块进行检查，并进行调平、规方，使边角规整、尺寸一致；安装时应拉纵横通线进行控制，收口压条应按控制线进行安装，以保证接缝均匀、顺直、整齐、密合。

4）轻钢骨架在预留的各种孔、洞（灯具口、通风口等）处，应按设计、规范、图集对局部节点的要求进行加固，一般设置附加龙骨及连接件，避免孔、洞周围出现变形和裂缝。

5）吊杆、骨架应固定在主体结构上，不得吊挂在其他管线、设备上；调整好龙骨标高后，必须将吊杆螺母拧紧；骨架之间的连接应牢固可靠，以免造成骨架变形使顶板不平、开裂。

6）饰面板、块在下料切割时，应控制好切割角度，安装前应将切口的毛边修整平直，避免出现接缝明显、接口露白茬、接缝不平直、错台等问题。

7）各专业工种应与装饰工种密切配合施工。施工前先确定方案，按合理工序施工，各孔、洞应先放好线后再开洞，以保证位置准确，吊顶与设备衔接吻合、严密。

（六）质量记录

1）各种材料的产品质量合格证、性能检测报告。人造板材的甲醛含量检测（或复试）报告。清洗剂、胶粘剂、嵌缝胶的环保检测和相容性试验报告。

2）各种材料的进场检验记录和进场报验记录。

3）吊顶骨架的安装隐检记录。

4）检验批质量验收记录。

5）分项工程质量验收记录。

6）安全、环保措施。

1. 安全操作要求

1）施工中使用的电动工具及电气设备，均应符合国家现行标准《施工现场临时用电安全技术规范》的规定。

2）脚手架搭设应符合现行地方标准（如北京市区）《北京市建筑工程施工安全操作规程》DBJ 01—62 的规定。脚手架上置物重量不得超过规定荷载，脚手板应固定，不得有探头板。

3）电、气焊等特殊工种作业人员应持证上岗。

4）大面积、通风条供不好的空间内施工，应增加通风设备。

5）脚手架搭设、活动脚手架固定均应符合建筑施工安全标准。

6）进入施工现场应戴安全帽，高空作业时应系安全带。电、气焊工应配备防护用具。

7）使用电、气焊等明火作业时，必须清除周围及焊渣溅落区的可燃物，并设专人监护。

2. 环保措施

1）施工用的各种材料应符合现行国家标准《民用建筑工程室内环境污染控制规范》的要求。

2）施工现场必须做到活完脚下清。清扫时应洒水，不得扬尘。

3）施工空间应尽量封闭，防止噪声污染、扰民。

4）废弃物应按环保要求分类堆放并及时消纳（如废饰面板、胶桶等）。

墙面装饰

墙面装饰的主要内容有内墙面涂料、木材面施涂聚酯着色清漆、木材面涂饰清色油漆、壁纸裱糊、软包施工。本项目具体介绍以上墙面装饰的施工工艺。

一、内墙面涂料施工工艺

（一）施工准备

1. 技术准备

1）施工前主要材料已经现场监理、建设单位验收并封样。

2）根据设计要求进行调色，确定色板并封样。

3）施工前应做样板，经设计、监理、建设单位及有关质量部门检验确定后，方可大面积施工。

4）对操作人员进行安全技术交底。

2. 材料准备

1）涂料：丙烯酸合成树脂乳液涂料、抗碱封闭底漆。其品种、颜色应符合设计要求，并应有产品合格证和检测报告。

2）辅料：成品腻子、石膏、界面剂应有产品合格证。厨房、厕所、浴室必须使用耐水腻子。

3. 主要机具、设备

1）机械：空气压缩机、高压无空气喷涂机（含配套设备）、喷斗、喷枪、高压胶管、手持式电动搅拌器等。

2）工具：开刀、小铁锹、腻子槽、橡皮刮板、钢片刮板、腻子托板、扫帚、小油桶、大桶、排笔、棕刷、毛绒棍、砂纸、擦布、棉丝、铜丝筛等。

3）计量检测用具：量筒、钢尺、靠尺、线坠、含水率检测仪等。

4）安全防护用品：工作帽、护目镜、口罩、乳胶手套、呼吸保护器等。

4. 作业条件

1）各种孔洞修补及抹灰作业全部完成，验收合格。

2）门、窗玻璃安装、管道设备试压及防水工程完毕并验收合格。

3）基层应干燥，含水率不大于10%。

4）施工环境清洁、通风、无尘埃，作业面环境温度应在5 ~35℃。

（二）施工工艺

1. 工艺流程

基层处理→刷底漆→刮腻子→施涂涂料。

2. 操作工艺

（1）基层处理

将墙面基层上起皮、松动及鼓包等清除凿平，并将残留在基层表面上的灰尘、污垢和砂浆流痕等杂物清扫干净。基体或基层的缺棱掉角处用1∶3水泥砂浆（或聚合物水泥砂浆）修补；表面麻面及缝隙应用腻子填补平。干燥后用100号砂纸打磨平整，并将浮尘等扫净。

对于泛碱、析盐的基层应先用3%的草酸溶液清洗，然后用清水冲刷干净或在基层上满刷一遍耐碱底漆。

（2）刷底漆

新建筑物的混凝土或抹灰基层在涂饰前应涂刷抗碱封闭底漆，改造工程在涂饰前应清除疏松的旧装饰层，并涂刷界面剂。

（3）刮腻子

刮腻子遍数可由墙面平整度决定，一般情况为三遍。第一遍用橡胶刮板横向满刮，一刮板接一刮板，接头不得留槎，每一刮板最后收头要干净利索。干燥后用100号砂纸打磨，将浮腻子及斑迹磨光，再将墙面清扫干净。第二遍仍用橡胶刮板纵向满刮，方法同第一遍。第三遍用橡胶刮板找补腻子或用钢片刮板满刮腻子，腻子应刮得尽量薄，将墙面刮平、刮光。干燥后用细砂纸磨平、磨光，不得遗漏或将腻子磨穿。处理后，应平整光滑、角线顺直。

（4）施涂涂料

1）涂刷方法：

刷涂法（一般三遍成活）：先将基层清扫干净，用布将墙面粉尘擦掉。涂料用排笔涂刷，使用新排笔时，应将排笔上的浮毛和不牢固的毛理掉。涂料使用前应搅拌均匀，适当加水或其他溶剂稀释，防止头遍漆刷不开。干燥后复补腻子，用砂纸磨光，清扫干净。

滚涂法（一般三遍成活）：将蘸取涂料的毛辊先按倒“W”方式运动，将涂料大致涂在基层上，然后用不蘸涂料的毛辊紧贴基层上下、左右来回滚动，使涂料在基层上均匀展开。最后用蘸取涂料的毛辊按一定方向满滚一遍，阴角及上、下口处则宜采用排笔刷涂找齐。

喷涂法：喷枪压力宜控制在0.4~0.8MPa范围内。喷涂时，喷枪与墙面应保持垂直，距离宜在500mm左右，匀速平行移动（400~600mm/min），重叠宽度宜控制在喷涂宽度的1/3。

2）涂饰第一遍涂料：涂刷顺序是先刷顶棚后刷墙面，墙面是先上后下，先左后右操作。采用刷、滚、喷三种方法之一涂饰。

3）涂饰第二遍涂料：操作方法同第一遍，使用前充分搅拌，如不很稠，不宜加水，以防透底。漆膜干燥后，用细砂纸将墙面小疙瘩和排笔毛打磨掉，磨光滑后清扫干净。

4）涂饰第三遍涂料：做法同第二遍。由于漆膜干燥较快，涂饰时应从一头开始，逐渐涂向另一头。涂饰要上下顺涂，互相衔接。刷涂时，后一排笔紧接前一排笔，大面积施工时应几人配合一次完成，避免出现干燥后再接槎。

3. 季节性施工

（1）冬期施工

水性涂料施工环境温度应不低于5℃。

（2）夏期施工

涂饰时相对湿度不宜大于60%，雨期尽量不安排涂饰作业，涂料成膜前要有防止雨水冲刷的有效措施，当气温高于35℃时，应有遮阳设施。

（三）质量标准

1. 主控项目

1）所用涂料的品种、型号和性能应符合设计要求。

检验方法：检查产品合格证书、性能检测报告和进场验收记录。

2）涂饰工程的颜色、图案应符合设计要求。

检验方法：观察。

3）涂饰工程应涂饰均匀、粘结牢固，不得漏涂、透底、起皮和掉粉。

检验方法：观察、手摸检查。

4）基层处理应符合现行国家标准《建筑装饰装修工程质量验收规范》第10.1.5条的规定。

检验方法：观察、手摸检查，检查施工记录。

2. 一般项目

1）涂层与其他装修材料和设备衔接处应吻合，界面应清晰。

检验方法：观察。

2）乳液涂料的涂饰质量和检验方法应符合表2-9的规定。

乳液涂料的涂饰质量和检验方法　　表2-9

项次	项目	普通涂饰	高级涂饰	检验方法
1	颜色	均匀一致	均匀一致	观察
2	泛碱、咬色	允许少量轻微	不允许	
3	流坠、疙瘩	允许少量轻微	不允许	
4	砂眼、刷痕	允许少量轻微砂眼，刷纹通顺	无砂眼，无刷痕	

续表

项次	项目	普通涂饰	高级涂饰	检验方法
5	装饰线、分色直线度允许偏差（mm）	2	1	拉5m线，不足5m拉通线，用钢直尺检查

（四）成品保护

1）涂刷前清理好周围环境，防止尘土飞扬，影响涂饰质量。

2）涂刷前，应对室内外门、窗、玻璃、水暖管线、电气开关盒、插座和灯座及其他设备不刷浆的部位、已完成的墙或地面面层等处采取可靠遮盖保护措施，防止造成污染。

3）为减少污染，应先将门、窗四周用排笔刷好后，再进行大面积施涂。

4）移动涂料桶等施工工具时，严禁在地面上拖拉。拆架子或移动高凳应注意保护好已涂刷的墙面。

5）漆膜干燥前，应防止尘土玷污和热气侵袭。

（五）应注意的质量问题

1）刷涂料时应注意不漏刷，并保持涂料的稠度，不可加水过多，防止因漆膜薄造成透底。

2）涂刷时应上下刷顺，后一排笔紧接前一排笔，不可使间隔时间拖长，大面积涂刷时，应配足人员，互相衔接，防止涂饰面接槎明显。

3）涂料稠度应适中，排笔蘸涂料量应适当，防止刷纹过大。

4）施工前应认真划好分色线，沿线粘贴美纹纸。涂刷时用力均匀，起落要轻，不能越线，避免涂饰面分色线不整齐。

5）涂刷带颜色的涂料时，保证独立面每遍用同一批涂料，一次用完，确保颜色一致。

6）涂刷前应做好基层清理，有油污处应清理干净，含水率不得大于10%，防止出现起皮、开裂等现象。

（六）质量记录

参见各地具体要求，如四川省参见四川省《建筑工程施工质量验收规范实施指南》表SG—T070。

（七）安全、环保措施

1. 安全措施

1）作业高度超过2m时，应按规定搭设脚手架，施工中使用的人字梯、条凳、架子等应符合规定要求，确保安全、方便操作。

2）施工现场应保持适当通风，狭窄隐蔽的工作面应安置通风设备。施工时，喷涂操作人员如感到头疼、心悸、恶心时，应立即停止作业，到户外呼吸新鲜空气。

3）夜间施工时，移动照明应采用36V的低压设备。

4）采用喷涂作业方法时，操作人员应配备口罩、护目镜、手套、呼吸保护器等防护设施。

5）现场应设置涂料库，做到干燥、通风。

6）喷涂时，如发现喷枪出漆不匀，严禁对着人检查。一般应在施工前用水代替进行检查，无问题后再正式喷涂。

2. 环保措施

1）涂料施工时尽可能采用涂刷方法，避免喷涂对周围环境造成污染。

2）室内乳液涂料有害物质含量，应符合现行国家标准《室内装饰装修材料内墙涂料中有害物质限量》GB 18582—2008 的规定。

3）用剩的涂料应及时入桶盖严。空容器、废棉纱、旧排笔等应集中处理、统一清运。

4）禁止在室内现场用有机溶液清洗施工用具。

二、木材面施涂聚酯着色清漆施工工艺

（一）施工准备

1. 技术准备

1）施工前主要材料已经现场监理、建设单位验收并封样。

2）根据设计要求进行调色，确定色板并封样。

3）施工前应做样板，经设计、监理、建设单位及有关质量部门检验确定后，方可大面积施工。

4）对操作人员进行安全技术交底。

2. 材料要求

1）涂料：封闭底漆、面漆、聚酯清漆等应符合设计和国家现行标准的要求，并应有出厂合格证、性能检测报告、有害物质含量检测报告和进场验收记录。

2）辅料：透明腻子、透明色腻子、固化剂、稀释剂、清洗剂、色精、色粉（如铁红、地板黄等）、砂蜡、光蜡等，产品应有出厂合格证、性能检测报告、有害物质含量检测报告和进场验收记录。

3. 主要机具

1）机械：喷枪、空气压缩机、打磨器、吸尘器等。

2）工具：油桶、搅拌棒、刮铲、牛角刮板、橡皮刮板、托板、小提桶、桶钩、铲刀、腻子刀或油灰刀、小刀片、120目和200目的过滤网、120～800号砂纸、弹

灰刷、排笔、板刷、修饰刷、长柄刷、画线刷、弯头刷、干净棉布、棉纱、打砂纸用木擦板、砂纸机或环行往复打磨器等。

3）计量检测用具：量筒、量杯、钢尺、电子秤或天平秤、温湿度计、含水率检测仪等。

4）安全防护用品：口罩、工作帽、防护手套、护目镜、呼吸保护器等。

4. 作业条件

1）抹灰、地面、木作工程已完，水暖、电气和设备已安装、调试完成，并验收合格。

2）施工时环境温度一般不低于10℃，相对湿度不大于60%。

3）木材的含水率不得大于12%。

4）施工环境清洁、通风、无尘埃；安装玻璃前，应有防风措施，遇大风天气不得施工。

（二）操作工艺

1. 工艺流程

基层处理→刷封闭底漆→打磨第一遍→擦色→喷第一遍底漆→打磨第二遍→轻磨第一遍→刷第二遍底漆→轻磨第二遍→喷第一遍面漆→打磨第三遍→喷第二遍面漆→擦砂蜡、上光蜡。

2. 操作方法

（1）基层处理

首先应仔细检查基层表面，对缺棱掉角等基材缺陷应及时修整好；对基层表面上的灰尘、油污、斑点、胶渍等应用铲刀刮除干净，将钉眼内粉尘杂物剔除（不要刮出毛刺）。然后采用打磨器或用木擦板垫砂纸（120号）顺木纹方向来回打磨，先磨线角裁口，后磨四边平面，磨至平整光滑（不得将基层表面打透底），用弹灰刷将磨下的粉尘撑掉后，再用湿布将粉尘擦净并晾干。

（2）刷封闭底漆

1）器具清洁及刷具的选用：

器具清洁：涂刷前应将所用器具清洗干净，油刷须在稀释剂内浸泡清洗。新油刷使用前应将未粘牢的刷毛去除，并在120号砂纸上来回磨刷几下，以使端毛柔软适度。

刷具的选用：施工时应根据涂料品种及涂刷部位选用适当的刷具。刷涂黏度较大的涂料时，宜选用刷毛弹性较大的硬毛扁刷；刷涂油性清漆应选用刷毛较薄、弹性较好的猪鬃刷。

2）底漆选用及调配：选用配套的封闭底漆，并按产品说明书和配比要求进行配兑，混合拌匀后用120目滤网过滤，静置5min方可施涂。

底漆的稠度应根据油漆涂料性能、涂饰工艺（手工刷或机械喷）、环境气候温度、基层状况等进行调配。环境温度低于15℃时应选用冬用稀释剂；25℃以上时应选用夏用稀释剂；30℃以上时可适当添加“慢干水”等。

3）刷漆：油漆涂刷一般先刷边框线角，后刷大面，按从上至下、从左至右、从复杂到简单的顺序，顺木纹方向进行，且须横平竖直、薄厚均匀、刷纹通顺、不流坠、无漏刷。线角及边框部分应多刷1~2遍，每个涂刷面应一次完成。

（3）打磨第一遍

1）手工打磨方法：用包砂纸的木擦板进行手工打磨，磨后用除尘布擦拭干净，使基层面达到磨去多余、表面平整、手感光滑、线条分明的效果。

2）机械打磨方法：遇面积较大时，宜使用打磨器进行打磨作业。施工前，首先检查砂纸是否夹牢、机具各部位是否灵活、运行是否平稳正常。打磨器工作的风压在0.5~0.7MPa为宜。

3）打磨时的注意事项

打磨必须在基层或涂膜干透后进行，以免磨料钻进基层或涂膜内，达不到打磨的效果。

涂膜坚硬不平或软硬相差较大时，必须选用磨料锋利并且坚硬的磨具打磨，避免越磨越不平。

4）砂纸型号的选用：打磨所用的砂纸应根据不同工序阶段、涂膜的软硬等具体情况正确选用砂纸的型号（表2-10）。

不同打磨阶段砂纸型号选用表 表2-10

打磨阶段	增补腻子层和白胚基层	满刮腻子封闭底漆	底漆	面漆
砂纸型号	120~240号	240~400号	240~400号	600~800号

（4）擦色

1）器具清洁：调色前应将调色用各种器具用清洗剂清洗干净。

2）调色分厂商调色和现场调色两类，宜优先采用前者。

厂商调色为事先按设计样板颜色要求，委托厂商调制成专门配套的着色剂和着色透明漆（或面漆）。对于厂商供应的成品着色剂或着色透明漆，应与样板进行比较，校对无误后方可使用。

现场调配一般采用稀释剂与色精调配或透明底漆与色精配制调色，稀释剂应采用与聚酯漆配套的无苯稀释剂。

3）擦色工艺：基层打磨清理后及时进行擦色，以免基层被污染。

擦色时，先用蘸满着色剂的洁净细棉布对基层表面来回进行涂擦，面积范围约0.5m^2为一段，将所有的棕眼填平擦匀，各段要在4~5s内完成，以免时间过长着色剂干后出现接槎痕迹。然后用拧干的湿细棉布（或麻丝）顺木纹用力来回擦，将多余的着色剂擦净，最后用净干布擦拭一遍。

擦色后达到颜色均匀一致，无擦纹、无漏擦，并注意保护，防止污染。

（5）喷第一遍底漆

擦色后干燥 2 ~4h 即可喷第一遍底漆。

1）喷涂机具清洁及调试：喷涂前，应认真对喷涂机具进行清洗，做到压缩空气中无水分、油污和灰尘，并对机具进行检查调试，确保运行状况良好。喷涂操作手必须经过专业培训，熟练掌握喷涂技能，并经相关部门的考核合格后，方可上岗施喷。

2）喷涂底漆调配：调配方法除按要求进行外，宜比刷涂底漆的配合比多加入 10% ~15% 的稀释剂进行稀释，使其黏度适应喷涂工艺特点。

3）喷涂：一般采用压枪法（也叫双重喷涂法）进行喷涂。压枪法是将后一枪喷涂的涂层，压住前一枪喷涂涂层的 1/2，以使涂层厚薄一致。并且喷涂一次就可得到两次喷涂的厚度。采用压枪法喷涂的顺序和方法如下：

先将喷涂面两侧边缘纵向喷涂一下，然后再沿喷涂线路喷涂，从喷涂面的上端左角向右水平横向喷涂，喷至右端头；然后从右向左水平横向喷涂，喷至左端头，如此循环反复喷至底部末端。

第一喷路的喷束中心，必须对准喷涂面上端的边缘，以后各条路间要相互重叠一半。即后一枪喷涂的涂层，压住前一枪喷涂涂层的 1/2，以使涂层厚薄一致。

各喷路未喷涂前，应先将喷枪对准喷涂面侧缘的外部，缓慢移动喷枪，在接近侧缘前时扣动扳机（即要在喷枪移动中扣动扳机）。在到达喷路末端后，不要立即放松扳机，要待喷枪移出喷涂面另一侧的边缘后，再放松扳机。

喷枪应走成直线，不能呈弧形移动，喷嘴与被喷面要垂直，否则就会形成中间厚、两边薄或一边厚一边薄的涂层。

喷枪移动的速度应均匀平稳，一般控制在 10 ~12m/min，每次喷涂的长度约以 1.5m 为宜。喷到接头处要轻飘，以达到颜色深浅一致。

（6）打磨第二遍

底漆干燥 2 ~4h 后，用 240 ~400 号砂纸进行打磨，磨至漆膜表面平整光滑（方法同本款第 3 项）。

（7）刮腻子

1）腻子选用及调配：应按产品说明要求选用专门配套的透明腻子，如“特清透明腻子”或“特清透明色腻子”等（前者多用于大面积满刮腻子，后者多用于修补钉眼或须对基层表面进行擦色等）。透明色腻子有浅、中、深三种，修补钉眼或擦色时可根据基层表面颜色进行掺合调配。

2）基层缺陷嵌补：刮腻子前应先将拼缝处及缺陷大的地方用较硬的腻子嵌补

好，如钉眼、缝孔、节疤等缺陷的部位。嵌补腻子一般宜采用与基层表面相同颜色的色腻子，且须嵌牢嵌密实。腻子须嵌补得比基层表面略高一些，以免干后收缩。

3）批刮腻子：批刮方法选择：腻子嵌批应视基层表面情况而采取不同的批刮工艺。对于基层表面平整光滑的木制品，一般无须满刮腻子，只需在有钉眼、缝孔、节疤等缺陷的部位上嵌补腻子即可。对于硬材类或棕眼较深及不太平整光滑的木制品基层表面，须大面积满刮腻子。此时，一般常采用透明腻子满刮两遍，即第一遍腻子刮完后干燥1~2h，用240~400号砂纸打磨平整（方法同本款第3项）后再刮第二遍腻子。第二遍腻子打磨后应视其基层表面平整、光滑程度确定是否仍需批刮（或复补）第三遍腻子。

批刮腻子操作要点：批刮腻子要从上至下、从左至右、先平面后棱角，顺木纹批刮，从高处开始，一次刮下。手要用力向下按腻板，倾斜角度为60°~80°，用力要均匀，才可使腻子饱满又结实。不必要的腻子要收刮干净，以免影响纹理清晰。

嵌补腻子操作要点：嵌补时要用力将腻子压进缺陷内，要填满、填实，但不可一次填得太厚，要分层嵌补，一般以2~3道为宜。分层嵌补时必须待上道腻子充分干燥，并经打磨后再进行下道腻子的嵌补。要将整个涂饰表面的大小缺陷都填到、填严，不得遗漏，边角不明显处要格外仔细，将棱角补齐。填补范围应尽量控制在缺陷处，并将四周的腻子收刮干净，减少刮痕。填刮腻子时不可往返次数太多，否则容易将腻子中的油分挤出表面，造成不干或慢干的现象，还容易发生腻子裂缝。嵌补时，对木材面上的翘花及松动部分要随即铲除，再用腻子填平补齐。

（8）轻磨第一遍

腻子干燥2~3h后可用240~400号水砂纸进行打磨（打磨方法同本款第3项）。

（9）刷第二遍底漆

打磨清擦干净后即可刷第二遍底漆（涂刷方法同本款第2项）。

（10）轻磨第二遍

底漆干燥2~4h后，用400号水砂纸进行打磨（打磨方法同本款第3项）。

（11）修色

1）色差检查：打磨前应仔细检查表面是否存在明显色差，对腻子疤、钉眼及板材间等色差处进行修色或擦色处理。

2）修色剂调配：修色剂应按样板色样采用专门配套的着色剂或用色精与稀释剂调配等方法进行调配。着色剂一般需多遍调配才可达到要求，调配时应确定着色剂的深浅程度，并将试涂小样颜色效果与样板或涂饰物表面颜色进行对比，直至调配出比样板颜色或涂饰物表面颜色略浅一些的修色剂。

3）修色方法：用毛笔蘸着色剂对腻子疤、钉眼等进行修色，或用干净棉布蘸着色剂对表面色差明显的地方擦色。最后将色深的修浅，色浅的修深；将深浅色差拼成一色，并绘出木纹。

修好的颜色必须与原来的颜色一致，且自然、无修色痕迹。

宜采用水色或用色精与稀释剂调配的着色剂进行修色。

（12）喷（刷）第一遍面漆

修色干燥1～3h并经打磨后即可喷（刷）面漆。喷（刷）面漆前，面漆、固化剂、稀释剂应按产品说明要求的配比混合拌匀，并用200目滤网过滤后，静置5min方可施涂。涂刷方法同本款第2项规定，但线角及边框部分无须多刷1～2遍面漆，以采用喷涂为宜，其喷涂操作程序及方法同本款第5项内容。

（13）打磨第三遍

面漆干燥2～4h后，用800号水砂纸进行打磨，其操作方法同本款第3项，但应注意以下几点：

1）漆膜表面应磨得非常平滑。

2）打磨前应仔细检查，若发现局部尚需找补修色的地方，仍按要求中的修色方法进行找补修色。

（14）喷（刷）第二遍面漆

操作方法同喷（刷）第一遍面漆。

（15）擦砂蜡、上光蜡

面漆干燥8h后即可擦砂蜡。擦砂蜡时先将砂蜡捻细浸在煤油内，使其成糊状。然后用棉布蘸砂蜡顺木纹方向用力来回擦。擦涂的面积由小到大，当表面出现光泽后，用干净棉布将表面残余砂蜡擦净。最后上光蜡，用清洁的棉纱布擦至漆面亮彻。

3. 季节性施工

1）雨期施工时，如空气湿度超出作业条件，除开启门窗通风外，尚应增加排风设施（排风扇等）控制湿度，遇大雨、连雨天应停止施工。

2）冬期室内油漆工程，必须在采暖条件下进行，室温保持均衡稳定。室内温度不得低于10℃，相对湿度不宜大于60%，宜设专人负责测温和开关门窗。

（三）质量标准

1. 主控项目

1）溶剂型涂料的品种、型号和性能应符合设计要求。

检验方法：检查产品合格证书、性能检测报告、涂料有害物质含量检测报告和进场验收记录。

2）溶剂型涂饰工程的颜色、光泽、图案应符合设计要求。

检验方法：观察。

3）溶剂型涂料涂饰工程应涂饰均匀、粘结牢固，不得漏涂、透底、起皮和返锈。

检验方法：观察、手摸检查。

4）基层处理应符合现行国家标准《建筑装饰装修工程质量验收规范》第10.1.5条的规定。

检验方法：观察、手摸检查，检查施工记录。

2. 一般项目

1）涂层与其他装修材料和设备衔接处应吻合，界面应清晰。

检验方法：观察。

2）木材表面施涂聚酯着色清漆的涂饰质量和检验方法见表2－11。

聚酯着色清漆的涂饰质量和检验方法　　表2－11

项次	项目	普通涂饰	高级涂饰	检验方法
1	颜色	基本一致	均匀一致	观察
2	木纹	棕眼刮平、木纹清楚	棕眼刮平、木纹清楚	观察
3	光泽、光滑	光泽基本均匀 光滑无挡手感	光泽均匀 一致光滑	观察、手摸检查
4	刷纹	无刷纹	无刷纹	观察
5	裹棱、流坠、皱皮	明显处不允许	不允许	观察

（四）成品保护

1）涂刷前清理好作业面周围环境，防止尘土飞扬，影响油漆质量。

2）施工前应做好对不同色调、不同界面的预先遮盖保护，以防油漆越界污染。

3）涂刷门窗油漆时，要用挺钩或木模将门窗扇相对固定，以免扇框相合粘坏漆皮。

4）涂刷成活后，应设专人看管或采取相应措施防止成品破坏。

5）为防止五金污染，操作要细心，并及时将小五金等污染处清理干净，要尽量后装门锁、拉手和插销等（可事先把位置和门锁孔眼钻好），确保五金洁净美观。

（五）应注意的质量问题

1）施涂前除应了解涂料的型号、品名、性能、用途及出厂日期外，还必须清楚所用涂料与基层表面以及各涂层之间的配套性，严格按产品使用说明配套使用。

2）调配涂料时，不同性质的涂料切忌互相配兑，防止油漆产生离析、沉淀、浮色，造成材料报废。

3）基层清理要干净，油漆应过箩滤去杂质，禁止刷油时清扫或刮大风时刷油，防止涂料表面出现粗糙现象。

4）批刮腻子动作要快，做到刮到刮平、收净刮光。快干的腻子不宜过多往返批刮，以免出现卷皮脱落或将腻子中的漆料油分挤出，封住表面不易干燥的现象。

5）选用合适的刷子，并把油刷用稀料泡软后使用，防止刷纹明显。

6）在正式安装门窗前将上、下冒头油漆刷好，以免装上后下冒头无法刷漆而返工，避免发生门窗上下冒头等处“漏刷”的通病。

7）涂刷时应防止涂层厚度太薄而露底，还要防止漆料太稀、漆膜过厚或环境温度过高而引起流坠或起皱。

8）磨水砂纸时用力要均匀，不得漏磨，防止阳角局部磨破。

（六）质量记录

参见各地具体要求，如四川省参见四川省《建筑工程施工质量验收规范实施指南》表 SG—T071。

（七）安全、环保措施

1. 安全措施

1）作业高度超过 2m 时，应按规定搭设脚手架，施工中使用的人字梯、条凳、架子等应符合规定要求，确保安全，方便操作。

2）施工现场应保持适当通风，狭窄隐蔽的工作面应安置通风设备。施工时，喷涂操作人员如感到头疼、心悸、恶心时，应立即停止作业，到户外呼吸新鲜空气。

3）夜间施工时，移动照明应采用 36V 的低压设备。

4）采用喷涂作业方法时，操作人员应配备口罩、护目镜、手套、呼吸保护器等防护设施。

5）现场应设置涂料库，做到干燥、通风。

6）喷涂时，如发现喷枪出漆不匀，严禁对着人检查。一般应在施工前用水代替进行检查，无问题后再正式喷涂。

2. 环保措施

1）涂料施工时尽可能采用涂刷方法，避免喷涂对周围环境造成污染。

2）室内乳液涂料有害物质含量，应符合现行国家标准《室内装饰装修材料内墙涂料中有害物质限量》的规定。

3）用剩的涂料应及时入桶盖严。空容器、废棉纱、旧排笔等应集中处理、统一清运。

4）禁止在室内现场用有机溶液清洗施工用具。

三、木材面涂饰清色油漆施工工艺

（一）施工准备

1. 技术准备

1）施工前主要材料已经现场监理、建设单位验收并封样。

2）根据设计要求进行调色，确定色板并封样。

3）施工前应做样板，经设计、监理、建设单位及有关质量部门检验确定后，方可大面积施工。

4）对操作人员进行安全技术交底。

2. 材料要求

1）涂料：清漆（硝基清漆、醇酸清漆、聚酯清漆）、透明底漆、有色透明清漆等应符合设计和国家现行标准的要求，并应有出厂合格证、性能检测报告、有害物质含量检测报告和进场验收记录。

2）辅料：着色剂（着色油、色精、色油）、透明腻子、大白粉、天那水或配套稀释剂、醇酸稀料、配套固化剂、催干剂等应有出厂合格证、性能检测报告、有害物质含量检测报告和进场验收记录。

3）材料的配套使用：

① 着色剂＋清漆（硝基清漆、聚酯清漆、醇酸清漆）＝有色清漆

② 大白粉＋着色剂＋清漆＋稀释剂＝有色腻子

③ 醇酸清漆的稀释用醇酸稀料。

④ 硝基清漆、聚酯清漆的稀释用天那水或配套稀释剂等。

⑤ 硝基清漆在雨期施工时为了防止潮湿产生白膜可加入催干剂。

3. 主要机具

1）机械：喷枪、空气压缩机、打磨器、吸尘器等。

2）工具：油桶、搅拌棒、刮铲、牛角刮板、橡皮刮板、托板、小提桶、桶钩、铲刀、腻子刀或油灰刀、小刀片、120目和200目的过滤网、120～800号砂纸、弹灰刷、排笔、板刷、修饰刷、长柄刷、画线刷、弯头刷、干净棉布、棉纱、打砂纸用木擦板、砂纸机或环行往复打磨器等。

3）计量检测用具：量筒、量杯、钢尺、电子秤或天平秤、温湿度计、含水率检测仪等。

4）安全防护用品：口罩、工作帽、防护手套、护目镜、呼吸保护器等。

4. 作业条件

1）抹灰、地面、木作工程已完，水暖、电气和设备已安装、调试完成，并验收合格。

2）施工时环境温度一般不低于10℃，相对湿度不大于60%。

3）木材的含水率不得大于12%。

4）施工环境清洁、通风、无尘埃；安装玻璃前，应有防风措施，遇大风天气不得施工。

（二）施工工艺

1. 工艺流程

基层处理→擦色→刷（喷）第一道底漆→补钉眼、打磨→刷（喷）第二、第三道底漆→刷（喷）第一道面漆→打磨、修色→刷（喷）第二、第三道面漆。

2. 操作工艺

（1）基层处理

先仔细检查基层表面，对缺棱掉角等基材缺陷应及时修整好。对基层表面上的灰尘、油污、斑点、胶渍等应刮除干净（注意不要刮出毛刺）。然后用打磨器或用方木垫120号砂纸顺木纹方向来回打磨，先磨线角、裁口，后磨四边平面，磨至平整光滑（注意不得将基层表面磨穿）。然后将磨下的粉尘弹掉，用湿布擦净晾干。

（2）擦色

基层擦色分水色粉和油色粉（水色粉为：水+颜料+大白粉+胶；油色粉为：稀料+颜料+大白粉+油漆），用干净的白棉布或白棉纱蘸色粉，擦涂于木质基层表面，使色粉深入到木纹棕眼内，用白布擦涂均匀，使木质基层染色一致，晾干后用木砂纸轻轻顺木纹打磨一遍，使棕眼内的颜色与棕棱上的颜色深浅明显不同，用湿布将磨下的粉尘擦净晾干。

（3）刷（喷）第一道底漆

涂刷前先将羊毛板刷的刷毛在稀料中浸湿，然后去掉多余的稀料，以免板刷开始时吸漆太多。涂刷的工艺分为三步：蘸油、摊油和理油。蘸油时刷毛入油深度不超过其长度的一半，然后将刷毛两边在容器壁上轻刮一下，以免油漆滴落。摊油时用力适中，一般视木材表面吸油性，摊油间隙为50～60mm。理油时油刷与物面垂直，用力均匀，一刷挨一刷将油漆上下理顺，切忌在走刷途中起落刷子，以免留下刷痕。刷漆时要求羊毛板刷不掉毛，刷油动作要敏捷利索，不漏刷，要顺木纹方向多刷多理、涂刷均匀一致、不流不坠。刷完后仔细检查一遍，有缺陷及时处理，干透后进行下道工序。

（4）补钉眼、打磨

用大白粉、着色剂、清漆、稀释剂调配成有色腻子，用牛角板将腻子刮入钉眼、裂纹内。待腻子干透后用100号木砂纸顺木纹轻轻打磨一遍。注意将钉眼以外的有色腻子完全磨掉，这样可以避免将钉眼扩大，用湿布将磨下的粉尘擦净晾干。

(5) 刷（喷）第二、第三道底漆

用羊毛板刷涂刷第二、第三道底漆，操作方法同第一道底漆，第二道刷完后12h即可涂刷下一道。此道工序可在底漆中加入着色剂进行修色。

(6) 打磨

底漆干透后，用400号水砂纸蘸清水或肥皂水打磨一遍，使木材表面无油漆流坠痕迹，木线顺直、清晰、无裹棱，手摸光滑平整、无凸点，然后用湿布擦净晾干。

(7) 刷（喷）第一道面漆

涂刷时应从外至内、从左到右、从上至下，顺着木纹涂刷，宜薄不宜厚，施涂时要均匀，多理多刷，防止漏刷和流坠。

(8) 打磨、修色

第一道面漆漆膜干透后，检查表面色泽，对颜色不一致处，用小毛笔蘸调好的油色进行修色。用600~800号水砂纸打磨一遍，使表面色泽一致、平整光滑。磨后用湿布擦净晾干。

(9) 刷（喷）第二、第三道面漆

涂刷方法同第一道面漆。在第二道面漆没干透的情况下刷第三道面漆（此道面漆中可加入着色剂调色）。最后一道面漆稠度应稍大，涂刷时要多理多刷，刷油饱满，不流不坠，光亮均匀，色泽一致。

(10) 喷涂

上述各道油漆在条件允许时，可采用喷涂工艺。喷涂前应对喷涂器具清洗调试，并调整涂料的稠度，使之满足喷涂的工艺要求。喷涂多用压枪法操作。

1) 先沿喷涂面两侧边缘纵向喷涂一遍，然后从喷涂面的左上角向右水平横向喷涂，喷至右端后，再从右向左水平横向喷涂。后一枪的涂层应压住前一枪涂层的一半，以使涂层厚度均匀。

2) 喷涂各面边缘时，应使喷嘴中心垂直对准各边缘线。均匀缓慢地移动喷枪，在接近侧缘前扣动扳机，到末端后，在喷枪移出边缘后再放松扳机，停止喷漆。

3) 喷嘴要与涂面垂直，喷枪移动时须走直线，移动速度要均匀，一般控制在10~12m/min，每次喷涂长度在1.5m左右为宜，接头处喷涂须轻飘，以便颜色深浅一致。

3. 季节性施工

1) 雨期涂料施工环境相对湿度过大时，可在涂料中加入适量催干剂。

2) 冬期室内涂料工程施工，应在采暖的条件下进行，设专人负责测温和开关门窗。室温应保持均衡稳定，室内温度不得低于10℃，相对湿度不宜大于60%。

（三）质量标准

1. 主控项目

1) 溶剂型涂料的品种、型号和性能应符合设计要求。

检验方法：检查产品合格证书、性能检测报告、涂料有害物质含量检测报告和进场验收记录。

2）溶剂型涂饰工程的颜色、光泽、图案应符合设计要求。

检验方法：观察。

3）溶剂型涂料涂饰工程应涂饰均匀、粘结牢固，不得漏涂、透底、起皮和返锈。

检验方法：观察、手摸检查。

4）基层处理应符合现行国家标准《建筑装饰装修工程质量验收规范》第10.1.5条的规定。

检验方法：观察、手摸检查，检查施工记录。

2. 一般项目

1）涂层与其他装修材料和设备衔接处应吻合，界面应清晰。

检验方法：观察。

2）木材表面施涂聚酯着色清漆的涂饰质量和检验方法见表2－12。

聚酯着色清漆的涂饰质量和检验方法　　表2－12

项次	项目	普通涂饰	高级涂饰	检验方法
1	颜色	基本一致	均匀一致	观察
2	木纹	棕眼刮平、木纹清楚	棕眼刮平、木纹清楚	观察
3	光泽、光滑	光泽基本均匀 光滑无挡手感	光泽均匀一致 光滑	观察、手摸检查
4	刷纹	无刷纹	无刷纹	观察
5	裹棱、流坠、皱皮	明显处不允许	不允许	观察

（四）成品保护

1）涂刷作业前，应做好对不同色调、不同界面以及五金配件等的遮盖保护，以防油漆越界污染。

2）涂刷门窗油漆时，应将门窗扇相对固定，防止门窗扇与框相合，粘坏漆膜。

3）涂料作业时，细部、五金件、不同颜色交界处要小心仔细，一旦出现越界污染，必须及时处理。

4）涂刷完成后，应派专人负责看管或采取有效的保护措施，防止成品破坏。

（五）应注意的质量问题

1）施工现场应保持清洁、通风良好，不得尘土飞扬。涂料使用前应过滤，不得含有杂质。涂料作业中打磨应仔细，做到平整光滑，避免造成涂料表面粗糙。

2）调配涂料时，应注意产品的配套性，控制涂料浓度，不得过稀或过稠，添加固化剂和稀释剂的比例应适当，刷（喷）油漆时，每道不宜太厚太重，应严格掌握时间间隔。喷涂时应控制好喷枪压力和喷涂距离。避免造成皱皮、流坠、裹棱等现象。

3）批刮腻子时，动作要快，收净刮光，不留“野腻子”。对于油性腻子，不宜过多往复批刮，防止腻子中油分挤出不易干透，造成漆膜皱皮。

4）涂刷作业时，应先将门窗的上、下冒头、靠合页的小面和饰面压条的端部涂刷到位，防止木工安装完后油工无法作业，造成漏刷。

5）涂刷油漆时，宜用羊毛板刷，不宜用棕刷，油漆不应太稠，避免出现明显刷纹。

6）雨期施工应控制作业现场的空气湿度，可用湿度计进行检测。当空气湿度过大时，应在油漆中加入催干剂，避免涂料完工后出现漆膜泛白。

（六）质量记录

参见各地具体要求，如四川省参见四川省《建筑工程施工质量验收规范实施指南》表 SG－T071。

（七）安全、环保措施

1. 安全措施

1）作业高度超过 2m 时，应按规定搭设脚手架，施工中使用的人字梯、条凳、架子等应符合规定要求，确保安全，方便操作。

2）施工现场应保持适当通风，狭窄隐蔽的工作面应安置通风设备。施工时，喷涂操作人员如感到头疼、心悸、恶心时，应立即停止作业，到户外呼吸新鲜空气。

3）夜间施工时，移动照明应采用 36V 的低压设备。

4）采用喷涂作业方法时，操作人员应配备口罩、护目镜、手套、呼吸保护器等防护设施。

5）现场应设置涂料库，做到干燥、通风。

6）喷涂时，如发现喷枪出漆不匀，严禁对着人检查。一般应在施工前用水代替进行检查，无问题后再正式喷涂。

2. 环保措施

1）涂料施工时尽可能采用涂刷方法，避免喷涂对周围环境造成污染。

2）室内乳液涂料有害物质含量，应符合现行国家标准《室内装饰装修材料内墙涂料中有害物质限量》的规定。

3）用剩的涂料应及时入桶盖严。空容器、废棉纱、旧排笔等应集中处理、统一清运。

4）禁止在室内现场用有机溶液清洗施工用具。

四、壁纸裱糊工程施工工艺

（一）施工准备

1. 技术准备

1）施工前应仔细熟悉施工图纸，理解设计意图，对施工人员进行安全技术交底。掌握当地的天气情况，依据施工技术交底和安全交底，作好各方面的准备。

2）所有材料进场时由技术、质量和材料人员共同进行检验。主要材料还应由现场监理、建设单位确认。

3）大面积施工前应先做样板间，经验收合格后方可组织裱糊工程施工。

2. 材料要求

1）壁纸、墙布：品种、规格、图案、颜色应符合设计要求，并应有产品合格证和环保及燃烧性能检测报告。

2）胶粘剂：宜采用专用的胶粘剂，有产品合格证和环保检测报告。

3）其他材料：腻子、涂料（或清漆）、玻璃丝网格布等。应有产品合格证和环保检测报告。

3. 主要机具、设备

1）工具：裁纸工作台、壁纸刀、白毛巾、塑料桶、塑料盆、油工刮板、拌腻子槽、压辊、开刀、毛刷、排笔、擦布或棉丝、粉线包、小白线、托线板、锤子、铅笔、砂纸、扫帚等。

2）计量检测用具：钢板尺、水平尺、钢尺、托线板、线坠等。

4. 作业条件

1）墙面、顶棚抹灰已完成，其表面平整度、立面垂直度及阴、阳角方正等，应达到高级抹灰的要求，且含水率不得大于8%，木材制品含水率不得大于12%。

2）墙、柱、顶棚上的水、电、暖通专业预留、预埋已全部完成，且电气穿线、测试完成并合格，各种管路打压、试水完成并合格。

3）门窗工程已完并经验收合格。

4）地面面层施工已完，并已做好保护。

5）突出墙面的设备部件等应卸下妥善保管，待壁纸粘贴完后再将其部件重新装好复原。

6）如房间较高时，应提前搭设好脚手架或准备好高凳。

（二）施工工艺

1. 工艺流程

施工顺序是先裱糊顶棚，后裱糊墙面。

基层处理、刷封闭底漆→刮腻子找平→弹线→下料→刷胶、粘贴→修整、清洁。

2. 操作工艺

（1）顶棚裱糊

1）基层处理、涂刷抗碱封闭底漆：首先将顶棚基层表面的灰浆、粉尘、油污等清理干净，如有凹凸不平、缺棱掉角必须提前修补平整并干燥。涂刷一道抗碱封闭底漆，抗碱封闭底漆应按设计要求选用。设计无要求时，一般采用清漆。涂刷时必须满刷，不得漏刷，防止基层泛碱，导致壁纸变色。

2）刮腻子找平：抗碱封闭底漆干燥后，满刮腻子一道。待腻子干透后，用砂纸打平，再满刮第二道腻子。待第二道腻子干透后，再用砂纸打平、磨光；裱糊前涂刷封闭底胶。

3）弹线：弹出顶棚对称中心线，以便控制壁纸、墙布两边对称排列。在墙顶交接处，弹出挂镜线的位置线，没有挂镜线的按设计要求弹出壁纸、墙布的收边线。

4）下料：根据设计要求决定壁纸、壁布的粘贴方向，然后根据计算用料的长度进行下料。下料剪裁时，应按现场所量实际尺寸进行，并且每边还须增加 20 ~ 30mm 的余量。

5）刷胶、粘贴：采用塑料壁纸、墙布时，一般应先用水浸泡 2 ~3min（是否浸泡应按产品说明书的要求），然后取出抖去多余水分，将纸面用净毛巾沾干，再进行刷胶、糊纸。普通壁纸、墙布可直接刷胶，不用水浸泡。刷胶时应先在壁纸、墙布的整个背面和顶棚的粘贴部位刷胶，顶棚的粘贴部位刷胶宽度不宜过宽，略宽于壁纸即可。铺贴时应从中间开始向两边铺粘。第一幅按已弹好的中心线找正粘牢，并注意两边各留出 10 ~20mm 不粘贴，以便于与第二幅铺粘时进行拼花、压槎、对缝。然后用同样的方法铺贴第二幅。两幅搭接 10 ~20mm，用钢直尺比齐，用壁纸刀沿钢尺裁切，随即将切下的两幅壁纸接槎处的窄条撕下，补刷胶粘剂并用刮板将缝隙刮吻合、压平、压实。随后将顶棚与墙面的交接处，按收边线用钢板尺比齐，用壁纸刀裁切并收边。最后用湿毛巾将各接缝处的胶痕擦净。

6）修整、清洁：壁纸、墙布粘贴完成后，检查是否有起泡、粘贴不实、接槎不平顺、翘边等现象，若存在应及时进行修整处理。将壁纸、墙布表面的胶痕擦净。

（2）墙面裱糊

1）基层处理、涂刷抗碱封闭底漆：将墙面上灰浆、浮土清扫干净，刷一道封闭底漆，要求满刷，不得漏刷，防止基层泛碱，导致壁纸变色。若基层色差较大，选用的又是易透底的薄型壁纸、墙布，粘贴前应先进行基层处理，使其颜色一致。

2）刮腻子找平：混凝土墙面与抹灰墙面可根据基层表面的平整度，在清扫干净的墙面上满刮 1 ~2 道腻子，干后用砂纸打平、磨光。石膏板墙用嵌缝腻子将缝塞实填平，粘贴玻璃丝网格布或丝绸条、绢条等，然后刮腻子找平、磨光。裱糊前涂刷封闭底胶。底胶能防止腻子粉化，并防止基层吸水并可在对花、校正时易于滑动。

3）弹线：首先在房间四个阴角进行吊垂直、套方、找规矩，确定粘贴顺序，一般从进门的左阴角开始进行粘贴。按照壁纸的尺寸进行分块、弹控制线。上口有挂镜线的弹出挂镜线，没有挂镜线的按设计要求弹出收口控制线。

4）下料：下料长度应比实际高度长20 ~30mm。裁好的壁纸、墙布用湿毛巾擦一遍，折好待用。

5）刷胶、粘贴：一般情况下应在壁纸、墙布的背面和墙上进行刷胶。墙上刷胶时一次不应过宽，其刷胶宽度应与壁纸、墙布的幅宽相吻合。粘贴时应从预定的阴角开始铺贴第一幅，将上边与收口线对齐，侧边与已画好的垂直线对正，从上往下用手铺平，用刮板刮实，并用小辊将上、下阴角处压实。第一幅粘贴时两边各留出10 ~20mm不粘贴（在阴角处应拐过阴角20mm），然后按同样方法粘贴第二幅，与第一幅搭接10 ~20mm，并自上而下进行对缝、拼花，用刮板刮平，再用钢直尺将第一、第二幅搭接缝比直切齐，撕去窄边条，补刷胶并压实。最后将挤出的胶液用湿毛巾及时擦净。采用同样方法，将与顶棚、踢脚或墙裙的边切裁整齐，补胶压实。

墙面上遇有开关、插座盒时，应在其位置上沿盒子的对角划十字线开洞，注意十字线不得划出盒子范围。

裱糊施工时，阳角应包角压实，不允许有接缝。阴角应采用顺光搭接缝，不允许整张裹角铺贴，避免产生空鼓与皱褶。

花纸拼接：花纸的拼接缝处花形应对齐。在下料时要将第二幅与第一幅反复比对，并适当加大上、下边的预留量，以防对花时造成亏料。花形、图案拼接出现困难时，拼接错位应尽量放在阴角或其他不明显的地方，大面上不得出现拼接错位或花形、图案混乱的现象。

6）修整、清洁：壁纸、墙布粘贴完成后，检查是否有起泡、粘贴不实、接槎不平顺、翘边等现象，若存在应及时进行修整处理。将壁纸、墙布表面的胶痕擦净。

（三）质量标准

1. 主控项目

（1）壁纸、墙布的种类、规格、图案、颜色、环保和燃烧性能等级必须符合设计要求及国家现行标准的有关规定。

检验方法：观察，检查产品合格证书、进场验收记录和性能检测报告。

（2）裱糊前，基层处理应达到下列要求：

1）新建筑物的混凝土或抹灰基层墙面在刮腻子前应涂刷抗碱封闭底漆。

2）旧墙面在裱糊前应清除疏松的旧装修层，并涂刷界面剂修补平整。

3）混凝土或抹灰基层含水率不得大于8%；木材基层的含水率不得大于12%。

4）基层腻子应平整、坚实、牢固，无粉化、起皮和裂缝，腻子的粘结强度应符合国家现行标准《建筑室内用腻子》JG/T 3049—1998中N型的规定。

5）基层表面平整度、立面垂直度及阴、阳角方正应达到《建筑装饰装修工程质量验收规范》高级抹灰工程质量允许偏差标准要求。

6）基层表面颜色应一致。

7）裱糊前应用封闭底胶涂刷基层。

检查方法：观察、手摸检查，检查施工记录。

（3）裱糊后各幅拼接应横平竖直，拼接处花纹、图案应吻合，不离缝，不搭接，不显拼缝。

检查方法：观察，拼缝检查距墙面1.5m处正视。

（4）壁纸、墙布应粘贴牢固，不得有漏贴、补贴、脱层、空鼓、翘边等缺陷。

检验方法：观察、手摸检查。

2. 一般项目

1）裱糊后的壁纸、墙布表面应平整，色泽应一致，不得有波纹起伏、气泡、裂缝、皱褶及斑污，斜视时应无胶痕。

检验方法：观察、手摸检查。

2）复合压花壁纸的压痕及发泡壁纸的发泡层应无损坏。

检验方法：观察。

3）壁纸、墙布与各种装饰线、设备线盒应交接严密。

检验方法：观察。

4）壁纸、墙布边缘应平直整齐，不得有纸毛、飞刺。

检验方法：观察。

5）壁纸、墙布阴角处搭接应顺光，阳角处应无接缝。

检验方法：观察。

（四）成品保护

1）裱糊工程做完的房间应及时清理干净，并封闭，不得随意通行和使用，更不准做材料库或休息室，以免污染、损坏。

2）在安装其他设备时，应注意保护被裱糊好的面层，防止污染和损坏。

3）二次修补油漆、涂料及地面清理打蜡时，对壁纸、墙布应进行遮挡保护，防止污染、碰撞与损坏。完工后，白天应加强通风，但要防止穿堂风劲吹。夜间应关闭门窗，防止潮气侵袭。

4）严禁在裱糊工程施工完毕的墙面上剔槽打洞。若因设计变更，必须进行剔槽打洞时，应采取可靠、有效的保护措施，施工完后要及时、认真地进行修复。

（五）应当注意的质量问题

1）裱糊施工时，壁纸、墙布与墙面的刷胶均应到位，并滚压密实，防止由于接缝处胶刷得少，局部没有刷胶，补刷胶不到位，边缘没压实，干燥后出现翘边、翘缝等现象。

2）壁纸、墙布下料时要量准尺寸，按要求留有余量，宁大勿小，防止裁纸时尺寸未量好，上、下余量留得小或未留余量，切裁时边缘裁斜，导致上、下端缺纸。

3）施工过程中，应及时用干净的湿毛巾将壁纸、墙布上的胶痕擦净，完工后进行成品保护，避免其他工序施工造成壁纸污染而导致墙面不洁净，斜视有胶痕。

4）壁纸、墙布粘贴前，应将其基层墙面清理干净，避免因基层清理不彻底而造成壁纸、墙布粘贴后表面不平，斜视有疙瘩。

5）应在基层干透、含水率符合要求后再粘贴壁纸、墙布，避免基层含水率过大，水分被封闭出不来，汽化后的水分将壁纸拱起成泡。

6）阴、阳角壁纸、墙布粘贴前应检查基层质量是否符合要求，在基层质量达到要求后，再认真仔细刷胶，胶应均匀到位，不得漏刷。壁纸、墙布粘贴后，滚压到位，同时阴角的壁纸、墙布边缘必须超过阴角 10 ~20mm，这样在阴角处已形成了附加层，避免壁纸、墙布干燥收缩，造成阴角处壁纸断裂和阴、阳角空鼓。

7）壁纸、墙布铺贴前应认真进行挑选，并注意花形、图案和纸的颜色，在同一场所必须保持一致，防止出现面层颜色不一、花形深浅不一。

8）在施工过程中操作要认真仔细，对细部处理严格按规程施工，避免铺贴毛糙、拼花不好，污染严重。

9）裱糊施工前，应对房间进行吊直、找方正，施工中应按垂直控制线和壁纸的裁剪顺序进行粘贴，避免因房间的方正偏差和施工误差的累计而造成壁纸、墙布边缘余量上、下宽度不一致。

（六）质量记录

参见各地具体要求，如四川省参见四川省《建筑工程施工质量验收规范实施指南》表 SG—T072。

（七）安全、环保措施

1. 安全操作要求

1）施工现场临时用电均应符合国家现行标准《施工现场临时用电安全技术规范》的规定。

2）在较高处进行作业时，应使用高凳或架子，并应采取安全防护措施，高度超过 2m 时，应系安全带。

3）裱糊施工作业面，必须设置足够的照明。

2. 环保措施

1）施工用的各种材料应符合现行国家标准《民用建筑工程室内环境污染控制规范》的要求。对环保超标的原材料拒绝进场。

2）边角余料，应装袋后集中回收，按固体废物进行处理。现场严禁燃烧废料。

3）剩余的胶液和胶桶不得乱倒、乱扔，必须进行集中回收处理。

五、软包工程施工工艺

（一）施工准备

1. 技术准备

1）所有材料进场时由技术、质量和材料人员共同进行检验，主要材料还应由监理、建设单位确认。

2）熟悉图纸，理解设计意图，进行翻样，编制材料计划。

3）对操作人员进行安全技术交底。

4）根据图纸做样板，并经设计、监理、建设单位验收确认后方可大面积施工。

2. 材料要求

1）基层材料：基层龙骨、底板及其他辅材的材质、厚度、规格尺寸、型号应符合设计要求和国家有关规范的技术标准。设计无要求时，龙骨宜采用不小于20mm×30mm的木枋，底板宜采用玻纤板、石膏板、环保细木工板或环保层板等。各种木制品含水率不大于12%。应有产品合格证和性能检测报告。人造板进场后必须抽样复验，其游离甲醛释放量应不大于1.5mg/L（干燥器法）。

2）面层材料：织物、皮革、人造革等材料的材质、纹理、颜色、图案、幅宽应符合设计要求，应有产品合格证和阻燃性能检测报告。织物表面不得有明显的跳线、断丝和疵点。对本身不具有阻燃或防火性能的织物，必须进行阻燃或防火处理，达到防火规范要求。

3）内衬材料：材质、厚度及燃烧性能等级应符合设计要求，一般采用环保、阻燃型泡沫塑料做内衬。应有产品合格证和性能检测报告。

4）其他材料：胶粘剂、防腐剂、防潮剂等材料按设计要求采用，均应满足环保要求。

3. 主要机具、设备

1）机械：气泵、气钉枪、蚊钉枪、马钉枪、电锯、曲线锯、台式电刨、手提电刨、冲击钻、手枪钻等。

2）工具：电熨斗、小辊、开刀、毛刷、排笔、擦布或棉丝、砂纸、锤子、各种形状的木工凿子、多用刀、粉线包、墨斗、小线、扫帚、托线板、线坠、铅笔、剪刀、划粉饼等。

3）计量检测用具：水准仪、直尺、方角尺、水平尺、钢尺、楔形塞尺、钢板尺等。

4. 作业条件

1）软包墙、柱面上的水、电、暖通专业预留、预埋已经全部完成，且电气穿线、测试完成并合格，各种管路打压、试水完成并合格。

2）结构和室内围护结构砌筑及基层抹灰完成，含水率不得大于8%。地面和顶棚施工已经全部完成（地毯可以后铺），室内清扫干净。

3）外墙门窗工程已完成，并经验收合格。

4）不做软包的部分墙面，面层施工基本完成，只剩最后一遍涂层。

5）在作业面上弹好标高和垂直控制线。

6）软包门扇应涂刷不少于两道底漆，锁孔已开好。

7）基层墙、柱面的抹灰层已干透，含水率不大于8%。

（二）施工工艺

1. 工艺流程

（1）墙、柱面软包工程

基层处理→龙骨、底板施工→定位弹线→内衬及预制镶嵌块施工→面层施工→理边、修整→完成其他涂饰。

（2）门扇软包工程

基层处理→定位、弹线→做内衬→皮革拼接下料→理边、修整→完成其他涂饰。

2. 操作工艺

（1）基层处理

1）要求：基层牢固，构造合理。

2）在须做软包的墙面或柱面上，按设计要求的纵横龙骨间距进行弹线，固定防腐木楔。设计无要求时，龙骨间距控制在400～600mm之间，防腐木楔间距一般为200～300mm。

3）墙、柱面为抹灰基层或临近房间较潮湿时，为防止墙体的潮气使其基面板底翘曲变形而影响装饰质量，做完木楔后应对墙面进行防潮处理。具体做法为：先做基层抹灰20mm厚，然后刷涂冷底子油一道并做一毡二油防潮层。

4）软包门扇的基层表面涂刷不少于两道底漆。门锁和其他五金件的安装孔应全部开好，并进行试安装。明插销、拉手及门锁等先拆下。门扇表面不得有毛刺、钉子或其他尖锐突出物。

（2）龙骨、底板施工

1）在已经设置好的防腐木楔上安装木龙骨，一般固定螺钉长度大于龙骨高度40mm，木龙骨断面一般为（20～50）mm×（40～50）mm，木龙骨贴墙面应先作防腐处理，其他几个面作防火处理。安装龙骨时，一边安装一边用不小于2m的靠尺进行调平，龙骨与墙面的间隙，用经过防腐处理的方形木楔塞实，木楔间隔应不大于200mm，龙骨表面平整。

2）在木龙骨上铺钉底板，底板宜采用细木工板。钉的长度大于底板厚20mm。墙体为轻钢龙骨时，可直接将底板用自攻螺钉固定到墙体的轻钢龙骨上，自攻螺钉长度大于等于底板厚 + 墙体面层板 +10mm。

3）门扇软包不需做底板，直接进行下道工序。

（3）定位、弹线

根据设计要求的装饰分格、造型、图案等尺寸，在墙、柱面的底板或门扇上弹出定位线。

（4）内衬及预制镶嵌块施工

1）预制镶嵌软包时，要根据弹好的定位线，进行衬板制作和内衬材料粘贴。衬板按设计要求选材，设计无要求时，应采用不小于5mm 厚的多层板，按弹好的分格线尺寸进行下料制作。

2）制作硬边拼缝预制镶嵌衬板时，在裁好的衬板一面四周钉上木条，木条的规格、倒角形式按设计要求确定，设计无要求时，木条一般不小于 10mm ×10mm，倒角不小于5mm ×5mm 圆角。硬边拼缝的内衬材料要按照衬板上所钉木条内侧的实际净尺寸下料，四周与木条之间应吻合，无缝隙，厚度宜高出木条 1 ~2mm，用环保型胶粘剂平整地粘贴在衬板上。

3）制作软边拼缝的镶嵌衬板时，衬板按尺寸裁好即可。软边拼缝的内衬材料按衬板尺寸剪裁下料，四周必须剪裁整齐，与衬板边平齐，最后用环保型胶粘剂平整地粘贴在衬板上。

4）衬板做好后应先上墙试装，以确定其尺寸是否准确，分缝是否通直、不错位，木条高度是否一致、平顺，然后取下来在衬板背面编号，并标注安装方向，在正面粘贴内衬材料。内衬材料的材质、厚度按设计要求选用。

5）直接铺贴和门扇软包时，应待墙面木装修、边框和油漆作业完成，才能进行下道工序施工。施工时按弹好的线对内衬材料进行剪裁下料，直接将内衬材料粘贴在底板或门扇上。铺贴好的内衬材料应表面平整，分缝顺直、整齐。

（5）皮革拼接下料

织物和人造革一般不宜进行拼接，采购订货时应考虑设计分格、造型等对幅宽的要求。如果皮革受幅面影响，需要进行拼接下料，拼接时应考虑整体造型，各小块的几何尺寸不宜小于 200mm ×200mm，并使各小块皮革的鬓眼方向保持一致，接缝形式要满足设计要求。

（6）面层施工

1）面层施工前，应确定面料的正、反面和纹理方向。一般织物面料的经线应垂直于地面，纬线沿水平方向使用。同一场所应使用同一批面料，并保证纹理方向一致，织物面料应拉伸熨烫平整后才可使用。

2）预制镶嵌衬板面层及安装：面层面料有花纹、图案时，应先做镶嵌衬板基层，再按编号将与之相邻的衬板面料对准花纹后进行裁剪。面料裁剪根据衬板尺寸确定，面料的裁剪尺寸 = 衬板的尺寸 +2 × 衬板厚 +2 × 内衬材料厚 + （70 ~

100)mm。织物面料剪裁好以后，要先进行拉伸熨烫，再铺贴到内衬材料上，从衬板的反面用马钉和胶粘剂固定。面料固定时要先固定上、下两边（即织物面料的经线方向），四角叠整规矩后，固定另外两边。衬板面料应绷紧、无皱折，纹理拉平、拉直，各块衬板的面料绷紧度要一致。最后将包好面料的衬板逐块检查，确认合格后，按衬板的编号进行对号试安装，经试安装确认无误后，用钉、粘结合的方法，固定到墙面底板上。

3）直接铺贴和门扇软包面层施工：按已弹好的分格线、图案和设计造型，确定出面料分缝定位点，把面料按定位尺寸进行剪裁并使相邻两块面料的花纹和图案吻合。将剪裁好的面料铺贴到已贴好内衬材料的门扇或墙面上，调整面料下部和两侧的位置，然后用压条（压条分为木压条、铜压条、铝合金压条和不锈钢压条等几种，按设计要求进行选用，采用木压条应先打磨、油漆方可使用）将上部固定，再将下部和两侧固定；四周固定好之后，若中间有压条或装饰钉，应按设计要求钉接牢固。

(7）理边、修整

清理接缝、边缘露出的面料纤维，接缝不顺直处应进行调整、修理。开设、修整设备安装孔，安装镶边条，安装表面贴脸及装饰物，修补各压条上的钉眼，擦拭、清扫浮灰，最后涂刷压条、镶边条的油漆。

(8）完成其他涂饰

软包面层施工完成后，应对木质边框、墙面及门的其他表面做最后一道涂饰。

（三）质量标准

1. 主控项目

1）软包面料、内衬材料及边框的材质、颜色、图案、燃烧性能等级和木材的含水率应符合设计要求及国家现行标准的有关规定，木材的含水率应不大于12%。

检验方法：观察，检查产品合格证书、进场验收记录和性能检测报告。

2）软包工程的安装位置及构造做法应符合设计要求。

检验方法：观察、尺量检查，检查施工记录。

3）软包工程的龙骨、衬板、边框应安装牢固，无翘曲，拼缝应平直。

检验方法：观察、手扳检查。

4）单块软包面料不应有接缝，四周应绷压严密。

检验方法：观察、手摸检查。

2. 一般项目

1）软包工程表面应平整、洁净，无凹凸不平及皱折；图案应清晰、无色差，整体应协调美观。

检验方法：观察。

2）软包边框应平整、顺直、接缝吻合。其表面涂饰质量应符合现行国家标准《建筑装饰装修工程质量验收规范》第十章涂饰工程中有关规定的要求。

检验方法：观察、手摸检查。

3）清漆涂饰木制边框、压条的颜色、木纹应协调一致。

检验方法：观察。

4）软包工程安装的允许偏差和检验方法应符合表2－13的规定。

软包工程安装的允许偏差和检验方法　　表2－13

项次	项目	允许偏差（mm）	检验方法
1	垂直度	3	用1m垂直检测尺检查
2	边框宽度、高度	0、－2	用钢尺检查
3	对角线长度差	3	用钢尺检查
4	裁口、线条接缝高低差	1	用钢直尺和楔形塞尺检查

（四）成品保护

1）施工过程中对已完成的其他成品注意保护，避免损坏。

2）施工结束后将面层清理干净，现场垃圾清理完毕，洒水清扫或用吸尘器清理干净，避免扫起灰尘，造成软包二次污染。

3）软包相邻部位需做油漆或其他喷涂时，应用纸胶带或废报纸进行遮盖，避免污染。

（五）应注意的质量问题

1）切割填塞料时，为避免其边缘出现锯齿形，可用较大铲刀及锋利刀沿其边缘整齐切割。

2）在粘结填塞料时，为避免腐蚀填塞料，应采用中性或其他不含腐蚀成分的胶粘剂。

3）面料裁割及粘结时，应注意花纹走向，避免花纹错乱影响美观。

4）软包制作好后用胶粘剂或直钉将软包固定在墙面上，水平垂直度达到规范要求，阴、阳角应进行对角。

（六）质量记录

参见各地具体要求，如四川省参见四川省《建筑工程施工质量验收规范实施指南》表SG—T073。

（七）安全、环保措施

1. 安全操作要求

1）对软包面料使用填塞料的阻燃性能严格把关，达不到防火要求的，不予使用。

2）软包面料附近尽量避免使用碘钨灯或其他高温照明设备，不得动用明火，避免损坏。

2. 环保措施（表2-14）

木作软包墙面工程环保措施　　表2-14

序号	环境因素	排放去向	环境影响
1	水、电的消耗	周围空间	资源消耗、污染土地
2	电锯、切割机等施工机具产生的噪声排放	周围空间	影响人体健康
3	锯末粉尘的排放	周围空间	污染大气
4	甲醛等有害气体的排放	大气	污染大气
5	油漆、辅料、胶、涂料的气味的排放	大气	污染大气
6	油漆刷、涂料滚筒的废弃	垃圾场	污染土地
7	油漆桶、涂料桶的废弃	垃圾场	污染土地
8	油漆、辅料、胶、涂料的泄漏	土地	污染土地
9	油漆、辅料、胶、涂料的运送遗洒	土地	污染土地
10	防火、防腐涂料的废弃	周围空间	污染土地
11	废夹板等施工垃圾的排放	垃圾场	污染土地
12	木制作、加工现场火灾的发生	大气	污染土地、影响安全

六、墙面贴陶瓷锦砖工程施工工艺

（一）施工准备

1. 技术准备

1）熟悉施工图纸及设计说明，根据现场施工条件进行测量放线，对各个标高、各种洞口的尺寸、位置进行校核。发现问题及时向设计单位提出，并办理洽商变更手续，把问题解决在施工前。

2）编制施工组织设计，确定施工方案，并经审批。

3）按设计要求对各立面分格及安装节点（如门套、柱脚、柱帽、阴阳角对接方法、粘贴工艺等）进行深化设计，绘制大样图，经设计、现场监理、建设单位确认。为防止不同批次的面砖出现色差，订货时应一次订足，留出适当的备用量。

4）面砖供货到场后，按订货合同的规定进行材料进场检验，按不同规格、品种、花色分类码放，并送样进行面砖的吸水率、抗冻性指标的复验。

5）施工前先按照大样图做样板，并对样板的面砖粘结强度进行检测。粘结强度应符合国家现行标准《建筑工程饰面砖粘结强度检验标准》JGJ 110—2008

的规定。样板经监理、建设单位检验合格并签认后，对操作人员进行安全技术交底。

6）按照深化设计，将各个面的面砖进行预排，调整排列方式、纹理和色块的位置，然后按规格、颜色和粘贴顺序码放整齐，为施工做好准备。

2. 材料要求

1）水泥：硅酸盐水泥、普通硅酸盐水泥和矿渣硅酸盐水泥强度等级不得低于32.5级。严禁不同品种、不同强度等级的水泥混用。水泥进场应有产品合格证和出厂检验报告，进场后应进行取样复验。当对水泥质量有怀疑或水泥出厂超过3个月时，在使用前应进行复试，并按复试结果使用。

2）白水泥：白色硅酸盐水泥强度等级不小于32.5级，其质量应符合现行国家标准《白色硅酸盐水泥》GB/T 2015—2005的规定。

3）砂子：宜采用平均粒径为0.35～0.5mm的中砂，含泥量不大于3%，用前过筛，筛后保持洁净。

4）水：宜采用饮用水。

5）面砖：面砖外观不得有色斑、缺棱掉角和裂纹等缺陷。其品种、规格、尺寸、色泽、图案应符合设计规定。其性能指标应符合现行国家标准的规定，面砖的吸水率不得大于8%。

6）石灰膏：选用成品石灰膏（熟化期不应少于15d）。

7）界面胶粘剂：采用的界面剂应符合现行地方标准《建筑用界面剂应用技术规程》DBJ/T 01—40—98，应有合格证、使用说明书，并符合环保要求。

8）胶粘剂、勾缝剂应有出厂合格证、性能检测报告和使用说明书。

9）陶瓷锦砖或玻璃锦砖的颜色及规格应符合设计要求，脱纸时间不得大于40min，表面应平整，尺寸应正确，边棱应整齐。

3. 主要机具

1）机械：砂浆搅拌机、切割机、砂轮机、角磨机、手提切割机等。

2）工具：斗车、铁板、筛子、木抹子、铁抹子、木托板、小木锤、喷壶、贮水桶、毛刷、墨斗、红蓝铅笔、多用刀等。

3）计量检测用具：水准仪、经纬仪、磅秤、量筒、靠尺、钢尺、方尺、楔形塞尺、托线板、线坠、水平尺等。

4）安全防护用品：安全帽、安全带、护目镜、手套等。

4. 作业条件

1）主体结构施工完成并经检验合格。

2）陶瓷锦砖已进场，其质量、规格、品种、颜色、数量、各项技术性能指标符合设计和规范要求，并分类入库存放，不得受潮。

3）水泥及其他粘结材料已进场，并经检验或复验合格。

4）各种专业管线、设备、预埋件已安装完成，经检验合格，并办理了交接手续。

5）门、窗框安装已完成，嵌缝符合要求，门、窗框已贴好保护膜，栏杆、预留孔洞及落水管预埋件等已施工完毕，且均通过检验，质量符合要求。

6）施工所需的脚手架已经搭设完成，垂直运输设备已安装好，符合使用要求和安全规定，并经检验合格。

7）施工现场所需的临时用水、用电及各种工、机具准备就绪。

8）各控制点、水平标高控制线测设完毕，并预检合格。

（二）施工工艺

1. 陶瓷锦砖

（1）工艺流程

基层处理→测设基准线、基准面→抹底层灰→选砖排砖→弹控制线→贴陶瓷锦砖→揭纸、调缝→擦缝。

（2）操作工艺

1）基层处理：

基层为现浇混凝土或混凝土砌块墙面时，先剔平凸出墙面的混凝土，若墙面有油污，可用清洁剂冲洗，随之用清水冲净、晾干，然后将 1∶1 的聚合物水泥砂浆（掺加水重 20% 的界面剂），用扫帚甩到墙上，甩点要均匀，终凝后浇水养护至有较高的强度（用手掰不动），即可抹底灰或贴面砖。对于基体混凝土表面很光滑的要凿毛，或用可掺界面剂胶的水泥细砂砂浆作小拉毛墙，也可刷界面剂，并浇水湿润基层（宜提前 3 ~4d）。

基层为砖砌体墙面时，先剔除、清扫干净墙面上的残存砂浆、舌头灰，然后浇水湿润墙面（宜提前 1d），即可抹底灰。

基层为加气混凝土、陶粒混凝土空心砌块墙面时，先剔除、清扫干净墙面上的残存砂浆、舌头灰，分几遍浇水润湿，然后修补缺棱掉角、凹凸不平处。修补时先用水湿润待修补处的墙面，再刷一道掺加界面剂的水泥聚合物砂浆（界面剂：水泥：砂 =1∶1∶1），最后用混合砂浆（水泥：白灰膏：砂 =1∶3∶9）分层修补平整，然后抹底灰。

在基层不同的材质交接处，应钉钢板网或钢丝网，通常采用 20mm ×20mm 孔，厚度应不小于 0.7mm，两边与基体搭接应不小于 100mm，用水泥钉间距不大于 400mm 绷紧钉牢，然后抹底灰。

2）测设基准线、基准面：

根据建筑物的高度选用不同的测设方法。高层建筑用经纬仪在墙面阴阳角、门窗口等处测设垂直基准线。多层建筑用钢丝吊大线坠从顶层向下绷钢丝法测设垂准线，竖向以四个大角为基准控制各分格线的垂直位置。抹灰前，先按各基准线进行抹灰饼、冲筋，间距以1200～1500mm为宜，抹灰饼、冲筋应做到顶面平齐且在同一垂直平面内作为抹灰的基准控制面。

3）抹底层砂浆：

抹灰按设计要求进行，设计无要求时厚度一般为10～15mm。抹灰应分两层进行，每层厚度一般为5～9mm。抹灰总厚度大于35mm时，应采取钉钢板网、钢丝网或其他加强措施。抹灰应确保窗台、腰线、檐口、雨篷等部位的流水坡度。

现浇混凝土、混凝土砌块、砖砌体基层：基层处理完后，满刷一道掺界面剂的聚合物水泥浆，然后用1：3水泥砂浆分两层抹灰。第一层抹完后用木抹子搓平、划毛，待六至七成干时抹第二层，第二层应与冲筋抹平，并用大杠刮直找平，再用木抹子搓毛，砂浆终凝后洒水养护。

加气混凝土、陶粒混凝土空心砌块基层：施工方法有两种，第一，基层处理完后，用水湿润基层表面，满刷一道掺加界面剂的水泥聚合物砂浆（界面剂：水泥：砂=1：1：1），然后分层抹灰；第二，基层浇水充分湿润后用间距不大于400mm的扒钉满钉钢板网（网孔小于32mm×32mm，厚度不小于0.7mm），绷紧钉牢后，即可分层抹底灰。第一层用混合砂浆（水泥：白灰膏：砂=1：1：6）抹9mm厚，表面用木抹子搓平、搓毛，待六至七成干时，抹第二层混合砂浆（水泥：白灰膏：砂=1：0.3：1.5），厚度为6mm左右，并与冲筋、灰饼抹平，用大杠刮直找平，再用木抹子搓毛，砂浆终凝后洒水养护。

4）选砖排砖：按颜色及规格尺寸挑选出一致的陶瓷锦砖，并统一编号，便于粘贴时对号入座。按大样图和现场实际尺寸，进行实际排砖，以确定陶瓷锦砖的排列方式、非整砖的放置位置及分格缝留置位置等。

5）弹控制线：根据排砖结果，在抹好的底灰上弹出各条分格线，并从上至下弹出若干条水平控制线，阴阳角、门窗洞口处弹垂直控制线，作为粘贴时的控制标准。

6）贴陶瓷锦砖：粘贴时总体顺序为自上而下，各分段或分格内的陶瓷锦砖粘贴为自下而上。其操作方法为先将底灰浇水润湿，根据弹好的水平线粘好米厘条，然后在底灰面上刷一道聚合物水泥浆（掺加水重10%的界面剂），再抹2～3mm厚的混合灰粘结层（配合比为纸筋：石灰膏：水泥=1：1：2，拌合时先把纸筋与石灰膏搅匀过3mm筛，再加入水泥搅拌均匀），也可采用1：0.3的水泥纸筋灰，用刮杠刮平，再用抹子抹平，将陶瓷锦砖底面朝上平铺在木托板上，在陶瓷锦砖缝里灌1：1的干白水泥细砂，用软毛刷子扫净表面浮砂，再薄薄刮上一层粘结灰浆，清理四周多余灰浆，两手提起陶瓷锦砖，下边放在已贴好的米厘条上，两侧与控制线相符后，粘贴到墙上，并用木拍板压平、压实。另外，还可以在底灰润湿后，按线粘好米厘条，然后刷一道聚合物水泥浆，底灰表面不抹混合灰粘结层，而是将2～3mm厚的混合灰粘结层抹在陶瓷锦砖底面上（其他操作要求及灰浆配合比等同上）。在粘贴陶瓷锦砖时，必须按弹好的控制线施工，各条砖缝要对齐。贴完一组后，将米厘条放在本组陶瓷锦砖的上口，继续贴第二组。根据气温条件确定连续粘贴高度。

采用背网粘胶的成品陶瓷锦砖，可直接采用水泥进行正面粘结铺贴。

7）揭纸、调缝：陶瓷锦砖贴到墙上后，在混合灰粘结层未完全凝固之前，用木拍板靠在贴好的陶瓷锦砖上，用小锤敲击拍板，满敲一遍使其粘结牢固。然后用软毛刷蘸水满刷陶瓷锦砖上的纸面使其湿润，约 30min 即可揭纸。揭纸时应从上向下揭，揭纸方向与墙面平行，揭纸后检查各条缝子大小是否均匀顺直、宽窄一致，对歪斜、不正的缝子，用开刀拨正调直，先调横缝，后调竖缝。然后再垫木拍板用小锤敲击一遍，用刷子蘸水将陶瓷锦砖缝里的砂子清出，用湿布擦净陶瓷锦砖表面。采用背网粘胶的成品陶瓷锦砖不再进行揭纸工序。

8）擦缝：陶瓷锦砖粘贴48h 后，用素水泥浆或专用勾缝剂擦缝（颜色按设计要求配色，通常选用与陶瓷锦砖同色或近似色），用抹子把素水泥浆或专用勾缝剂浆抹到陶瓷锦砖表面，并将其压挤进砖缝内，然后用擦布将表面擦净。清洗陶瓷锦砖表面时，应待勾缝材料硬化后方可进行。起出米厘条，用 1：1 的水泥砂浆勾严、勾平，再用布擦净。

2. 玻璃陶瓷锦砖

（1）工艺流程

基层处理、抹找平层→弹分格线→抹结合层、弹线→刮浆闭缝→铺贴玻璃锦砖→拍板赶缝→撕纸→二次闭缝、清洗。

（2）操作工艺

1）基层处理：基层为现浇混凝土或混凝土砌块墙面时，先剔平凸出墙面的混凝土，若墙面有油污，可用清洁剂冲洗，随之用清水冲净、晾干，然后将 1：1 的聚合物水泥砂浆（掺加水重 20% 的界面剂），用扫帚甩到墙上，甩点要均匀，终凝后浇水养护至有较高的强度（用手掰不动），即可抹底灰或贴面砖。对于基体混凝土表面很光滑的要凿毛，或用可掺界面剂胶的水泥细砂砂浆作小拉毛墙，也可刷界面剂，并浇水湿润基层（宜提前3 ~4d）。

基层为砖砌体墙面时，先剔除、清扫干净墙面上的残存砂浆、舌头灰，然后浇水湿润墙面（宜提前 1d），即可抹底灰。

基层为加气混凝土、陶粒混凝土空心砌块墙面时，先剔除、清扫干净墙面上的残存砂浆、舌头灰，分几遍浇水润湿，然后修补缺棱掉角、凹凸不平处。修补时先用水湿润待修补处的墙面，再刷一道掺加界面剂的水泥聚合物砂浆（界面剂：水泥：砂 =1：1：1），最后用混合砂浆（水泥：白灰膏：砂 =1：3：9）分层修补平整，然后抹底灰。

在基层不同的材质交接处，应钉钢板网或钢丝网，通常采用 20mm ×20mm 孔，厚度应不小于0.7mm，两边与基体搭接应不小于100mm，用水泥钉间距不大于400mm绷紧钉牢，然后抹底灰。

2）弹分格线：玻璃锦砖如设计有横向和竖向分格缝，一般按玻璃锦砖每联尺寸308mm×308mm，联间缝隙2mm，排板模数为310mm。每小粒锦砖背面尺寸近似18mm×18mm，粒间间隙也为2mm，每粒铺贴模数可取20mm。窗间墙尺寸排完整联后的尾数若不能被20mm整除，则最后一排锦砖排不下去，只有通过分格缝进行调整。

3）抹结合层、弹线：在墙面找平层上洒水湿润，刷一遍素水泥浆，随刷随后抹结合层。结合层一般采用1∶1水泥砂浆，3mm厚，亦可用1∶0.3水泥纸筋浆，抹2~3mm厚。在结合层上弹线，一般每方格以四联陶瓷锦砖为宜。

4）刮浆闭缝：将陶瓷锦砖粘贴面平铺在木板上，按水灰比0.32调制水泥浆，用铁抹子将水泥浆刮入陶瓷锦砖缝隙中，缝隙填满后再在表面刮一层厚1~2mm的水泥砂浆粘结层。若铺白色或浅色陶瓷锦砖，则粘结层和填缝水泥浆应用白水泥调制。

5）铺贴玻璃锦砖：结合层手按只留下清晰指纹时，即可粘贴玻璃锦砖。粘贴时，应对准分格线，从上往下进行，板与板之间留缝2mm。

6）拍板赶缝：由于水泥浆未凝结前有流动性，陶瓷锦砖上墙后在自重作用下少许下坠；又因操作误差，联与联之间的横向或竖向缝隙易出现偏差，铺贴后应用木拍板赶缝进行调整。

7）撕纸：将粘贴陶瓷锦砖的纸湿透，使粘胶溶解后，撕去粘贴纸。撕纸方向应自上而下，用力应保持与墙面平行，否则易将单粒陶瓷锦砖脱落。

8）二次闭缝、清洗：撕纸后，陶瓷锦砖颗粒外露，此时再用水泥浆刮浆闭缝，以免因个别缝隙不饱满而出现孔隙。对不直缝隙应拨缝，使其横平竖直。已拨动的颗粒应垫木板轻敲，使其粘结牢固。闭缝10~20min后，用毛刷蘸水洗刷三遍，最后用清水冲洗一次。

3. 季节性施工

(1) 雨期施工

雨期外墙陶瓷锦砖粘贴施工时，要有防止雨水冲刷的有效措施。遇大、暴雨天气时，不得冒雨进行作业。陶瓷锦砖粘贴完在砂浆没有终凝前，遇雨时必须进行遮盖，以确保施工质量。当气温高于35℃时，应有遮阳设施。

(2) 冬期施工

1）基层处理、抹灰、陶瓷锦砖粘贴和勾缝施工，环境温度不宜低于5℃。粘贴砂浆使用中应采取保温措施，上墙温度不宜低于5℃，砂浆硬化初期不得受冻。

2）陶瓷锦砖不宜冬期施工，特殊情况必须进行冬期施工时，应编制冬期施工方案。根据气温高低在砂浆内掺入不泛碱的防冻外加剂，其掺量由试验确定。

3）室内施工时应供暖或电暖气取暖，操作环境温度不低于5℃，设通风排气设备，并应由专人进行测温，保温养护期一般为7～9d。

4）采用冻结法砌筑的墙体，应待其解冻后方可进行陶瓷锦砖粘贴施工。

（三）质量标准

1. 主控项目

1）陶瓷锦砖的品种、规格、图案、颜色和性能必须符合设计要求。

检验方法：观察，检查产品合格证书、进场验收记录、性能检测报告和复验报告。

2）陶瓷锦砖粘贴工程的找平、防水、粘结和勾缝材料及施工方法应符合设计要求、国家现行产品标准、工程技术标准的规定。

检验方法：检查产品合格证书、复验报告和隐蔽工程验收记录。

3）陶瓷锦砖粘贴必须牢固。

检验方法：检查样板件粘结强度检测报告和施工记录。

4）陶瓷锦砖粘贴应无空鼓、裂缝、泛碱。

检验方法：观察，用小锤轻击检查。

2. 一般项目

1）陶瓷锦砖表面平整、洁净、色泽一致，无裂痕和缺损。

检验方法：观察。

2）阴、阳角处搭接方式、非整砖使用部位应符合设计要求。

检验方法：观察。

3）墙面突出物周围的陶瓷锦砖应套割吻合，边缘应整齐。墙裙、贴脸突出墙面的厚度应一致。

检验方法：观察、尺量检查。

4）陶瓷锦砖接缝应平直、光滑，填嵌应连续、密实；宽度和深度应符合设计要求。

检验方法：观察、尺量检查。

5）有排水要求的部位应做滴水线（槽）。滴水线（槽）应顺直、清晰美观，流水坡向应正确，坡度应符合设计要求。

检验方法：观察，用水平尺检查。

6）陶瓷锦砖工程的防震缝、伸缩缝、沉降缝等的设置应符合设计要求，缝内应用柔性防水材料嵌缝，并应保证缝的使用功能和饰面的完整性。

检验方法：观察。

7）陶瓷锦砖粘贴施工的允许偏差和检验方法见表2－15。

陶瓷锦砖粘贴的允许偏差和检验方法　　表 2－15

项次	项目	允许偏差（mm）		检验方法
		室内	室外	
1	立面垂直度	2	3	用 2m 垂直检测尺检查
2	表面平整度	3	4	用 2m 靠尺和楔形塞尺检查
3	阴、阳角方正	3	3	用直角检测尺检查
4	接缝直线度	2	3	拉 5m 线，不足 5m 拉通线，用钢直尺检查
5	接缝高低差	0.5	1	用钢直尺和楔形塞尺检查
6	接缝宽度	1	1	用钢直尺检查

（四）成品保护

1）陶瓷锦砖进场后，应在专用场地堆放。存放、搬运过程中不得划伤其表面。

2）陶瓷锦砖镶贴过程中，应注意保护与其交界的门、窗框、玻璃和金属饰面板。宜在门、窗框、玻璃和金属饰面板上粘贴保护膜，防止交叉污染、损坏。

3）若有电焊交叉作业时，应对施工完的陶瓷锦砖进行覆盖保护。

4）合理安排施工工序，避免工序倒置。应在专业设备、管线安装完成后再贴陶瓷锦砖。

5）翻、拆脚手架和向架子上运料时，严禁碰撞已施工完的墙面陶瓷锦砖。

6）墙面陶瓷锦砖施工完成后，首层宜采用三合板或其他材料进行全面围挡，容易碰触到的口、角部位，应使用木板钉成护角保护，并悬挂警示标志。其他工种作业时，注意不得损伤、碰撞和污染陶瓷锦砖表面。

7）勾缝、擦缝、清理陶瓷锦砖墙面时，必须注意防止利器划伤陶瓷锦砖表面。

（五）应注意的质量问题

1）陶瓷锦砖进场后应开箱检查，进行质量和数量验收。

2）陶瓷锦砖施工必须排板，并绘制施工大样图。

3）按施工大样图，对窗间墙、墙垛等处先测好中心线、水平线和阴、阳角垂直线，贴好灰饼。

4）镶贴水泥砂浆中，应掺入水泥质量 3% ~5% 的 801 胶，以改善砂浆和易性和保水性，延缓凝固时间，增加粘结强度，便于操作。

5）粘贴窗上口滴水线时，不得妨碍窗扇的启闭。窗台板必须低于窗框，便于排水。

6）分格条的大缝应用 1∶1 水泥细砂浆勾缝。

7）用 10% 稀盐酸溶液清洗饰面后，应立即用清水将盐酸溶液冲洗干净，使表面洁净发亮。

8）防震缝、伸缩缝、沉降缝等部位的饰面应按设计规定处理。

（六）质量记录

1）水泥的出厂合格证及复试报告。

2）砂子试验报告。

3）陶瓷锦砖的出厂合格证及吸水率、冻融试验报告和进厂检验报告。

4）界面剂的产品质量合格证、性能检测报告和环保检测报告。

5）基层处理施工隐检记录。

6）陶瓷锦砖粘贴强度检测（拉拔试验）报告。

7）检验批质量验收记录。

8）分项工程质量验收记录。

（七）安全环保措施

1. 安全措施

1）操作前检查脚手架和跳板是否搭设牢固，高度是否满足操作要求，合格后才能上架操作，凡不符合安全之处应及时修整。

2）禁止穿硬底鞋、拖鞋、高跟鞋在架子上工作，架子上人不得集中在一起，工具要搁置稳定，以防止坠落伤人。

3）在两层脚手架上操作时，应尽量避免在同一垂直线上工作，必须同时作业时，下层操作人员必须戴安全帽。

4）抹灰时应防止砂浆掉入眼内；采用竹片或钢筋固定八字靠尺板时，应防止竹片或钢筋回弹。

5）夜间临时用的移动照明灯，必须用安全电压。机械操作人员须培训持证上岗，现场一切机械设备，非机械操作人员一律禁止操作。

6）禁止搭设飞跳板，禁止从高处往下乱投东西。脚手架严禁搭设在门窗、散热器、水暖等管道上。

2. 环保措施

1）施工现场应做到工完场清。

2）裁切石材和使用其他噪声较大的机具时，应尽量采用湿切法，防止噪声污染。

3）废弃物应按环保要求分类堆放并及时清运。

地面施工

一、实木地板施工工艺

（一）施工准备

1. 材料

1）实木地板：实木地板面层所采用的材料，其技术等级和质量应符合设计要求，含水率长条木地板不大于12%，拼花木地板不大于10%。实木地板面层的条材和块材应采用具有商品检验合格证的产品，其产品类别、型号、适用树种、检验规则及技术条件等均应符合现行国家标准《实木地板块》GB/T 15036.1~6—2001的规定。

2）木材：木龙骨、垫木、剪刀撑和毛地板等应作防腐、防蛀及防火处理。木龙骨要用变形较小的木材，常用红松和白松等；毛地板常选用红松、白松、杉木或整张的细木工板等。木材的材质、品种、等级应符合现行国家标准《木结构工程施工质量验收规范》GB 50206—2002的有关规定，铺设时的含水率不大于12%。

3）硬木踢脚板：宽度、厚度应按设计要求的尺寸加工，其含水率不大于12%，背面满涂防腐剂。

4）其他材料：防腐剂、防火涂料、胶粘剂、8~10号镀锌钢丝、50~100mm钉子（地板钉）、钉、角码、膨胀螺栓、镀锌木螺钉、隔声材料等。防腐剂、防火涂料、胶粘剂应具有环保检测报告。

2. 机具设备

1）机械：多功能木工机床、刨地板机、磨地板机、平刨、压刨、小电锯、电锤等。

2）工具：斧子、冲子、凿子、手锯、手刨、锤子、墨斗、錾子、扫帚、钢丝刷、气钉枪、割角尺等。

3）计量检测用品：水准仪、水平尺方尺、钢尺、靠尺等。

3. 作业条件

1）顶棚、墙面的各种湿作业已完，粉刷干燥程度达到80%以上。

2）墙面已弹好标高控制线（+500mm），并预检合格。

3）门窗玻璃、油漆、涂料已施工完，并验收合格。

4）水暖管道、电气设备及其他室内固定设施安装完，给、排水及暖气试压通过验收并合格。

4. 技术准备

1）认真审核图纸，结合现场尺寸进行深化设计，方法为拼花、镶边等，并经监理、建设单位认可。

2）根据选用的板材和设计图案进行试拼、试排，准确、均匀美观。确定铺设达到尺寸要求。

3）选定的样品板材应封样保存。提前做好样板间或样板块，经监理、建设单位验收合格。

4）对操作人员进行安全技术交底。铺设面积较大时，应编制施工方案。

（二）操作工艺

实木地板按构造方法不同，有“实铺”和“空铺”两种。铺木地板，是木龙骨铺在钢筋混凝土板或垫层上，它由木龙骨、毛地板及实木地板面层等组成。“空铺”由木龙骨、剪刀撑、毛地板、实木地板面层等组成，一般设在首层房间。采用“空铺”法当龙骨跨度较大时，应加设地垄墙，地垄墙顶上要铺防水卷材或抹防水砂浆及放置垫木。

1. 工艺流程

基层处理→安装木龙骨→铺毛地板→铺实木地板→安装木踢脚线→油漆、打蜡。

2. 操作方法

1）基层清理：对基层空鼓、麻点、掉皮、起砂、高低偏差等部位先进行返修，并把沾在基层上的浮浆、落地灰等用錾子或钢丝刷清理掉，再用扫帚将浮土清扫干净。

2）安装木龙骨：

实铺法：楼层木地板的铺设，通常采用实铺法施工。

先在基层上弹出木龙骨的安装位置线（间距不大于400mm或按设计要求）及标高，将龙骨放平、放稳，并找好标高，再用电锤钻孔，用膨胀螺栓、角码固定木龙骨或采用预埋在楼板内的钢筋（钢丝）绑牢，木龙骨与墙间留出不小于30mm的缝隙，以利于通风防潮。木龙骨的表面应平直。若表面不平可用垫板垫平，也可刨平，或者在底部砍削找平，但砍削深度不宜超过10mm，砍削处要刷防火涂料和防腐剂处理。采用垫板找平时垫板要与龙骨钉牢。

木龙骨的断面选择应根据设计要求。实铺法木龙骨常加工成梯形（俗称燕尾龙骨），这样不仅可以节省木材，同时也有利于稳固。也可采用30mm×40mm木龙骨，木龙骨的接头应采用平接头，每个接头用双面木夹板，每面钉牢，亦可以用扁铁双面夹住钉牢。

木龙骨之间还要设置横撑，横撑间距800mm左右，与龙骨垂直相交，用铁钉固定，其目的是为了加强龙骨的整体性。龙骨与龙骨之间的孔隙内，按设计要求填充轻质材料，填充材料不得高出木龙骨上表皮。

空铺法：

空铺法的地垄墙高度应根据架空的高度及使用的条件计算后确定，地垄墙的质量应符合有关验收规范的技术要求，并留出通风孔洞。

在地垄墙上垫放通长的压沿木或垫木。压沿木或垫木应进行防腐、防蛀处理，并用预埋在地垄墙里的钢丝将其绑扎拧紧，绑扎固定的间距不超过300mm，接头采用平接，在两根接头处，绑扎的钢丝应分别在接头处的两端150mm以内进行绑扎，以防接头处松动。

在压沿木表面划出各龙骨的中线，然后将龙骨对准中线摆好，端头离开墙面的缝隙约30mm，木龙骨一般与地垄墙成垂直，摆放间距一般为400mm，并应根据设计要求，结合房间的具体尺寸均匀布置。当木龙骨顶面不平时，可用垫木或木楔在龙骨底下垫平，并将其钉牢在压沿木上，为防止龙骨活动，应在固定好的木龙骨表面临时钉设木拉条，使之互相牵拉。

龙骨摆正后，在龙骨上按剪刀撑的间距弹线，然后按线将剪刀撑钉于龙骨侧面，同一行剪刀撑要对齐顺线，上口齐平。

3）铺钉毛地板：实木地板有单层和双层两种。单层实木地板是将条形实木地板直接钉牢在木龙骨上，条形板与木龙骨垂直铺设。双层是在木龙骨上先钉一层毛地板，再钉实木条板。

毛地板可采用较窄的松、杉木板条，其宽度不宜大于120mm，或按设计要求选用，毛地板的表面应刨平。毛地板与木龙骨成30°或45°角斜向铺钉。毛地板铺设时，木材髓心应向上，其板间缝隙不大于3mm，与墙之间应留10～20mm的缝隙。毛地板用铁钉与龙骨钉紧，宜选用长度为板厚2～2.5倍的铁钉，每块毛地板应在每根龙骨上各钉两个钉子固定，钉帽应砸扁并冲进毛地板表面2mm，毛地板的接头必须设在龙骨中线上，表面要调平，板长不应小于两档木龙骨，相邻板条的接缝要错开。毛地板使用前必须作防腐处理。

4）铺钉实木地板面层：

条板铺钉：单层实木地板，在木龙骨完成后即进行条板铺钉。双层实木地板在毛地板完成后，为防止使用中发生响声和潮气侵蚀，在毛地板上干铺一层防水卷材。铺设时应从距门较近的墙一边开始铺钉企口条板，靠墙的一块板应离墙面留8～12mm缝隙，用木楔背紧。以后逐块排紧，用地板钉从板侧企口处斜向钉入，钉长为板厚的2～2.5倍，钉帽要砸扁、冲入地板表面2mm，企口条板要钉牢、排紧。板端接缝应错开，其端头接缝一般是有规律地在一条直线上。每铺设600～800mm宽应拉线找直修整，板缝宽度不大于0.5mm。

板的排紧方法一般可在木龙骨上钉钉，在钉与板之间加一对硬木楔，打紧硬木楔就可以使板排紧。钉到最后一块企口板时，因无法斜着钉，可用明钉钉牢，钉帽要砸扁，冲入板内。企口板的接口要在龙骨中间，接头要互相错开，龙骨上临时固定的木拉条，应随企口板的安装随时拆去，铺钉完之后及时清理干净，对表面不平处，应进行刨光，先垂直木纹方向粗刨一遍，再顺木纹方向细刨一遍。

拼花木地板铺钉：拼花实木地板是在毛地板上进行拼花铺钉。铺钉前，应根据设计要求的地板图案进行弹线，一般有正方格形、斜方格形、人字形等。

在毛地板上弹出图案墨线，分格定位，有镶边的，距墙边留出 200 ~300mm 做镶边。按墨线从中央向四边铺钉，各块木板应互相排紧，对于企口拼装的硬木地板，应从板的侧边斜向钉入毛地板中，钉帽不外露，钉长为板厚的 2 ~2. 5 倍。钉间距不大于 300mm，距板端 20mm 处应钉一枚钉。板块缝隙不应大于 0. 3mm，面层与墙之间缝隙，应加木踢脚板封盖。有镶边时，在大面积铺贴完后，再铺镶边部分。

胶粘剂铺贴拼花木地板：铺贴时，先处理好基层，表面应平整、洁净、干燥。在基层表面和拼花木地板背面分别涂刷胶粘剂，其厚度：基层表面控制在 1mm 左右，地板背面控制在 0. 5mm 左右，待胶表面稍干后（不粘手时）即可铺贴就位，并用小锤轻敲，使地板与基层粘牢，对溢出的胶粘剂应随时擦净。刚铺贴好的木板面应用重物加压，使之粘结牢固，防止翘曲、空鼓。

5）刨平、磨光：地板刨光宜采用地板刨光机，转速在 5000r/min。长条地板应顺木纹刨，拼花地板应与地板木纹成 45°斜刨。刨时不宜走得太快，刨刀吃口不应过深，要多走几遍，所刨厚度应小于 1. 5mm，要求无刨痕。机器刨不到的地方要用手刨，并用细刨净面。地板刨平后，用砂布磨光，所用砂布应先粗后细，砂布应绷紧绷平，磨光方向及角度与刨光方向相同。

6）安装木踢脚板：实木地板安装完毕，静放 2h 后方可拆除木楔子，并安装踢脚板。踢脚板的厚度应以能压住实木地板与墙面的缝隙为准，通常厚度为 15mm，以钉固定。木踢脚板应提前刨光，背面开成凹槽，以防翘曲，并每隔 1m 钻曲 $\phi 6$ 的通风孔，在墙上每隔 750mm 设防腐木砖或在墙上钻孔打入防腐木砖，在防腐木砖外面钉防腐木块，再把踢脚板用钉子钉牢在防腐木块上，钉帽砸扁冲入木板内，踢脚板板面应垂直，上口水平。木踢脚板阴阳角交接处应切割成 45°角拼装，踢脚板的接头也应固定在防腐木块上。安装时注意不要把有明显色差的踢脚板连在一起。

7）油漆、打蜡：拼花地板花纹明显，多采用透明的清漆刷涂，打蜡时均匀喷涂 1 ~2 遍，稍干后用净布擦拭，直至表面光滑、光亮。面积较大时用机械打蜡，以增加地板的光洁度，使木材固有的花纹和色泽最大限度地显示出来。

3. 季节性施工

1）雨期施工时，如空气湿度超出施工条件，除开启门窗通风外，还应增加人工排风设施（排风扇等）控制湿度。遇大雨、持续高湿度等天气时应停止施工。

2）冬期施工时，应在采暖条件下进行，室温保持均衡，使用胶粘剂时室温不宜低于10℃。

（三）质量标准

1. 主控项目

1）实木地板面层所采用的材质和铺设时的木材含水率必须符合设计要求。木龙骨、垫木和毛地板等必须作防腐、防蛀处理。

检验方法：观察检查和检查材质合格证明文件及检测报告。

2）木龙骨安装应牢固、平直。

检验方法：观察、脚踩检查。

3）面层铺设应牢固；粘贴无空鼓。

检验方法：观察、脚踩或用小锤轻击检查。

2. 一般项目

1）实木地板面层应刨平、磨光，无明显刨痕和毛刺等现象；图案清晰，颜色均匀一致。

检验方法：观察、手摸和脚踩检查。

2）面层缝隙应严密；接头位置应错开、表面洁净。

检验方法：观察检查。

3）拼花地板接缝应对齐，粘、钉严密，缝隙宽度均匀一致；表面洁净，胶粘无溢胶。

检验方法：观察检查。

4）踢脚线表面应光滑，接缝严密，高度一致。

检验方法：观察和钢尺检查。

实木地板面层的允许偏差和检验方法见下表2－16。

实木地板面层允许偏差和检验方法　　表2－16

项　目	允许偏差（mm）			检验方法
	松木地板	硬木地板	拼花地板	
	国标、行标	国标、行标	国标、行标	
板面缝隙宽度	1.0	0.5	0.2	用钢尺检查
表面平整度	3.0	2.0	2.0	用2m靠尺和楔形塞尺检查
踢脚线上口平直	3.0	3.0	3.0	拉5m线，不足5m拉通线
板面拼缝平直	3.0	3.0	3.0	用钢尺检查和楔形塞尺检查
相邻板材高差	0.5	0.5	0.5	用钢尺和楔形塞尺检查
踢脚线与面层的接缝	1.0	1.0	1.0	楔形塞尺检查

（四）成品保护

1）地板材料应码放整齐，使用时轻拿轻放，不得乱扔乱堆，以免损坏棱角。

2）在铺好的实木地板上作业时，应穿软底鞋，不得在地板面上敲砸，防止损坏面层。

3）实木地板铺设时应保证施工环境的温度、湿度。通水和通暖时应检查阀门及管道是否严密，以防渗漏浸湿地板造成地板开裂、起鼓。

4）木地板基层内有管道时，应做好标记，有管线处不得打眼、钉钉子，防止损坏管线。

5）实木地板面层完工后应进行遮盖和拦挡，并设专人看护。

6）后续工程在地板面层上施工时，必须进行遮盖、支垫，严禁直接在木地板面层上动火、焊接、和灰、调漆、支铁梯、搭脚手架等。

（五）应注意的质量问题

1）铺钉毛地板前应检查木龙骨安装是否牢固，如有不牢固之处，及时加固，防止行走时有响声。

2）安装木龙骨时严格控制木材的含水率，基层充分干燥后方可进行。施工时不要将水遗洒到木地板上，铺完的实木地板要做好成品保护，防止面层起鼓、变形。

3）木地板安装前挑选好地板的规格、尺寸、颜色、纹理、企口质量等，保证板边顺直、板面平整，防止板缝不严、花色不均。

4）施工前各种控制线、点应校核准确，施工时随时与其他地板作业面对照，协调统一，防止接槎处出现高差。

5）按规定留好龙骨、毛地板、木地板面层与墙之间的间隙，并预留木地板的通风排气孔，防止木地板受潮变形。

6）木踢脚板安装前，先检查墙面垂直和平整及木砖间距，有偏差时应及时修整，防止踢脚板与墙面接触不严和翘曲、变形。安装时注意不要把明显色差的木地板连在一起。

（六）质量记录

1）主要材料合格证明文件及检测报告，板材的环保检测报告。

2）防腐、防蛀材料、胶粘剂质量合格证明文件、复试报告及有关环保检测报告。

3）隐检记录。

4）检验批质量验收记录。

5）分项工程质量验收记录。

（七）安全、环保措施

1. 安全操作要求

1）电气设备应有接地保护。小型电动工具，必须安装“漏电保护”装置，使用时应经试运转合格后方可操作。现场维护电工应持证上岗，非电工不得私自接电源。

2）作业区域严禁明火作业。木材、油漆、胶粘剂应避免高温烘烤。

3）存放木材、实木地板和胶粘剂的库房应阴凉、远离火源，库房内配备消防器材。

4）使用胶粘剂铺贴木地板，房间应做好通风。

5）操作人员应佩戴好劳动防护用品。

2. 环保措施

1）铺地板的作业区应及时清理边角余料、刨花木屑等，装袋外运，做到工完场清。

2）装卸材料应做到轻拿轻放，减少噪声。夜间材料运输车辆进入施工现场时，严禁鸣笛。

3）木材加工间应封闭，并采取措施降低噪声。采用机械刨木地板时，不得在夜间施工。

4）清理地面基层时，应随时洒水，减少扬尘污染。

5）油漆、胶粘剂的空桶应及时集中处理，剩余的油漆、胶粘剂不用时要封闭保存，禁止长时间暴露，以免污染环境。

6）施工所采用的原材料应符合现行国家标准《民用建筑室内环境污染控制规范》的规定。

二、实木复合地板的施工工艺

施工工艺参照实木地板。

三、强化木地板的施工工艺

（一）施工准备

1. 材料

1）中密度（强化）复合木地板：中密度（强化）复合木地板面层材料和衬垫应有产品检验合格证，其技术等级及质量要求均应符合现行国家标准《浸渍纸层压木质地板》GB/T 18102—2007 和《室内装饰装修材料人造板及其制品中甲醛释放限量》的规定。用于公共场所的地板耐磨转数大于等于 9000 转；用于住宅的地板耐磨转数大于等于 6000 转。

2）龙骨、毛地板等木材：必须作防腐、防蛀处理。木龙骨要用变形较小的木材，常用红松和白松等；毛地板常选用红松、白松、杉木或整张的细木工板等。木材的材质、品种、等级和铺设时的含水率应符合现行国家标准《木结构工程施工质量验收规范》的有关规定。

3）踢脚板：宽度、厚度应按设计要求的尺寸加工，其含水率不大于 12%，背面满涂防腐剂或采用与中密度（强化）复合木地板配套的成品踢脚板。

4）其他材料：胶粘剂应符合现行国家标准《室内装饰装修材料胶粘剂中有害物质限量》GB 18583—2008 的规定。氟化钠或其他防腐材料、8～10 号镀锌钢丝、50～100mm 钉子、扒钉、角码、膨胀螺栓、镀锌木螺钉等。

2. 机具设备

1）机具：小电锯、电锤、电钻。

2）工具：斧子、冲子、凿子、手锯錾子、手刨、锤子、墨斗、扫帚、钢丝刷、气钉枪等。

3）计量检测用具：水准仪、水平尺、方尺、钢尺、靠尺等。

3. 作业条件

1）顶棚、墙面的各种湿作业已完，粉刷干燥程度达到 80% 以上。

2）已测设好标高控制线，并经预检合格。

3）门窗玻璃、油漆、涂料已施工完，并通过验收。

4）水暖管道、电气设备及其他室内固定设施安装完，给水排水及暖气通过试压验收合格。

4. 技术准备

1）按设计要求结合现场尺寸，确定地板铺贴方法、顺序和分块，绘制配板图。

2）按配板图和选用的板材进行试拼、试排，做到尺寸准确、拼板妥当。

3）选定的样板应封样保存，提前做好样板间或样板块，得到监理、建设单位的签字认可。

4）对操作人员进行安全技术交底。

（二）操作工艺

1. 工艺流程

基层处理→安装木龙骨→铺毛地板→铺实复合木地板→安装木踢脚线。

2. 操作方法

1）基层清理：将基层上的浮浆、落地灰、空鼓处等用錾子或钢丝刷清理掉，再用扫帚将浮土清扫干净。对基层麻点、起砂、高低偏差等部位用水泥腻子或水泥砂浆修补、打磨。基层应做到平整、坚实、干燥、洁净。

2）弹线：当基层完全干燥并达到要求后，根据配板图或实际尺寸，测量弹出面层控制线和定位线。

3）铺衬垫或毛地板：一般采用3mm左右聚乙烯泡沫塑料衬垫，可在基层上直接满铺。也可将衬垫采用点粘法或用双面胶带纸粘在基层上。

中密度（强化）复合木地板下层如需铺钉毛地板时可采用15mm厚松木板或同厚度、质量可靠的其他板材，毛地板铺设方法见本册“实木地板面层施工工艺标准”的相关章节。

4）铺中密度（强化）复合木地板面层

先试铺，将地板条铺成与光线平行方向，在走廊或较小的房间，应将地板块与较长的墙面平行铺设。排与排之间的长边接缝必须保持一条直线，相邻条板端头应错开不小于300mm。

中密度（强化）复合木地板不与地面基层及泡沫料衬垫粘贴，只是地板块之间粘结成整体。按试铺的排板尺寸，第一块板材凹企口朝墙面。第一排板每块只需在短头接尾凸榫上部涂足量的胶，使地板块榫槽粘结到位，接合严密。第二排板块须在短边和长边的凹榫内涂胶，与第一排板的凸榫粘结，用小锤隔着垫木向里轻轻敲打，使两块结合严密、平整，不留缝隙。板面溢出的胶，用湿布及时擦净。每铺完一排，拉线检查，保证铺板子直。按上述方法逐块铺设挤紧。地板与墙面相接处，留出10mm左右的缝隙，用木楔背紧（最后一排地板块与墙面也要有10mm缝隙）。铺粘应从房间内退着往外铺设，不符合模数的板块，其不足部分在现场根据实际尺寸将板块切割后镶补，并用胶粘剂加强固定。待胶干透后，方可拆除木楔。

铺设中密度（强化）复合木地板面层的面积达70m^{2}或房间长度达8m时，宜在每间隔8m处（或门口处）放置铝合金条，防止整体地层受热变形。

5）安装踢脚板：中密度（强化）复合木地板安装完后，可安装踢脚板。踢脚板应提前刨光，厚度应以能压住中密度（强化）复合木地板与墙面的缝隙为准。为防止翘曲，在靠墙的一面开成凹槽，并每隔1m钻直径6mm的通风孔。在墙上每隔750mm设防腐木砖（或在墙上钻孔，打入木砖），再把踢脚板用钉子钉牢在防腐木块上，钉帽砸扁冲入木板内，踢脚板板面应垂直，上口水平。木踢脚板阴阳角交接处应切割成45°角后再进行拼装，踢脚板的接头应固定在防腐木块上。也可选用与中密度（强化）复合木地板配套的成品踢脚板，安装可采用打眼下木楔钉固，也可用安装挂件，活动安装。

3. 季节性施工

1）雨期施工，如空气湿度超出施工条件时，除开启门窗通风外，还应增加人工排风设施（排风扇等）控制湿度。遇大雨、持续高湿度等天气时应停止施工。

2）冬期施工，木地板应在采暖条件下进行，室温保持均衡。使用胶粘剂时室温不宜低于10℃。

（三）质量标准

1. 主控项目

1）中密度（强化）复合木地板面层所采用的材料，其技术等级及质量要求应符合设计要求。木龙骨、垫木和毛地板等应作防腐、防蛀处理。

检验方法：观察检查和检查材质合格证明文件及检测报告。

2）木龙骨安装应牢固、平直。

检验方法：观察、脚踩检查。

3）面层铺设应牢固。

检验方法：观察、脚踩检查。

2. 一般项目

1）中密度（强化）复合木地板面层图案和颜色应符合设计要求，图案清晰，颜色一致，板面无翘曲。

检验方法：观察、用2m靠尺和楔形塞尺检查。

2）面层的接头应错开，缝隙严密，表面洁净。

检验方法：观察检查。

3）踢脚线表面光滑，接缝严密，高度一致。

检验方法：观察和钢尺检查。

4）强化复合木地板面层的允许偏差和检验方法见表2－17。

强化复合木地板面层允许偏差和检验方法　　表2－17

项目	允许偏差（mm）	检验方法
	国标、行标	
板面缝隙宽度	0.5	用钢尺检查
表面平整度	2.0	用2m靠尺和楔形塞尺检查
踢脚线上口平直	3.0	拉5m线，不足5m拉通线和用钢尺检查
板面拼缝平直	3.0	
相邻板材高差	0.5	用钢尺和楔形塞尺检查
踢脚线与面层的接缝	1.0	楔形塞尺检查

（四）成品保护

1）地板材料应码放整齐，使用时轻拿轻放，不得乱扔乱堆，以免损坏棱角。

2）在铺好的中密度（强化）复合木地板上作业时，应穿软底鞋，且不得在地板面上敲砸，防止损坏面层。

3）应确保水、暖阀门关闭严密，防止跑、冒、滴、漏造成地板开裂、起鼓。

4）当中密度（强化）复合木地板基层内有管道时，应做好标记，管道处不得钻孔、钉钉子，防止损坏管线。

5）中密度（强化）复合木地板面层完工后应进行遮盖和拦挡，专人看护。

6）后续工程在地板面层上施工时，必须进行遮盖、支垫，严禁在地板面层上动火、焊接、和灰、调漆、支铁梯、搭脚手架等。

（五）应注意的质量问题

1）铺设中密度（强化）复合木地板前，应将基层找平，表面平整度严格控制在2mm以内，粘贴刷胶时要均匀到位，以防出现行走时有响声和踩空感。

2）铺板前基层应充分干燥，防止地板受潮膨胀，面层应严格挑选规格尺寸，板面顺直，防止产生板缝不严。

3）各种控制线应校核准确，施工时随时与其他地板作业面对照，协调统一，防止接槎处出现高差。

4）木踢脚板安装时，先检查墙面垂直、平整度及木砖间距，有偏差时应及时修整，防止踢脚板与墙面接触不严和翘曲、变形。

（六）质量记录

1）主要材料合格证明文件及检测报告，板材的环保检测报告。

2）防腐、防蛀材料和胶粘剂质量合格证明文件复试报告及有关环保检测报告。

3）隐检记录。

4）检验批质量验收记录。

5）分项工程质量验收记录。

（七）安全、环保措施

1. 安全操作要求

1）电气设备应有接地保护。小型电动工具必须安装“漏电保护”装置，使用时应经试运转合格后方可操作。现场维护电工应持证上岗，非维护电工不得私自接电源。

2）作业区域严禁明火作业，木材、胶粘剂禁止高温烘烤。

3）存放木材、中密度（强化）复合木地板和胶粘剂的库房要远离火源，库内应阴凉通风且配备灭火器材。

4）使用胶粘剂铺贴中密度（强化）复合木地板面层时，施工作业区房间应做好通风。

5）操作人员应佩戴好安全防护用品。

2. 环保措施

1）铺地板的作业区应及时清理边角余料、刨花木屑等，装袋外运，做到工完场清。

2）装卸材料应做到轻拿轻放，减少噪声。在居民区施工，夜间材料运输车辆进入现场严禁鸣笛。

3）木材加工间应封闭，采取措施降低噪声。用錾子剔除基层浮浆、落地灰时，应关闭外门窗，减少噪声扰民。

4）清理地面基层时，应随时洒水，减少扬尘污染。

5）胶粘剂的空桶应及时集中处理，剩余的胶粘剂要封闭保存，禁止长时间暴露，以免污染环境。

6）施工所采用的原材料应符合现行国家标准《民用建筑室内环境污染控制规范》的规定。

四、竹地板施工工艺

施工工艺参照强化木地板。

五、地砖施工工艺

（一）施工准备

1. 材料

1）地砖：有出厂合格证及检测报告，品种规格及物理性能符合国家标准及设计要求，外观颜色一致，表面平整、边角整齐，无裂纹、缺棱掉角等缺陷。

2）水泥：硅酸盐水泥、普通硅酸盐水泥，其强度等级不应低于32.5，严禁不同品种、不同强度等级的水泥混用。水泥进场应有产品合格证和出厂检验报告，进场后应进行取样复试。其质量必须符合现行国家标准《硅酸盐水泥、普通硅酸盐水泥》GB 175—2007的规定。当对水泥质量有怀疑或水泥出厂超过三个月时，在使用前必须进行复试，并按复试结果使用。

白水泥：白色硅酸盐水泥，其强度等级不小于32.5。其质量应符合现行国家标准《白色硅酸盐水泥》GB/T 2015—2005的规定。

3）砂：中砂或粗砂，过5mm孔径筛子，其含泥量不大于3%。其质量应符合国家现行标准《普通混凝土用砂质量标准及检验方法》JGJ 52—2006的规定。

4）水：宜采用饮用水。当采用其他水源时，其水质应符合《混凝土拌合用水标准》JGJ 63—2006的规定。

5）界面剂：应有出厂合格证及检测报告。

2. 机具设备

1）机械：砂搅拌机、台式砂轮锯、手提云石机、角磨机。

2）工具：橡皮锤、铁锹、手推车、筛子、木耙、水桶、刮杠、木抹子、铁抹子、錾子、铁锤、扫帚等。

3）计量检测用具：水准仪、磅秤、钢尺、直角尺、靠尺、尼龙线、水平尺等。

4）安全防护用品：口罩、手套、护目镜等。

3. 作业条件

1）室内标高控制线（+500mm 或 +1000mm）已弹好面积施工时应增加测设标高控制桩点，并校核无误。

2）室内墙面抹灰已做完，门框安装完。

3）地面垫层及预埋在地面内的各种管线已做完，穿过楼面的套管已安装完，管洞已堵塞密实，并办理完隐检手续。

4. 技术准备

1）根据设计要求，结合现场尺寸，进行排砖设计，并绘制施工大样图，经设计、监理、建设单位确认。

2）办理材料确认，并将设计或建设单位选定的样品封样保存。

3）铺砖前应向操作人员进行安全技术交底。大面积施工前宜先做出样板间或样板块，经设计、监理、建设单位认定后，方可大面积施工。

（二）操作工艺

1. 工艺流程

基层处理→水泥砂浆找平→测设十字控制线、标高线→排砖试铺→铺砖→养护→安装踢脚线→勾缝。

2. 操作方法

1）基层处理：先把基层上的浮浆、落地灰、杂物等用錾子剔除掉，再用钢丝刷、扫帚将浮土清理干净。

2）水泥砂浆找平层：

① 冲筋：在清理好的基层上洒水湿润。依照标高控制线向下量至找平层上表面，拉水平线做灰饼（灰饼顶面为地砖结合层下皮）。然后先在房间四周冲筋，再在中间每隔 1.5m 左右冲筋一道。有泛水的房间按设计要求的坡度找坡，冲筋宜朝地漏方向呈放射状。

② 抹找平层：冲筋后，及时清理冲筋剩余砂浆，再在冲筋之间铺装 1∶3 水泥砂浆，一般铺设厚度不小于 20mm，用平锹将砂浆摊开，用刮杠将砂浆刮平，木抹子拍实、抹平整，同时检查其标高和泛水坡度是否正确，做好洒水养护。

3）测设十字控制线、标高线：当找平层强度达到 1.2MPa 时，根据 +500mm 或 +1000mm 控制线和地砖面层设计标高，在四周墙面、柱面上，弹出面层上皮标高控制线。依照排砖图和地砖的留缝大小，在基层地面弹出十字控制线和分格线。如设计有图案要求时，应按设计图案弹出图案定位线，做好标记，并经预检核对，以防差错。

4）排砖、试铺：排砖时，垂直于门口方向的地砖对称排列，当试排最后出现非整砖时，应将非整砖与一块整砖尺寸之和平分切割成两块大半砖，对称排在两边。与门口平行的方向，当门口是整砖时，最里侧的一块砖宜大于半砖（或大于200mm），当不能满足时，将最里侧的非整砖与门口整砖尺寸相加均分在门口和最里侧。密缝铺贴时，缝宽不大于1mm。根据施工大样图进行试铺，试铺无误后，进行正式铺贴。

5）铺砖：先在两侧铺两条控制砖，依此拉线，再大面积铺贴。铺贴采用干硬性砂浆，其配比一般为1：(2.5～3.0)（水泥：砂）。根据砖的大小先铺一段砂浆，并找平拍实，将砖放置在干硬性水泥砂浆上，用橡皮锤将砖敲平后揭起，在干硬性水泥砂浆上浇适量素水泥浆，同时在砖背面刮聚合物水泥膏，再将砖重新铺放在干硬性水泥砂浆上，用橡皮锤按标高控制线、十字控制线和分格线敲压平整，然后向四周铺设，并随时用2m靠尺和水平尺检查，确保砖面平整、缝格顺直。

6）养护：砖面层铺贴完24h内应进行洒水养护，夏季气温较高时，应在铺贴完12h后浇水养护并覆盖，养护时间不少于7d。

7）贴踢脚板面砖：墙面抹灰时留出踢脚部位不抹灰，使踢脚砖不致出墙太厚。粘贴前砖要浸水阴干，墙面洒水湿润。铺贴时先在两端阴角处各贴一块，然后拉通线控制踢脚砖上口平直和出墙厚度。踢脚砖粘贴用1：2聚合物水泥砂浆（界面剂的掺加量按产品说明书），将砂浆粘满砖背面并及时粘贴，随之将挤出的砂浆刮掉，面层清理干净。设计无要求时，踢脚板面砖宜与地面砖对缝或按骑马缝方式铺贴。

8）勾缝：当铺砖面层的砂浆强度达到1.2MPa时（夏季一般36h左右，冬季一般60h之后）进行勾缝，用与铺贴砖面层的同品种、同强度等级的水泥或白水泥与矿物颜料调成设计要求颜色的水泥膏或1：1水泥砂浆进行勾缝，勾缝清晰、顺直、平整光滑、深浅一致，并低于砖面0.5～1.0mm。

3. 季节性施工

冬期环境温度低于5℃时，原则上不能进行铺地砖作业，如必须施工时，应对外门窗采取封闭保温措施，保证施工在正常温度条件下进行，同时应根据气温条件在砂浆中掺入防冻剂（掺量按防冻剂说明书），并进行覆盖保温，以保证地面砖的施工质量。

（三）质量标准

1. 主控项目

1）砖面层材料的品种、规格、颜色、质量必须符合设计要求。

检验方法：观察检查和检查材质合格证明文件及检测报告。

2）面层与下一层的结合（粘结）应牢固，无空鼓。

检验方法：用小锤轻击检查。

2. 一般项目

1）砖面层应洁净，图案清晰，色泽一致，接缝平整，深浅一致，周边顺直。地面砖无裂纹、无缺棱掉角等缺陷，套割粘贴严密、美观。

检验方法：观察检查。

2）地砖留缝宽度、深度、勾缝材料颜色均应符合设计要求及规范的有关规定。

检验方法：观察和用钢尺检查。

3）踢脚线表面应洁净，高度一致，结合牢固，出墙厚度一致。踢脚线已与周边板块或地面板块对缝或骑马缝设置。

检验方法：观察和用小锤轻击及钢尺检查。

4）楼梯踏步和台阶板块的缝隙宽度应一致，棱角整齐；楼层梯段相邻踏步高度差不大于10mm；防滑条应顺直。

检验方法：观察和用钢尺检查。

5）地砖面层坡度应符合设计要求，不倒泛水，无积水；与地漏、管根结合处应严密牢固，无渗漏。

检验方法：观察、泼水或坡度尺及蓄水检查。

6）地砖面层的允许偏差和检验方法见表2－18。

地砖面层允许偏差和检验方法　　表2－18

项目	允许偏差（mm）		检验方法
	国标、行标	企标	
表面平整度	2.0	2.0	用2m靠尺及楔形塞尺检查
缝格平直	3.0	2.0	拉5m线和用钢尺检查
接缝高低差	0.5	0.5	尺量及楔形塞尺检查
踢脚线上口平直	3.0	2.0	拉5m线，不足5m拉通线和尺量检查
板块间隙宽度	2.0	2.0	尺量检查

（四）成品保护

1）对室内已完的成品应有可靠的保护措施，不得因地面施工造成墙面污染、地漏堵塞等。

2）在铺砌面砖操作过程中，对已安装好的门框、管道要加以保护。施工中不得污染、损坏其他工种的半成品、成品。

3）切割地砖时应用垫板，禁止在已经铺好的面层上直接操作。

4）地砖面层完工后在养护过程中，应进行遮盖和围挡，保持湿润，避免损坏。水泥砂浆结合层强度达到设计要求后，方可进行下道工序施工。

5）严禁在已铺砌好的地面上调配油漆、拌合砂浆。梯子、脚手架、压力案等不得直接放在砖面层上。油漆、涂料施工时，应对面层进行覆盖保护。

（五）应注意的质量问题

1）基层要确保清理干净，洒水湿润到位，保证与面层的粘结力；刷浆要到位，并做到随刷随抹灰；铺贴后及时遮盖、养护，避免因水泥砂浆与基层结合不好而造成面层空鼓。

2）铺贴前应对地面砖进行严格挑选，凡不符合质量要求的均不得使用。铺贴后防止过早上人，避免产生接缝高低不平现象。

3）铺贴时必须拉通线，操作者应按线铺贴。每铺完一行，应立即再拉通线检查缝隙是否顺直，避免出现板缝不均现象。

4）踢脚板面砖粘贴前应先检查墙面的平整度，并应弹水平控制线，铺贴时拉通线，以保证踢脚板面砖上口平直、出墙厚度一致。

5）勾缝所用的材料颜色应与地砖颜色一致，防止色泽不均，影响美观。

6）切割时要认真操作，掌握好尺寸，避免造成地漏、管根等处套割不规矩、不美观。

（六）质量记录

1）水泥出厂合格证及复试报告。

2）砂子试验报告。

3）界面剂的出厂合格证及环保等检测报告。

4）地面砖的出厂合格证及检测报告。

5）检验批质量验收记录。

6）分项工程质量验收记录。

（七）安全、环保措施

1. 安全操作要求

1）电气设备应有接地保护，小型电动工具必须安装漏电保护装置，使用前应经试运转合格后方可操作。电动工具使用的电源线必须采用橡胶电缆。

2）清理地面时，不得从门窗口、阳台、预留洞口等处往下抛掷垃圾、杂物。

3）切割面砖时，操作人员应戴好口罩、护目镜等安全防护用品。

2. 环保措施

1）施工垃圾、渣土应集中堆放，并使用封盖车辆清运到指定地点消纳处理。

2）在城区或靠近居民生活区施工时，对施工噪声要有控制措施，夜间运输车辆不得鸣笛，减少噪声扰民。

3）施工垃圾严禁凌空抛撒。清理地面基层时应随时洒水，减少扬尘污染。

4）施工所采用的原材料应符合现行国家标准《民用建筑工程室内环境污染控制规范》的有关规定。

固定家具制作

一、固定家具制作的工艺流程

（一）施工准备

1. 技术准备

1）图纸已经通过会审与自审，若存在问题，则问题已经解决。根据设计图纸，进行翻样和编制材料供应计划，明确材质及质量要求，并委托加工成品及半成品。

2）对现场尺寸进行复核和定位放线。

3）对施工人员进行安全技术交底。

4）对进场的成品、半成品的规格、型号、尺寸、数量及质量进行核对验收。

2. 材料要求

1）木方料：木方料是用于制作骨架的基本材料。应选用木质较好、无腐朽、不潮湿、无扭曲变形的合格材料，含水率不大于12%。

2）胶合板：胶合板应选择不潮湿并无脱胶开裂的板材，饰面胶合板应选择木纹流畅、色泽纹理一致、无疤痕、无脱胶空鼓的板材。

3）配件：根据家具的连接方式选择五金配件，如拉手、铰链、镶边条等，并按家具的造型与色泽选择五金配件，以适应各种色泽的家具使用。

4）圆钉、木螺钉、白乳胶、木胶粉、玻璃等。

3. 主要机具、设备

1）机械：电锯、电刨、电钻、手提刨、冲击电钻等。

2）工具：木工刨、木工锯、钢锯、锤子、凿子、扁铲、橡皮锤、螺钉旋具、气钉枪、墨斗、小线等。

3）计量检测用具：钢尺、割角尺、靠尺、水平尺、线坠等。

4. 作业条件

本分项工程应尽量在加工厂内制作成成品或半成品，在现场进行安装，所以本分项与室内装饰分开进行施工。

（二）施工工艺

1. 工艺流程

配料→画线→榫槽及拼板施工→组装→线脚收口。

2. 操作工艺

（1）配料

配料应根据家具结构与木料的使用方法进行安排，主要分为木方料的选配和胶合板下料布置两个方面。应先配长料和宽料，后配小料；先配长板材，后配短板材，顺序搭配安排。对于木方料的选配，应先测量木方料的长度，然后再按家具的竖框、横档和腿料的长度尺寸要求放长30～50mm截取。木方料的截面尺寸在开料时应按实际尺寸的宽、厚各放大3～5mm，以便刨削加工。

对于木方料进行刨削加工时，应首先识别木纹。不论是机械刨削还是手工刨削，均应按顺木纹方向。先刨大面，再刨小面，两个相临的面刨成90°角。

（2）画线

画线前应看懂图纸，理解工艺结构、规格尺寸和数量等技术要求。画线基本操作步骤如下：

1）首先检查加工件的规格、数量，并根据各工件的表面颜色、纹理、节疤等因素确定其正面，并做好临时标记。

2）在需要对接的端头留出加工余量，用直角尺和木工铅笔画一条基准线。若端头平直，又属做开榫一端，即不画此线。

3）根据基准线，用量尺量划出所需的总长尺寸线或榫肩线。再以总长线和榫肩线为基准，完成其他所需的榫眼线。

4）可将两根或两块相对应位置的木料拼合在一起进行画线，画好一面后，用直角尺把线引向侧面。

5）所画线条必须准确、清楚。画线之后，应将空格相等的两根或两块木料颠倒并列进行校对，检查画线和空格是否准确相符，如有差别，即说明其中有错，应及时查对校正。

（3）榫槽及拼板施工

1）榫的种类主要分为木方连接榫和木板连接榫两大类，但其具体形式较多，分别适用于木方和木质板材的不同构件连接。如：木方中榫、木方边榫、燕尾榫、扣合榫、大小榫、双头榫等。

2）常采用的拼缝结合形式有以下几种：高低缝、平缝、拉拼缝、马牙槎。

3）板式家具的连接方法较多，主要分为固定式结构连接与拆装式结构连接两种。

（4）组装

木家具组装分部件组装和整体组装。组装前，应将所有的结构件用细刨刨光，然后按顺序逐渐进行装配，装配时，注意构件的部位和正反面。衔接部位须涂胶时，应涂刷均匀并及时擦净挤出的胶液。锤击装拼时，应将锤击部位垫上木板，不可猛击；如有拼合不严处，应查找原因并采取修整或补救措施，不可硬敲硬装就位。各种五金配件的安装位置应定位准确，安装严密、方正牢靠，结合处不得崩槎、歪扭、松动，不得缺件、漏钉和漏装。

(5) 面板的安装

如果家具的表面作油漆涂饰，其框架的外封板一般是面板；如果家具的表面是使用装饰细木夹板饰面，或是用塑料板做贴面，家具框架外封板就是饰面的基层板。饰面板与基层板之间多是采用胶粘贴合。饰面板与基层板粘合后，须在其侧边使用封边木条、木线、塑料条等材料进行封边收口。其原则为：凡直观的边部，都应封堵严密和美观。

(6) 线脚收口

常采用木质、塑料或是金属线脚（线条）。

1) 实木封边收口：采用钉胶结合的方法，胶粘剂可用立时得、白乳胶、木胶粉。

2) 塑料条封边收口：采用嵌槽加胶的方法进行固定。

3) 铝合金条封边收口：铝合金封口条有L形和槽形两种，可用钉或木螺钉直接固定。

4) 薄木单片和塑料带封边收口：先用砂纸磨除封边处的木渣、胶迹等并清理干净，在封口边刷一道稀甲醛作填缝封闭层，然后在封边薄木片或塑料带上涂万能胶，对齐边口贴放。用干净抹布擦净胶迹后再用熨斗烫压，固化后切除毛边和多余处即可。对于微薄木封边条，也有的直接用白乳胶粘贴；对于硬质封边木片也可采用镶装或加胶、加钉安装的方法。

(三) 质量标准

1. 主控项目

1) 橱柜制作与安装所用材料的材质和规格、木材的阻燃性能和含水率、花岗石的放射性及人造木板的甲醛含量应符合设计要求及国家现行标准的有关规定。

检验方法：观察，检查产品合格证书、进场验收记录、性能检测报告和复验报告。

2) 橱柜安装预埋或后置埋件的数量、规格、位置应符合设计要求。

检验方法：检查隐蔽工程验收记录和施工记录。

3) 橱柜的造型、尺寸、安装位置、制作和固定方法应符合设计要求。

检验方法：观察、尺量检查、手扳检查。

4) 橱柜配件的品种、规格应符合设计要求。配件应齐全，安装应牢固。

检验方法：观察、手扳检查，检查进场验收记录。

5) 橱柜的抽屉和柜门应开关灵活、回位正确。

检验方法：观察、开启和关闭检查。

2. 一般项目

1）橱柜表面应平整、洁净、色泽一致，不得有裂纹、翘曲及损坏。

检验方法：观察。

2）橱柜裁口应顺直，拼缝应严密。

检验方法：观察。

3）橱柜安装的允许偏差和检验方法应符合表2－19的规定。

橱柜安装的允许偏差和检验方法　　表2－19

项次	项目	允许偏差（mm）	检验方法
1	外形尺寸	3	用钢尺检查
2	立面垂直度	2	用1m垂直检测尺检查
3	门与框架的平行度	2	用钢尺检查

（四）成品保护

1）有其他工种作业时，要适当加以掩盖，防止对饰面板碰撞。

2）不能将水、油污等浸湿饰面板。

3）安装、制作橱柜时，应对已完工程进行保护，不得损坏地面、墙面等成品。

4）安装好的橱柜隔板，不得拆动，保护产品完整。

（五）应注意的质量问题

1）一般木材应该提前运到现场，放置10d以上，尽量与现场湿度相吻合。

2）对于木龙骨要双面错开开槽，槽深为一半龙骨深度（为了不破坏木龙骨的纤维组织）。

3）粘贴夹板时，白乳胶必须滚涂均匀，粘贴密实，粘好后即压，现场的粘贴平台及压置平台必须水平，重物适当，保持自然通风条件，避免日晒雨淋。有条件的采用工厂的大型压机。

4）在油漆时，尽量做到两面同时、同量涂刷。

5）抹灰面与框不平。

（六）质量记录

参见各地具体规定，如四川省参见四川省《建筑工程施工质量验收规范实施指南》表SG－T074。

（七）安全环保措施

1）各种电动工具使用前要进行检修，严禁非电工接电。

2）施工现场内严禁吸烟，明火作业要有动火证，并设置看火人员。

3）对各种木方、夹板饰面板应分类堆放整齐，保持施工现场整洁。

电气、洁具安装

一、电气安装

（一）基本要求

1）本章适用于住宅单相入户配电箱户表后的室内电路布线及电器、灯具安装。

2）电气安装施工人员应持证上岗。

3）配电箱户表后应根据室内用电设备的不同功率分别配线供电；大功率家电设备应独立配线安装插座。

4）配线时，相线与零线的颜色应不同；同一住宅相线（L）颜色应统一，零线（N）宜用蓝色，保护线（PE）必须用黄绿双色线。

5）电路配管、配线施工及电器、灯具安装除遵守本规定外，尚应符合国家现行有关标准规范的规定。

6）工程竣工时应向业主提供电气工程竣工图。

（二）主要材料质量要求

1）电器、电料的规格、型号应符合设计要求及国家现行电器产品标准的有关规定。

2）电器、电料的包装应完好，材料外观不应有破损，附件、备件应齐全。

3）塑料电线保护管及接线盒必须是阻燃型产品，外观不应有破损及变形。

4）金属电线保护管及接线盒外观不应有折扁和裂缝，管内应无毛刺，管口应平整。

5）通信系统使用的终端盒、接线盒与配电系统的开关、插座，宜选用同一系列产品。

（三）施工要点

1）应根据用电设备位置，确定管线走向、标高及开关、插座的位置。

2）电器配线时，所用导线截面积应满足用电设备的最大输出功率。

3）暗线敷设必须配管。当管线长度超过 15m 或有两个直角弯时，应增设接线盒。

4）同一回路电线应穿入同一根管内，但管内总根数不应超过 8 根，电线总截面积（包括绝缘外皮）不应超过管内截面积的 40%。

5）电源线与通信线不得穿入同一根管内。

6）电源线及插座与电视线及插座的水平间距不应小于500mm。

7）电线与暖气、热水、煤气管之间的平行距离不应小于300mm，交叉距离不应小于100mm。

8）穿入配管导线的接头应设在接线盒内，接头搭接应牢固，绝缘带包缠应均匀紧密。

9）安装电源插座时，面向插座的左侧应接零线（N），右侧应接相线（L），中间上方应接保护地线（PE）。

10）当吊灯自身质量在3kg及以上时，应先在顶板上安装后置埋件，然后将灯具固定在后置埋件上。严禁安装在木楔、木砖上。

11）连接开关、螺口灯具导线时，相线应先接开关，开关引出的相线应接在灯中心的端子上，零线应接在螺纹的端子上。

12）导线间和导线对地间电阻必须大于0.5MΩ。

13）同一室内的电源、电话、电视等插座面板应在同一水平标高上，高差应小于5mm。

14）厨房、卫生间应安装防溅插座，开关宜安装在门外开启侧的墙体上。

15）电源插座底边距地宜为300mm，平开关板底边距地宜为1400mm。

（四）家装电器安装要求

1. 壁挂式电视的安装

壁挂式电视的安装对墙面牢固程度有较严格的要求，现在许多套房室内的墙体是空心砖砌的，壁挂电视根本没法安装。因此，在购买“壁挂”平板电视之前应该考察自家房屋的墙体结构。平板电视需要壁挂安装，墙面必须是实心砖、混凝土或与其强度等效的安装面。根据国家《平板电视机安装服务标准》安装要点：安装面承载能力应保证不低于电视机实际载重量的4倍，安装后前后倾斜10°时电视机不应倾倒。在实际安装平板电视中，观看距离至少为显示屏对角距离的3~5倍。安装高度应以用户坐在凳子或沙发上眼睛平视电视中心（或稍下）为宜，一般电视的中心点离地为1.3m左右。因为一般客厅的空间高度为2.6m左右，例如43英寸等离子的高度为66cm，那么等离子的下边离地为97cm左右，等离子的上面离地高度则为163cm，这时用户坐在沙发上看是最佳位置。如果你是选择在卧室里壁挂，那么就视其为你看电视的主要习惯。一般的平板电视，散热栅格通常设计在背面或者侧背面，因此电视背面和上下左右四侧都需要一个通风散热的空间，壁挂电视与墙面之间至少保持15cm左右的距离。由于电视的各种接口基本上安排在背面，各种数据线不能抵住墙面过分弯折，否则很容易折损。但是平板电视太离开墙面，其电线暴露在外面，又十分不美观，那么如何隐藏壁挂电视的电线又能保证既安全，收看效果又好而且插头使用方便呢？首先，确定壁挂位置和高度，做好记号；其次，墙面开槽，深度70mm内，长度根据地台或电视机柜高度定，一般从壁挂位置至地台插座位置，插座位置设计须方便使用且便于隐藏；然后，埋入50mm管，最好是PVC管；最后，安装好电视时，所有电线穿过50mm管至插座位置。显示屏挂起后，须用水平尺测量，调节挂架螺钉使显示屏完全处于水平位置，平板电视机安装的整机位置平移误差应小于1cm，左右倾斜度误差小于1°。

家用电器，无论是老彩电还是现在的平板电视，都不宜长期处于潮湿的环境中。由于平板电视很多都不带防水保护，散热栅格内部电路板会直接与外界空气接触，平板电视安装位置过于接近湿气会损坏机器。如在室内装修时，有些朋友喜欢在家中设计水幕墙，如果把平板电视挂在水幕墙旁边或者背后，这样带来的湿气会严重影响到电器的使用安全和使用寿命。另外，过多植物摆放在电视旁边也是不当的。除此之外，还应该避免阳光直射到平板电视上。

虽然平板电视挂上了墙面，但还是需要尽量避免强电以及强电磁场物体的影响，如电磁炉、无线电收音机等可以随意移动的电器就应该尽可能地远离电视，其他大型家电产品也不要安排在电视机附近放置。音响的安装也尽量不要过于贴近壁挂的平板电视，以免信号互相干扰，影响观看效果。

2. 抽油烟机的安装要求

一般要求吸油烟机的外沿距离燃气灶灶面650~700mm，也可根据下面的综合情况来定，宜低不宜高：有集烟罩的中式深型机可装得高一些，没有集烟罩的可装得低一些；功率大的可装得高一些，功率小的可装得低一些；使用共用烟道的可装得低一些，不使用共用烟道的可装得高一些。

3. 配电箱安装要求

配电箱（盘）安装时，其底口距地一般为1.5m；明装时底口距地1.2m；明装电度表板底口距地不得小于1.8m。在同一建筑物内，同类盘的高度应一致，允许偏差为10mm。安装配电箱（盘）所需的木砖及铁件等均应预埋。挂式配电箱（盘）应采用金属膨胀螺栓固定。铁制配电箱（盘）均须先刷一遍防锈漆，再刷灰油漆二道。预埋的各种铁件均应刷防锈漆，并做好明显可靠的接地。导线引出面板时，面板线孔应光滑无毛刺，金属面板应装设绝缘保护套。配电箱（盘）带有器具的铁制盘面和装有器具的门及电器的金属外壳均应有明显可靠的PE保护地线（PE线为黄绿相间的双色线也可采用编织软裸铜线），但PE保护地线不允许利用箱体或盒体串接。配电箱（盘）配线排列整齐，并绑扎成束，在活动部位应固定。盘面引出及引进的导线应留有适当余度，以便于检修。配电箱（盘）上的母线其相线应涂颜色标出，A相（L1）应涂黄色；B相（L2）应涂绿色；C相（L3）应涂红色；中性线N相应涂淡蓝色；保护地线（PE线）应涂黄绿相间双色。开关插座的安装要求：在进行开关、插座接线时，每一个桩头上只能接一根导线，导线拼头不能拼在接线桩头上。因为如果桩头上拼接两根导线（开关、插座桩头一般都很小，原设计只接一根线），发生松动时会影响后一只开关或插座的正常使用，接线桩头容易发热，轻者烧坏开关、插座，重者引发火灾。

4. 开关、插座安装

开关的安装位置一般离地面1.3m，距门框边15~20cm。门后面由于开启不方便不宜装开关。一个单元内的开关，开启与关闭的方向应一致。

插座一般离地面30cm。卫生间、厨房插座高度另定。卫生间要安装防溅型插座，浴缸上方三面不宜安装插座，水龙头上方不宜安装插座。煤气表周围15cm以内不能装插座（燃具与电气设备属错位设置，其水平净距不得小于50cm）。安装单相三眼插座时，面对插座，上方一眼应接地线，下方两眼的左边一眼接零线，右边一眼接相线。安装两眼插座时，左边一眼接零线，右边一眼接相线，不能接错。否则，用电器具的外壳有电，或开动器具时外壳有电，会发生触电事故。家用电器一般忌用两眼电源插座。台扇、落地风扇、洗衣机、电冰箱等均应用单相三眼插座。浴霸、电暖器安装不得使用普通开关，应使用与设备电流相配的开关。由于家用空调电流较大，启动时会影响其他使用中的电器，故空调插座应从用户配电箱单独设置一个回路。插座安装高度应避开装在空调机引进制冷管的位置（即在墙上的预留孔位置），宜装在预留孔位置上方10cm左右。

电线中红线一般是火线。

相线（英文LIVE）L，一般为红色或黄色或绿色。

零线（英文NEUTRAL）N，（中性线）一般为蓝色。

地线（英文EARTH）E，一般为黄绿色（花线）或黑色。

电灯开关应接火线，以免换灯泡时触电。插座的接线：左边零线；右边火线；中间地线；以适应要求较高的用电器。

5. 壁灯安装要求

壁灯高度有讲究，1.8m正好。壁灯是室内装饰灯具，一般多配用乳白色的玻璃灯罩。灯泡功率多在15~40W左右，光线淡雅和谐，可把环境点缀得优雅、富丽。

6. 空调安装要求

空调的安装高度很大程度上决定了空调的效果及耗电量。因冷空气下降，故总是沉在房间的下部。空调安装得越低，需要制冷的空间就越小，也越能节电。这种措施的节电效率其实是比较高的，几乎与安装高度的降低量成正比。比如，原先空调安装高度为2.8m，如果降为1.8m，那么节电量可达30%。但是降低安装高度也会带来不妥，因为会影响居室美观及人的活动。故在客厅最好用柜机，而在私密空间如卧室、书房等处，可以找个不影响活动的位置，安装得尽量低一些。还有一点，用柜机时尽量把出风方向调成水平方向，如果指向上方，相当于加大了制冷空间，会使耗电量增加。

室内机：

1）要水平安装在平稳、坚固的墙壁上。

2）其进气和出口要保持通畅。

3）离电视机一米以上，以免互相产主干扰。

4）远离热源、易燃气处。

5）不要靠近高频设备、高功率无线电装置的地方，以免干扰。

6）空调的正常工作。

7）两端和上方都应留有余地。

室外机：

1）要水平安装在平稳、坚固的墙壁或天台、阳台上。

2）其进气口和出气口保持通畅。

3）避免阳光直晒，如有必要可配上遮阳板，但不能妨碍空气流通。

4）排出的热空气和发出的噪声不能影响邻居住户。

5）不要放在有大风和灰尘处。

6）不要靠近热源和易燃气源处。

7）不能影响行人行走。

8）为了保持空气流畅，外机的前后、左右应留有一定的空间。

9）冷暖型空调的室外机尽量选择不要有西北风吹到的地方。

室内外机连接铜管长度：

1）分体壁挂式尽量不要超过 5m。

2）小于四匹的分体立柜式尽量不要超过 10m。

3）五匹左右的分体立柜式尽量不要超过 15m。

4）室外机尽量低于室内机，高度差低于 5m。

5）不能有折扁处。

6）采用质优的连接管。

7. 电线布设要求

1）排管布线，要做到横平竖直，应注意的是：强电走上，弱电走下，不可交叉，避免漏电引起不必要的麻烦。

2）开槽时要深度相同，一般是在 PVC 管的直径上加 10mm。

3）电源线的导线截面用电配置的最大输出功率一般为：照明 1. 5mm^2，空调挂机及插座 2. 5mm^2，柜机 4. 0mm^2，进户线 10. 0mm^2。

4）暗线铺设必须配阻燃 PVC 管。插座用 PVC20 管，照明用 PVC16 管。当管线长超过 15m 或者有两个直角弯路时，应配设接线盒。顶棚的灯具位也要设接线盒固定。

5）PVC 管应用管卡固定。PVC 管接头均用配套接头，用 PVC 胶水粘结，固定牢固，弯头均用弹簧弯曲。暗盒、拉线盒与 PVC 管连接固靠。

6）当 PVC 管安装好后，开始穿线，同一回路电线应穿入同一根管内，但管内总根数不超过 8 根，电线总截面积（包括绝缘外皮）不超过管内截面积的 40%。

7）电源线与通信线绝不能穿入同一根管内。电源线及插座、电视线及插座的水平间距不得小于 500mm。电线与散热器、热水、煤气管之间的平行距离应不小于 300mm，交叉距离不小于 100mm。

8）穿入配管导线的接头应设置在接线盒内，先头应留有 150mm 的余量，接头搭接要牢固，绝缘带包缠应均匀紧密。安装电源插座时，面向插座的左侧接零线（N），右侧接相线（L），中间上方接保护地线（PE）。保护地线为 $2.5mm^2$ 的双色软线。

9）当吊灯自身质量在 3kg 及以上时，应先在顶板上安装后置埋件，并将灯具固定在后置埋件上。注意：严禁安装在木楔、木砖上。连接开关、螺口灯具导线时，火线应先接开关，开关引出的火线应接在灯中心的端子上，零线应接在螺纹的端子上。

10）导线间和导线对地间电阻必须大于 0.5Ω。

11）电源插座底边距离地面应为 300mm，平开关板底边距离地面应为 1300mm。挂壁空调插座的高度为 1900mm。脱排插座的高度为 2100mm，厨房插座高度为 950mm，挂式消毒柜插座高度为 1900mm，洗衣机插座高度为 1000mm，电视机插座高度为 650mm。同一室内的电源、电话、电视等插座面板应在同一水平标高上，高差应小于 5mm。

12）以户为单位应各自设置强弱电箱，配电箱内设动作电流 30mA 的漏电保护器，分数路经过控开后，分别控制电源、空调、插座。控开的工作电流应与终端电器的最大工作电流相匹配，一般情况下，照明 10A、插座 16A、柜式空调 20A、进户 40 ~60A。

13）安装开关、插座及灯具时，应该注意清洁，宜在最后一次涂乳胶漆前进行清洁。

注：①如果装修面积小，可直接采用带有 PVC 绝缘套的护套线，护套线可直接埋入墙顶面线槽内，无须穿接 PVC 管，但成本比较高。②在装修布线时，要找持有专业证书的电工来操作。③为减少漏电、超负荷、触电之类隐患，应在分电盘的必要回路上加装“漏电断路器”，可适应不断增加的电气设备。

8. *微波炉的放置要求*

由于微波炉加热和烹饪时，具有无油烟、清洁卫生的特点，所以微波炉可以放置在厨房间，也可以放置在房间和会客室里，但应注意以下几个问题：

1）微波炉放置的位置，应该选择在干燥通风的地方，应避免放在有热气、水蒸气和自来水可进入或溅入微波炉里面去的地方，以免导致微波炉内电器元件的故障。

2）在选择放置微波炉的位置时，应尽可能地不要太靠近电视机、录像机和收音机等家电，以免产生噪声影响到收视效果。

3）由于微波炉的功率较大，所以在放置微波炉附近的地方要有一个接地良好的三眼插座，最好这一路线是微波炉专用线，这样可以保证微波炉使用的绝对安全。

4）微波炉最好放置在固定的、平稳的台子上使用，并且要求在微波炉的上、后、左、右留有10cm以上的通风空间。否则，微波炉将不能保证正常的工作。

9. 嵌入式食具消毒柜的安装要求

(1) 消毒柜安装方法

1）在橱柜的设定位置上，设置适当方孔，将消毒柜本体平稳嵌入方孔内，拉开柜门，用六个木螺钉将机体固定在门面上，齐平。

2）消毒柜可按需要设置在橱柜基础下部或立柜上部。

3）电源插座与消毒柜的间距应控制在2m以内。

(2) 消毒柜安装注意事项

1）消毒柜应平稳安装在操作、保养方便且牢固的地方（不得倾斜安置），与燃气具及高温明火处应保持安全距离15cm以上。

2）嵌装在橱柜中与橱柜组合时，应在橱柜嵌装处合适部位设置与消毒柜相通的进风口，以确保空气进给良好。

3）严禁将消毒柜及电源插座安装在可能受潮或被水淋湿的地方。

4）必须确认电源插座的接地极是否有效接地。

5）搬运放置时应从底部抬起，轻搬轻放，切不可将机门拉手作搬运支承之用。

10. 吸顶式浴霸安装要求

(1) 安装前的准备工作

1）开通风孔：确定墙壁上通风孔的位置（应在吊顶上方略低于器具离心通风机罩壳出风口，以防止通风管内结露水倒流入器具），在该位置开一个圆孔。

2）安装通风管将通风管的一端套上通风窗，另一端固定在外墙壁上的通风口，通风管与通风孔的孔隙处用水泥填封。注：因通风管的长度为1.5m，在安装通风管时须考虑产品安装位置中心至通风孔的距离请勿超过1.3m，安装通风管的具体方法，参见通风管安装说明。

3）确定浴霸安装位置：为了取得最佳的取暖效果，浴霸应安装在浴缸或沐浴房中央正上方的吊顶上。吊顶用顶棚请使用强度较佳且不易共鸣的材料，安装完毕后，灯泡离地面的高度应在2.1～2.3m之间。过高或过低都会影响使用效果。

4）吊顶准备有30mm×40mm的木档铺设安装龙骨，注意按照开孔尺寸在安装位置留出空，吊顶与房屋顶部形成的夹层空间高度不能少于220mm。按照箱体实际尺寸在吊顶上产品安装位置切割出相应尺寸的方孔，方孔边缘距离墙壁应不少于250mm。注：画线与墙壁应保持平行。最好在浴室装修时，就把浴霸安装考虑进去，并做好相应的准备工作。

（2）把浴霸固定在顶棚上

1）取下面罩：把所有灯泡拧下，将弹簧从面罩的环上脱开并取下面罩。注：拆装红外线取暖泡时，手势要平稳，切忌用力过猛。

2）接线：将互连软线的一端与开关面板接好，另一端与电源线一起从顶棚开孔内拉出，打开箱体上的接线柱罩，按接线图及接线柱标志所示接好线，盖上接线柱罩，用螺钉将接线柱罩固定。然后将多余的电线塞进吊顶内，以便箱体能顺利塞进孔内。

3）连接通风管：把通风管伸进室内的一端拉出套在离心通风机罩壳的出风口上。注：通风管的走向应保持笔直。

4）将箱体推进孔内：根据出风口的位置选择正确的方向把浴霸的箱体塞进孔穴中。注：电线不应搁碰在箱体上。

5）固定：用4颗直径4mm、长20mm的木螺钉将箱体固定在吊顶木档上。

（3）最后的装配

1）安装面罩：将面罩定位脚与箱体定位槽对准后插入，把弹簧勾在面罩对应的挂环上。

2）安装灯泡：细心地旋上所有灯泡，使之与灯座保持良好的接触，然后将灯泡与面罩擦拭干净。

3）固定开关：将开关固定在墙上，以防止使用时电源线承受拉力。注：为保持浴室美观，互连软线最好在装修前预埋在墙体内。

壁挂式浴霸安装要求：器具的安装位置离地面至少1.8m。

安装方法1：用膨胀管与自攻螺钉将安装铁件牢固地固定在墙壁上，将器具挂上即可。

安装方法2：用塑料膨胀管与自攻螺钉将挂钩牢固地固定在墙壁上，在挂钩膨胀管正下方102mm处用同样的方法安装限位螺钉，螺钉头凸出墙面5mm，最后将器具挂到挂钩上，凸出墙面的限位螺钉插入支座底板的圆孔中。

（五）家装电气验收

电气装置安装施工及验收，应符合消防、环保等现行的有关标准、规范的规定。

1. 工程验收时，应对下列项目进行检查

1）漏电开关安装正确，动作正常。

2）各回路的绝缘电阻应大于等于0.22MΩ，保护地线（PE线）与非带电金属部件连接应可靠。

3）电气器件、设备的安装固定应牢固、平正。

4）电气通电试验、灯具试亮及灯具控制性能良好。

5）开关、插座、终端盒等器件外观良好，绝缘器件无裂纹，安装牢固、平正，安装方式符合规定。并列安装的开关、插座、终端盒的偏差，暗装开关、插座、终端盒的面板、盒周边的间隙符合规定。

6）弱电系统功能齐全，满足使用要求，器具安装牢固、平正。

2. 工程交接验收时，宜向住户提交下列资料

1）配线竣工图，图中应标明暗管走向（包括高度）、导线截面积和规格型号。

2）漏电开关、灯具、电气设备的安装使用说明书、合格证、保修卡等。

3）弱电系统的安装使用说明书、合格证、保修卡、调试记录等。

二、洁具安装

（一）施工准备

1. 材料要求

1）卫生洁具的规格、型号必须符合设计要求，并有出厂产品合格证。卫生洁具外观应规矩，造型周正，表面光滑、美观、无裂纹，边缘平滑，色调一致。

2）卫生洁具零件规格应标准，质量应可靠，外表光滑，电镀均匀，螺纹清晰，锁母松紧适度，无砂眼、裂纹等缺陷。

3）卫生洁具的水箱应采用节水型。

4）其他材料：镀锌管件、皮钱截止阀、八字阀门、水嘴、丝扣返水弯、排水口、镀锌燕尾螺栓、螺母、胶皮板、铜丝、油灰、薄钢板、螺栓、焊锡、熟盐酸、铅油、麻丝、石棉绳、白水泥、白灰膏等均应符合材料标准要求。

2. 主要机具

1）机具：套丝机、砂轮机、砂轮锯、手电钻、冲击钻。

2）工具：管钳、手锯、铁、布剪子、活扳手、自制死扳手、叉扳手、手锤、手铲、錾子、克丝钳、方锉、圆锉、螺钉旋具、烙铁等。

3）其他：水平尺、划规、线坠、小线、盒尺等。

（二）操作工艺

1. 工艺流程

安装准备→卫生洁具及配件检验→卫生洁具安装→卫生洁具配件预装→卫生洁具稳装→卫生洁具与墙、地缝隙处理→卫生洁具外观检查→通水试验

2. 卫生洁具清洗

卫生洁具在稳装前应进行检查、清洗。配件与卫生洁具应配套。部分卫生洁具应先进行预制再安装。

3. 卫生洁具安装

（1）高水箱、蹲便器安装

1）高水箱配件安装：

① 先将虹吸管、锁母、根母、下垫卸下，涂抹油灰后将虹吸管插入高水箱出水孔。将管下垫、眼圈套在管上。拧紧根母至松紧适度。将锁母拧在虹吸管上。虹吸管方向、位置视具体情况自行确定。

② 将漂球拧在漂杆上，并与浮球阀（漂子门）连接好，浮球阀安装与塞风安装略同。

③ 拉把支架安装：将拉把上螺母眼圈卸下，再将拉把上螺栓插入水箱一侧的上沿（侧位方向视给水预留口情况而定）加垫圈紧固。调整挑杆距离（挑杆的提拉距离一般以 40mm 为宜）。挑杆另一端连接拉把（拉把也可交验前统一安装），将水箱备用上水眼用塑料胶盖堵死。

2）蹲便器、高水箱稳装：

① 首先，将胶皮碗套在蹲便器进水口上，要套正、套实。用成品喉箍紧固（或用 14 号铜丝分别绑两道，但不允许压缩在一条线上，铜丝拧紧要错位 90°左右）。

② 将预留排水管口周围清扫干净，把临时管堵取下，同时检查管内有无杂物。找出排水管口的中心线，并画在墙上。用水平尺（或线坠）找好竖线。

将排水管承口内抹上油灰，蹲便器位置下铺垫白灰膏，然后将蹲便器排水口插入排水管承口内稳好。同时用水平尺放在蹲便器上沿，纵横双向找平、找正，使蹲便器进水口对准墙上中心线。同时蹲便器两侧用砖砌好抹光，将蹲便器排水口与排水管承口接触处的油灰压实、抹光。最后将蹲便器排水口用临时堵封好。

③ 稳装多联蹲便器时，应先检查排水管口标高、甩口距墙尺寸是否一致。找出标准地面标高，向上测量好蹲便器需要的高度，用小线找平，找好墙面距离，然后按上述方法逐个进行稳装。

④ 高水箱稳装：应在蹲便器稳装之后进行。首先检查蹲便器的中心与墙面中心线是否一致，如有错位应及时进行调整，以蹲便器不扭斜为宜。确定水箱出水口中心位置，向上测量出规定高度（给水口距台阶面 2m）。同时结合高水箱固定孔与给水孔的距离找出固定螺栓高度位置，在墙上画好十字线，剔成 ϕ30mm ×100mm 深的孔眼，用水冲净孔眼内杂物，将燕尾螺栓插入洞内用水泥捻牢。将装好配件的高水箱挂在固定螺栓上，加胶垫、眼圈，带好螺母拧至松紧适度。

⑤ 多联高水箱应按上述做法先挂两端的水箱，然后挂线拉平、找直，再稳装中间水箱。

⑥ 高水箱冲洗管的连接：先上好八字门，测量出高水箱浮球阀距八字水门中口给水管尺寸，配好短节，装在八字水门上及给水管口内。将铜管或塑料管断好，需要灯叉弯者把弯摵好。然后将浮球阀和八字水门锁母卸下，背对背套在铜管或塑料管上，两头缠石棉绳或铅油麻线，分别插入浮球阀和八字水门进出口内拧紧锁母。

⑦ 延时自闭冲洗阀的安装：冲洗阀的中心高度为 1100mm。相距冲洗阀至胶皮

碗的距离，断好90°弯的冲洗管，使两端合适。将冲洗阀锁母和胶圈卸下，分别套在冲洗管直管段上，将弯管的下端插入胶皮碗内40～50mm，用喉箍卡牢。再将上端插入冲洗阀内，推上胶圈，调直找正，将锁母拧至松紧适度。

扳把式冲洗阀的扳手应朝向右侧。按钮式冲洗阀的按钮应朝向正面。

(2) 背水箱坐便器安装（图2-3）

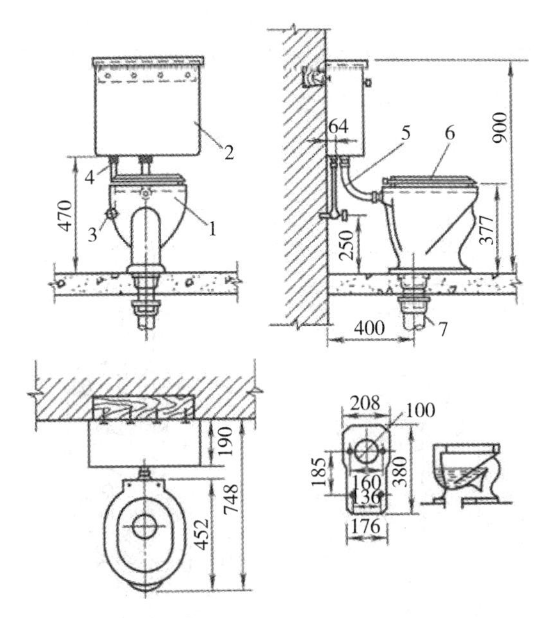

图2-3　背水箱坐式大便器安装示意图

1) 背水箱配件安装

① 背水箱中带溢水管的排水口安装与塞风安装相同。溢水管口应低于水箱固定螺孔10～20mm。

② 背水箱浮球阀安装与高水箱相同，有补水管者把补水管上好后搣弯至溢水管口内。

③ 安装扳手时，先将圆盘塞入背水箱左上角方孔内，把圆盘上入方螺母内用管钳拧至松紧适度，把挑杆搣好勺弯，将扳手轴插入圆盘孔内，套上挑杆拧紧顶丝。

④ 安装背水箱翻板式排水时，将挑杆与翻板用尼龙线连接好。扳动扳手使挑杆上翻板活动自如。

2) 背水箱、坐便器稳装

① 将坐便器预留排水管口周围清理干净，取下临时管堵，检查管内有无杂物。

② 将坐便器出水口对准预留排水口放平找正，在坐便器两侧固定螺栓眼处画好印记后，移开坐便器，将印记做好十字线。

③ 在十字线中心处剔ϕ20mm×60mm的孔洞，把ϕ10mm螺栓插入孔洞内用

水泥栽牢，将坐便器试稳，使固定螺栓与坐便器吻合，移开坐便器。将坐便器排水口及排水管口周围抹上油灰后将便器对准螺栓放平、找正，螺栓上套好胶皮垫、眼圈上螺母拧至松紧适度。

④ 对准坐便器尾部中心，在墙上画好垂直线，在距地平 800mm 高度画水平线。根据水箱背面固定孔眼的距离，在水平线上画好十字线。在十字线中心处剔 ϕ30mm ×70mm 深的孔洞，把带有燕尾的镀锌螺栓（规格 ϕ10mm ×100mm）插入孔洞内，用水泥栽牢。将背水箱挂在螺栓上放平、找正。与坐便器中心对正，螺栓上套好胶皮垫，带上眼圈、螺母拧至松紧适度。

（3）洗脸盆安装（图 2 –4、图 2 –5）

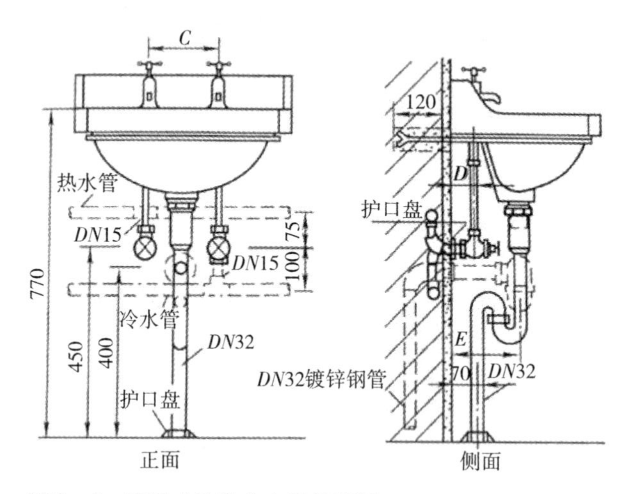

图 2 – 4　墙架式洗脸盆安装示意图

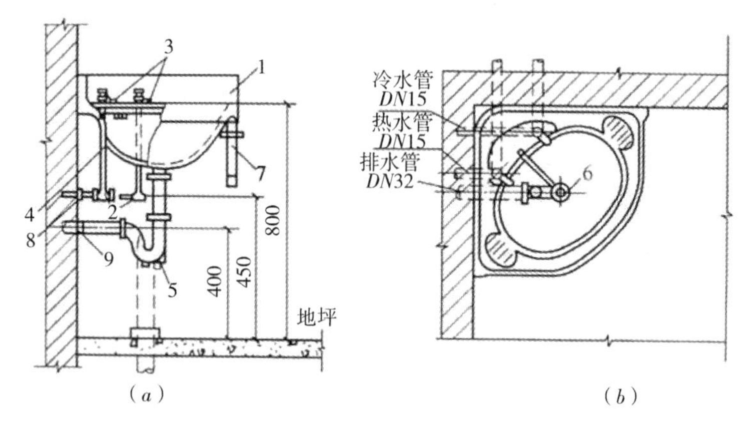

图 2 – 5　角型脸盆安装示意图

1—角型洗脸盆；2—角型阀；3—立式龙头；4—给水管；5—存水弯；6—排水栓；7—托架；8—压盖；9—压盖

1）洗脸盆零件安装

① 安装脸盆排水口：先将排水口根母、眼圈、胶垫卸下，将上垫垫好油灰后插入脸盆排水口孔内，排水口中的溢水口要对准脸盆排水口中的溢水口眼。外面加上垫好油灰的胶垫，套上眼圈，带上根母，再用自制扳手卡住排水口十字筋，用平口扳手上根母至松紧适度。

② 安装脸盆水嘴：先将水嘴根母、锁母卸下，在水嘴根部垫好油灰，插入脸盆给水孔眼，下面再套上胶垫眼圈，带上根母后左手按住水嘴，右手用自制八字死扳手将锁母紧至松紧适度。

2）洗脸盆稳装

① 洗脸盆支架安装：应按照排水管口中心在墙上画出竖线，由地面向上量出规定的高度，画出水平线，根据盆宽在水平线上画出支架位置的十字线。按印记剔成 ϕ30mm×120mm孔洞。将脸盆支架找平栽牢。再将脸盆置于支架上找平、找正。将架钩勾在盆下固定孔内，拧紧盆架的固定螺栓，找平、找正。

② 铸铁架洗脸盆安装：按上述方法找好十字线，按印记剔成 ϕ15mm×70mm的孔洞，栽好铅皮卷，采用2 1/2″螺栓将盆架固定于墙上。将活动架的固定螺栓松开，拉出活动架将架钩勾在盆下固定孔内，拧紧盆架的固定螺栓，找平、找正。

3）洗脸盆排水管连接

① S形存水弯的连接：应在脸盆排水口丝扣下端涂铅油，缠少许麻丝。将存水弯上节拧在排水口上，松紧适度。再将存水弯下节的下端缠油盘根绳插在排水管口内，将胶垫放在存水弯的连接处，把锁母用手拧紧后调直找正。再用扳手拧至松紧适度。用油灰将下水管目塞严、抹平。

② P形存水弯的连接：应在脸盆排水口丝扣下端涂铅油，缠少许麻丝。将存水弯立节拧在排水口上，松紧适度。再将存水弯横节按需要长度配好。把锁母和护口盘背靠背套在横节上，在端头缠好油盘根绳，试试高度是否合适，如不合适可用立节调整，然后把胶垫放在锁口内，将锁母拧至松紧适度。把护口盘内填满油灰后向墙面找平、按实。将外溢油灰除掉，擦净墙面。将排水口处外露麻丝清理干净。

4）洗脸盆给水管连接

首先量好尺寸，配好短管，装上八字水门。再将短管另一端丝扣处涂油、缠麻，拧在预留给水管口（如果是暗装管道，带护口盘，要先将护口盘套在短节上，管子上完后，将护口盘内填满油灰，向墙面找平、按实，清理外溢油灰）至松紧适度。将铜管（或塑料管）接尺寸断好，须搣灯叉弯者把弯搣好。将八字水门与水嘴的锁母卸下，背靠背套在铜管（或塑料管）上，分别缠好油盘根绳或铅油麻线，上端插入水嘴根部，下端插入八字水门中口，分别打好上、下锁母至松紧适度。找直、找正，并将外露麻丝清理干净。

(4) PT 型支柱式洗脸盆安装

1) PT 型支柱式洗脸盆配件安装

① 混合水嘴的安装：将混合水嘴的根部加 1mm 厚的胶垫、油灰，插入脸盆上沿中间孔眼内，下端加胶垫和眼圈，扶正水嘴，拧紧根母至松紧适度，带好给水锁母。

② 将冷、热水阀门上盖卸下，退下锁母，将阀门自下而上地插入脸盆冷、热水孔眼内。阀门锁母和胶圈套入四通横管，再将阀门上根母加油灰及 1mm 厚的胶垫，将根母拧紧与丝扣平。盖好阀门盖，拧紧门盖螺栓。

③ 脸盆排水口加 1mm 厚胶垫、油灰，插入脸盆排水孔眼内，外面加胶垫和眼圈，丝扣处涂油、缠麻。用自制扳手卡住排水口十字筋，拧入排水三通口，使中口向后，溢水口要对准脸盆溢水眼。

④ 将手提拉杆和弹簧万向珠装入三通中心，将锁母拧至松紧适度。再将立杆穿过混合水嘴空腹管至四通下口，四通和立杆接口处缠油盘根绳，拧紧压紧螺母。立、横杆交叉点用卡具连接好，同时调整定位。

2) PT 型支柱式洗脸盆稳装

① 按照排水管口中心画出竖线，将支柱立好，将脸盆转放在支柱上，使脸盆中心对准竖线，找平后画好脸盆固定孔眼位置。同时将支柱在地面位置做好印记。按墙上印记剔成 ϕ10mm ×80mm 的孔洞，栽好固定螺栓。将地面支柱印记内放好白灰膏，稳好支柱及脸盆，将固定螺栓加胶皮垫、眼圈、带上螺母拧至松紧适度。再次将脸盆面找平，支柱找直。将支柱与脸盆接触处及支柱与地面接触处用白水泥勾缝抹光。

② PT 型支柱式洗脸盆给水排水管连接方法参照洗脸盆给水排水管道安装。

(5) 净身盆安装

1) 净身盆配件安装

① 将混合阀门及冷、热水阀门的门盖卸下，下根母调整适当，以三个阀门装好后上根母与阀门颈丝扣基本相平为宜。将预装好的喷嘴转心阀门装在混合开关的四通下口。

将冷、热水阀门的出口锁母套在混合阀门四通横管处，加胶圈或缠油盘根绳组装在一起，拧紧锁母。将三个阀门门颈处加胶垫，同时由净身盆自下而上穿过孔眼。三个阀门上加胶垫、眼圈带好根母。混合阀门上加角型胶垫及少许油灰，扣上长方形镀铬护口盘，带好根母。然后将空心螺栓穿过护口盘及净身盆。盆下加胶垫眼圈和根母，拧紧根母至松紧适度。

将混合阀门上根母拧紧，其根母应与转心阀门颈丝扣平为宜。将阀门盖放入阀门挺旋转，能使转心阀门盖转动 30°即可。再将冷、热水阀门的上根母对称拧紧。分别装好三个阀门门盖，拧紧冷、热水阀门门盖上的固定螺栓。

② 喷嘴安装：将喷嘴靠瓷面处加1mm厚的胶垫，抹少许油灰，将定型铜管一端与喷嘴连接，另一端与混合阀门四通下转心阀门连接。拧紧锁母，转心阀门门挺须朝向与四通平行一侧，以免影响手提拉杆的安装。

③ 排水口安装：将排水口加胶垫，穿入净身盆排水孔眼。拧入排水三通上口。同时检查排水口与净身盆排水孔眼的凹面是否紧密，如有松动及不严密现象，可将排水口锯掉一部分，尺寸合适后，将排水口圆盘下加抹油灰，外面加胶垫、眼圈，用自制叉扳手卡入排水口内十字筋，使溢水口对准净身盆溢水孔眼，拧入排水三通上口。

④ 手提拉杆安装：将挑杆弹簧珠装入排水三通中口，拧紧锁母至松紧适度。然后将手提拉杆插入空心螺栓，用卡具与横挑杆连接，调整定位，使手提拉杆活动自如。

⑤ 净身盆配件装完以后，应接通，临时水试验无渗漏后方可进行稳装。

2）净身盆稳装

① 将排水预留管口周围清理干净，将临时管堵取下，检查有无杂物。将净身盆排水三通下口铜管装好。

② 将净身盆排水管插入预留排水管口内，将净身盆稳平找正。净身盆尾部距墙尺寸一致。将净身盆固定螺栓孔及底座画好印记，移开净身盆。

③ 将固定螺栓孔印记画好十字线，剔成ϕ20mm×60mm孔眼，将螺栓插入洞内栽好。再将净身盆孔眼对准螺栓放好，与原印记吻合后再将净身盆下垫好白灰膏，排水铜管套上护口盘。净身盆稳牢、找平、找正。固定螺栓上加胶垫、眼圈，拧紧螺母。清除余灰，擦拭干净。将护口盘内加满油灰与地面按实。净身盆底座与地面有缝隙之处，嵌入白水泥浆补齐、抹光。

（6）平面小便器安装

1）首先，对准给水管中心画一条垂线，由地坪向上量出规定的高度画一水平线。根据产品规格尺寸，由中心向两侧固定孔眼的距离，在横线上画好十字线，再画出上、下孔眼的位置。

2）将孔眼位置剔成ϕ10mm×60mm的孔眼，栽入ϕ6mm螺栓。托起小便器挂在螺栓上。把胶垫、眼圈套入螺栓，将螺母拧至松紧适度。将小便器与墙面的缝隙嵌入白水泥浆补齐、抹光。其他安装方法同上。

（7）立式小便器安装（图2-6）

1）立式小便器安装前应检查给、排水预留管口是否在一条垂线上，间距是否一致。符合要求后按照管口找出中心线。将排水管周围清理干净，取下临时管堵，抹好油灰，在立式小便器下铺垫水泥、白灰膏的混合灰（比例为1∶5）。将立式小便器稳装找平、找正。立式小便器与墙面、地面缝隙嵌入白水泥浆抹平、抹光。

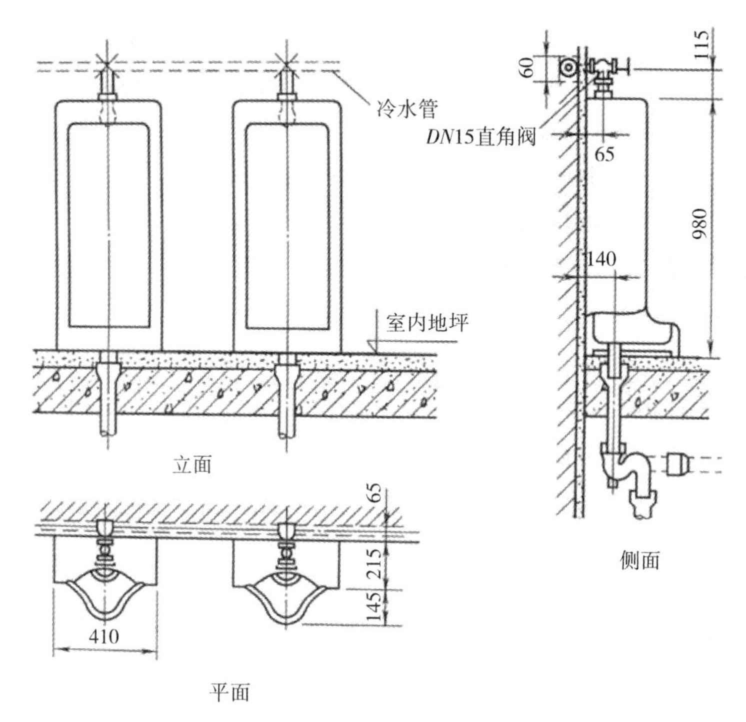

图2-6 立式小便器安装示意图

2）将八字水门丝扣抹铅油、缠麻、带入给水口，用板子上至松紧适度。其护口盘应与墙面靠严。八字水门出口对准鸭嘴锁口，量出尺寸，断好钢管，套上锁母及扣碗，分别插入鸭嘴和八字水门出水口内。缠油盘根绳拧紧锁母拧至松紧适度。然后将扣碗加油灰按平。

（8）家具盆安装

1）栽架前应将盆架与家具盆试一下是否相符。将冷、热水预留管口之间画一条平分垂线（只有冷水时，家具盆中心应对准给水管口）。由地面向上量出规定的高度，画出水平线，按照家具盆架的宽度由中心线左右画好十字线，剔成ϕ50mm×120mm的孔眼，用水冲净孔眼内杂物，将盆架找平、找正。用水泥栽牢。将家具盆放于架上纵横找平、找正。家具盆靠墙一侧缝隙处嵌入白水泥浆勾缝抹光。

2）排水管的连接：先将排水口根母松开卸下，放在家具盆排水孔眼内，测量出距排水预留管口的尺寸。将短管一端套好丝扣，涂油、缠麻。将存水弯拧至外露丝2~3扣，按量好的尺寸将短管断好，插入排水管口的一端应作扳边处理。将排水口圆盘下加1mm厚的胶垫、抹油灰，插入家具盆排水孔眼，外面再套上胶垫、眼圈，带上根母。在排水口的丝扣处抹油、缠麻，用自制扳手卡住排水口内十字筋，使排水口溢水眼对准家具盆溢水孔眼，用自制扳手拧紧根母至松紧适度。吊直找正。接口处捻灰，环缝要均匀。

3）水嘴安装：将水嘴丝扣处涂油缠麻，装在给水管口内，找平、找正、拧紧。

除净外露麻丝。

4）堵链安装：在瓷盆上方 50mm 并对准排水口中心处剔成 ϕ10mm ×50mm 孔眼，用水泥浆将螺栓注牢。

（9）浴盆安装（图2－7）

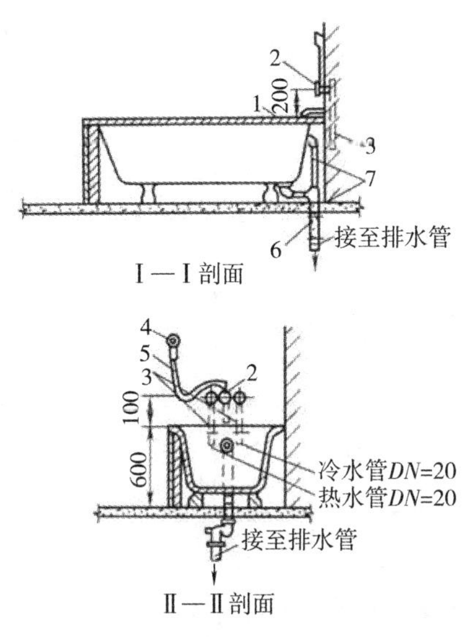

图2－7　浴盆安装示意图

1）浴盆稳装：浴盆稳装前应将浴盆内表面擦拭干净，同时检查瓷面是否完好。带腿的浴盆先将腿部的螺栓卸下，将拔销母插入浴盆底卧槽内，把腿扣在浴盆上带好螺母拧紧找平。浴盆如砌砖腿时，应配合土建施工把砖腿按标高砌好。将浴盆稳于砖台上，找平、找正。浴盆与砖腿缝隙外用 1∶3 水泥砂浆填充抹平。

2）浴盆排水安装：将浴盆排水三通套在排水横管上，缠好油盘根绳，插入三通中口，拧紧锁母。三通下口装好钢管，插入排水预留管口内（铜管下端板边）。将排水口圆盘下加胶垫、油灰，插入浴盆排水孔眼，外面再套胶垫、眼圈，丝扣处涂铅油、缠麻。用自制叉扳手卡住排水口十字筋，上入弯头内。

将溢水立管下端套上锁母，缠上油盘根绳，插入三通上口对准浴盆溢水孔，带上锁母。溢水管弯头处加 lmm 厚的胶垫、油灰，将浴盆堵螺栓穿过溢水孔花盘，上入弯头“一”字丝扣上，无松动即可。再将三通上口锁母拧至松紧适度。

浴盆排水三通出口和排水管接口处缠绕油盘根绳捻实，再用油灰封闭。

3）混合水嘴安装：将冷、热水管口找平、找正。把混合水嘴转向对丝抹铅油，缠麻丝，带好护口盘，用自制扳手（俗称钥匙）插入转向对丝内，分别拧入冷、热水预留管口，校好尺寸，找平、找正。使护口盘紧贴墙面。然后将混合水嘴对正转向对丝，加垫后拧紧锁母找平、找正。用扳手拧至松紧适度。

4）水嘴安装：先将冷、热水预留管口用短管找平、找正。如暗装管道进墙较深者，应先量出短管尺寸，套好短管，使冷、热水嘴安完后距墙一致。将水嘴拧紧找正，除净外露麻丝。

（10）淋浴器安装（图2-8）

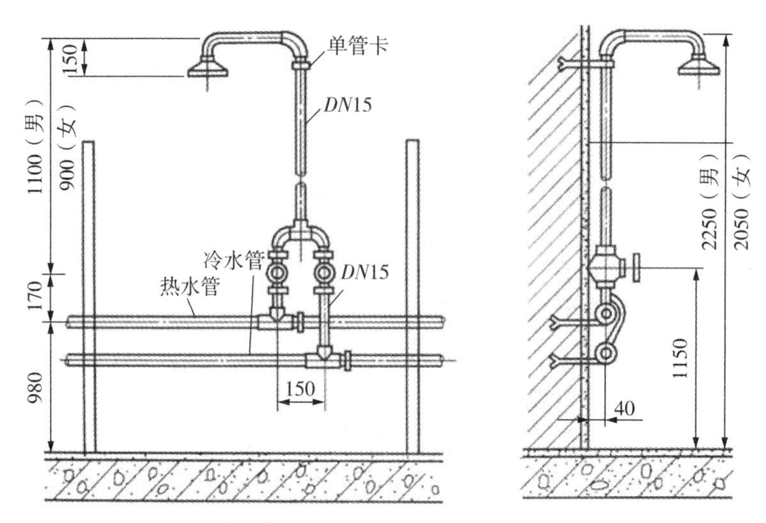

图2-8　淋浴器安装示意图

1）镀铬淋浴器安装：暗装管道先将冷、热水预留管口加试管找平、找正。量好短管尺寸，断管、套丝、涂铅油、缠麻，将弯头上好。明装管道按规定标高揻好“ʊ”弯（俗称元宝弯），上好管箍。

淋浴器锁母外丝头处抹油、缠麻。用自制扳手卡住内筋，上入弯头或管箍内。再将淋浴器对准锁母外丝，将锁母拧紧。将固定圆盘上的孔眼找平、找正。画出标记，卸下淋浴器，将印记剔成ϕ10mm×40mm的孔眼，栽好铅皮卷。再将锁母外丝口加垫抹油，将淋浴器对准锁母外丝口，用扳手拧至松紧适度。再将固定圆盘与墙面靠严，孔眼平正，用木螺钉固定在墙上。

将淋浴器上部铜管预装在三通口上，使立管垂直，固定圆盘与墙面贴实，孔眼平正，画出孔眼标记，栽入铅皮卷，锁母外加垫淋油，将锁母拧至松紧适度。上固定圆盘采用木螺钉固定在墙面上。

2）铁管淋浴器的组装：铁管淋浴器的组装必须采用镀锌管及管件，皮钱阀门、各部尺寸必须符合规范规定。

由地面向上量出1150mm，画一条水平线，为阀门中心标高。再将冷、热阀门中心位置画出，测量尺寸，配管上零件。阀门上应加活接头。

根据组数预制短管，按顺序组装，立管栽固定立管卡，将喷头卡住。立管应吊直，喷头找正。安装时应注意男、女浴室喷头的高度。

（三）质量标准

1. 保证项目

1）卫生洁具的型号、规格、质量必须符合设计要求；

卫生洁具排水的出口与排水管承口的连接处必须严密不漏。

检查方法：检验出厂合格证，通水检查。

2）卫生洁具的排水管径和最小坡度，必须符合设计要求和施工规范规定。

检查方法：观察或尺量检查。

2. 基本项目

支托架防腐良好，埋设平整牢固，洁具放置平稳、洁净。支架与洁具接触紧密。

检查方法：观察和手扳检查。

3. 卫生洁具安装的允许偏差和检验方法（表2－20）。

卫生洁具安装的允许偏差和检验方法　　表2－20

项　目		允许偏差（mm）	检查方法
	单独器具	10	
	成排器具	5	
	单独器具	±15	
	成排器具	±10	
器具水平度		2	用水平尺和尺量检查
器具垂直度		3	用吊线和尺量检查

4. 卫生洁具安装高度如设计无要求时，应符合表2－21的规定

卫生器具的安装高度　　表2－21

项次			卫生器具安装高度（mm）		
			居住和公共建筑	幼儿园	
1	污水盆（池）	架空式	800	800	
		落地式	500	500	
2	洗涤盆（池）		800	800	
3	洗脸盆和冲手盆（有塞、无塞）		800	500	
4	盥洗槽		800	500	
5	浴盆		520	—	

续表

项次			卫生器具安装高度（mm）		
			居住和公共建筑	幼儿园	
6	蹲式大便器	高水箱	1800	1800	自台阶面至高水箱底
		低水箱	900	900	自台阶面至低水箱底
7		高水箱	1800	1800	自台阶面至高水箱底
		外露排出管式	510	—	
		虹吸喷射式	470	370	
8	大便器	立　式	1000	—	自地面至上边缘
		挂　式	600	450	自地面至下边缘
9	小便槽		200	150	自地面至台阶面
10	大便槽冲洗水箱		不低于2000	—	自台阶至水箱底
11	妇女卫生盆		360	—	自地面至器具上边缘
12	化验盆		800	—	自地面至器具上边缘

（四）成品保护

1）洁具在搬运和安装时要防止磕碰。稳装后洁具排水口应用防护用品堵好，镀铬零件用纸包好，以免堵塞或损坏。

2）在釉面砖、水磨石墙面剔孔洞时，宜用手电钻或先用小錾子轻剔掉釉面，待剔至砖底灰层处方可用力，但不得过猛，以免将面层剔碎或振成空鼓。

3）洁具稳装后，为防止配件丢失或损坏，如拉链、堵链等材料、配件应在竣工前统一安装。

4）安装完的洁具应加以保护，防止洁具瓷面受损和整个洁具损坏。

5）通水试验前应检查地漏是否畅通，分户阀门是否关好，然后按层段分房间逐一进行通水试验，以免漏水使装修工程受损。

6）在冬季室内不通暖时，各种洁具必须将水放净。存水弯应无积水，以免将洁具和存水弯冻裂。

（五）应注意的质量问题

1）蹲便器不平，左右倾斜。原因：稳装时，正面和两侧垫砖不牢，焦渣填充后，没有检查，抹灰后不好修理，造成高水箱与蹲便器不对中。

2）高、低水箱拉、扳把不灵活。原因：高、低水箱内部配件安装时，三个主要部件在水箱内位置不合理。高水箱进水、拉把应放在水箱同侧，以免使用时互相干扰。

3）零件镀铬表层被破坏。原因：安装时使用管钳。应采用平面扳手或自制扳手。

4）坐便器与背水箱中心没对正，弯管歪扭。原因：画线不对中，坐便器稳装不正或先稳背箱，后稳便器。

5）坐便器周围离开地面。原因：排水管口预留过高，稳装前没修理。

6）立式小便器距墙缝隙太大。原因：甩口尺寸不准确。

7）洁具溢水失灵。原因：排水口无溢水眼。

8）通水之前，将器具内污物清理干净，不得借通水之便将污物冲入排水管内，以免管道堵塞。

9）严禁使用未经过滤的白灰粉代替白灰膏稳装卫生设备，避免造成卫生设备胀裂。

门窗细部

一、木门窗安装施工工艺

（一）施工准备

1. 技术准备

1）根据设计图纸的门窗品种、规格、型号进行翻样，并委托加工。

2）根据图纸对现场门窗洞口进行检查复核，并翻样订货。

3）按设计要求确定门窗洞口收口做法。

4）木门窗安装的样板已经现场监理、建设单位验收合格。

5）对操作人员进行安全技术交底。

2. 材料要求

1）木门窗的品种、型号、规格、尺寸应符合设计和规范的要求。由木材加工厂供应的木门窗应有出厂合格证及环保检测报告，且木门窗制作时的木材含水率不应大于12%。

2）木制纱门窗应与木门窗配套加工，且符合设计要求，与门窗相匹配，并有出厂合格证。

3）五金配件必须符合设计要求，与门窗相匹配，并有出厂合格证。

4）防火、防腐、防蛀、防潮等处理剂和胶粘剂应有产品合格证，并有环保检测报告。

5）水泥宜采用强度等级不小于32.5级的普通硅酸盐水泥，并有出厂合格证和复验报告，若出厂超过3个月应作复验，并按复验结果使用。

6）砂宜采用中砂、粗砂或中、粗砂混合使用。

3. 主要机具、设备

1）机械：手提电锯、电刨、电钻、电锤等。

2）工具：木工钻、锯、刨子、锤子、斧子、螺钉旋具、墨斗、扁铲、凿子等。

3）计量检测用具：经纬仪、水准仪、线坠、钢尺、水平尺、角尺、塞尺等。

4. 作业条件

1）结构工程已完，并验收合格。

2）弹好门窗中心线和水平控制线，经验收合格。

3）固定门、窗框的预埋木砖已经验收合格。

4）木门窗进场后，其品种、规格、型号、外观质量等经验收合格。

5）门窗框靠墙、靠地一面已刷好防腐涂料，其他各面及扇均应涂刷清油一道。分类码放，下垫方木，且每层框与框、扇与扇间应加垫块，使其通风，严禁露天堆放。

（二）施工工艺

1. 工艺流程

定位、弹线→掩扇→门、窗框安装→扇安装→嵌缝。

2. 操作工艺

（1）定位、弹线

1）弹垂直控制线：按设计要求，从顶层至首层用大线坠或经纬仪吊垂直，检查外立面门、窗洞口位置的准确度，并在墙上弹出垂直线，出现偏差超标时，应先对其进行处理。室内用线坠吊垂直弹线。

2）弹水平控制线：门、窗的标高，应根据设计标高，结合室内标高控制线进行放线。在同一场所的门、窗，要拉通线或用水准仪进行检查，使门、窗安装标高一致。

3）弹墙厚度方向的位置线：应考虑墙面抹灰的厚度（按墙面冲筋，确定抹灰厚度）。根据设计的门窗位置、尺寸及开启方向，在墙上弹出安装位置线。有贴脸的门窗在放线时，还应考虑门、窗套压门、窗框的尺寸。有窗台板的窗，要考虑窗台板的安装尺寸，以确定位置线。窗下框以压住窗台板5mm为宜。若外墙为清水墙勾缝时，可里、外稍作调整，以盖上墙砖缝为宜。

（2）掩扇

将门、窗扇根据图纸要求安装到框上，称为掩扇。大面积安装前，对有代表性的门、窗进行掩扇称为做样板。做掩扇样板的目的是对掩扇质量进行控制。主要对缝隙大小、各部尺寸、五金位置及安装方式等进行试装、调整、检查，符合质量验收标准后，确定出掩扇工艺及各部尺寸、五金位置等，然后再进行大面积安装施工。

（3）门、窗框安装

门、窗框安装应在地面和墙面抹灰施工前完成。根据门、窗的规格，按规范要求，确定固定点数量。门、窗框安装时，以弹好的控制线为准，先用木楔将框临时固定于门、窗洞内，用水平尺、线坠、方尺调平、找垂直、找方正，在保证门、窗框的水平度、垂直度和开启方向无误后，再将门、窗框与墙体固定。

1）门窗框固定：用木砖固定框时，在每块防腐木砖处应用2个钉帽砸扁的100mm长钉子钉进木砖内，木砖间距不应大于1.2m，每侧不得少于2个。使用膨胀螺栓时，螺杆直径不小于6mm。用射钉时，要保证射钉射入混凝土内不少于

40mm，达不到规定深度时，必须使用固定条固定，除混凝土墙外，禁止使用射钉固定门、窗框。

2）门、窗洞口为混凝土墙又无木砖时，宜采用50mm宽、1.5mm厚钢板做固定条，一端用不少于2颗木螺钉固定在框上，另一端用射钉固定在墙上。

（4）门、窗框嵌缝

内门窗通常在墙面抹灰前，用与墙面抹灰相同的砂浆将门、窗框与洞口的缝隙塞实。外门窗一般采用保温砂浆或发泡胶将门窗框与洞口的缝隙塞实。

（5）门、窗扇安装

1）按设计确定门、窗扇的开启方向、五金配件型号和安装位置，对于双开扇的门、窗，一般的开启方向为右扇压左扇。

2）检查门、窗框与扇的尺寸是否符合，框口边角是否方正，有无窜角。框口高度尺寸应量测框口两侧，宽度尺寸应量测框口上、中、下三点，并在扇的相应部位定点画线。如果门扇尺寸大于框口，则拆除扇收边实木条，刨去多余部分，再将实木条用胶和气钉安装回扇上。门扇尺寸小于门框时，装饰门不得使用，普通门可用胶和气钉。

3）第一次修刨后的门、窗扇，以刚刚能塞入框口内为宜，塞入后用木楔临时固定。按扇与框口边缝配合尺寸、框与扇表面的平整度，画出第二次的修刨线，并标出角链槽的位置。角链槽一般距扇上、下端距离为扇高的1/10，注意避开上、下冒头。

4）经过第二次修刨，使框与扇表面平整、缝隙尺寸符合后，再开角链槽。先画出角链位置线，再用线勒子勒出角链的宽度线，剔凿角链槽，注意不要剔大、剔深。

5）安装角链，应将三齿片固定在框上，二齿片在扇上，标牌统一向上。安装时应先拧2颗螺钉，检查框与扇表面平整、缝隙尺寸符合后，将螺钉全部拧上拧紧。木螺钉应钉入1/3、拧入2/3，木螺钉冒头与角链面平，十字上、下垂直。如果门、窗框为硬木时，为防止框、扇劈裂或将木螺钉拧断，可先打孔，孔径为木螺钉直径的0.9倍，孔深为木螺钉长度的2/3，然后拧入木螺钉。

6）安装对开扇时，应保证两扇宽度尺寸、对口缝的裁口深度一致。采用企口时，对口缝的裁口深度及裁口方向应满足装锁或其他五金件的要求。

7）五金件的安装：一般门锁、拉手等距地高度为950～1000mm，有特殊要求的门锁由专业厂家安装。

8）安装门、窗扇时，应注意扇上玻璃裁口方向。一般厨房裁口在外，厕所裁口在内，其他房间按设计要求确定。

9）安装定位器：一般门扇开启后，容易碰墙时，应安装定位器。对有特殊要求的扇，应按设计要求安装配件。安装方法参照产品安装说明书。窗扇应安装风钩。

3. 季节性施工

1）雨期施工，进场的成品、半成品应存放在库房内。安装时，应先安装外门、窗，后安装室内门、窗。安装门、窗后，应及时刷底油，以防门、窗受潮变形。

2）冬期安装木门、窗后，应及时刷底油并保持室内通风。防止北方冬期室内供暖后比较干燥，门、窗扇出现变形。

（三）质量标准

1. 主控项目

1）木门窗的品种、类型、规格、开启方向、安装位置及连接方式应符合设计要求。

检验方法：观察、尺量检查，检查产品合格证书及进场验收记录。

2）木门窗框的安装必须牢固，预埋木砖的防腐处理、木门窗框固定点的数量、位置及固定方法应符合设计要求。

检验方法：观察、手扳检查，检查隐蔽工程验收记录和施工记录。

3）木门窗扇安装必须牢固，并应开关灵活、关闭严密、无倒翘。

检验方法：观察、开启和关闭检查、手扳检查。

4）木门窗配件的型号、规格、数量应符合设计要求，安装应牢固，位置应正确，功能应满足使用要求。

检验方法：观察、开启和关闭检查、手扳检查。

2. 一般项目

1）木门窗表面清洁，不得有刨痕、锤印。

检验方法：观察。

2）木门窗和割角、拼缝应严密平整。门窗框、扇裁口应顺直，刨面应平整。

检验方法：观察。

3）木门窗上的槽、孔应边缘整齐，无毛刺。

检验方法：观察。

4）木门窗与墙体间缝隙的填嵌材料应符合设计要求，填嵌应饱满。寒冷地区外门窗（或门窗框）与砌体间孔隙应填充保温材料。

检验方法：轻敲门窗框检查，检查隐蔽工程验收记录和施工记录。

5）木门窗披水、盖口条、压缝条、密封条的安装应顺直，与门窗结合应牢固、严密。

检验方法：观察，手扳检查。

6）木门窗安装的留缝限值和检验方法见表2－22。

木门窗安装的留缝限值和检验方法　　表2－22

项次	项　目		留缝限值（mm）		检验方法
			普通	高级	
1	门窗扇对口缝		1～2.5	1.5～2	用塞尺检查
2	工业厂房双扇大门对口缝		2～5	—	
3	门窗扇与上框间留缝		1～2	1～1.5	
4	门窗扇与侧框间留缝		1～2.5	1～1.5	
5	窗扇与下框间留缝		2～3	2～2.5	
6	门扇与下框间留缝		3～5	3～4	
7	无下框时门扇与地面间留缝	外门	4～7	3～6	
		内门	5～8	6～7	
		卫生间门	8～12	8～10	
		厂房大门	10～20	—	

7）木门窗安装的允许偏差和检验方法见表2－23。

木门窗安装的允许偏差和检验方法　　表2－23

项次	项　目	允许偏差（mm）		检验方法
		普通	高级	
1	门窗槽口对角线长度差	3	2	用钢尺检查
2	门窗框的正、侧面垂直度	2	1	用1m垂直检测尺检查
3	框与扇、扇与扇接缝高低差	2	1	用钢直尺和塞尺检查
4	双层门窗内外框间距	4	3	用钢尺检查

（四）成品保护

1）木门框安装后应采用薄钢板或细木工板做护套进行保护，其高度应大于1m。如果安装门、窗框与结构施工同时进行，应采取加固措施，防止门、窗框碰撞变形。

2）门、窗框扇修刨时，应用木卡具将其垫起卡牢，以免损坏门、窗边。

3）门、窗框安装时应轻拿轻放，整修时严禁生搬硬撬，防止损坏成品，破坏扇面及五金件。

4）门、窗扇安装时应注意保护墙面、地面及其他成品，以防碰坏或划伤墙面与地面及其他成品。

5）门、窗安装后，应派专人负责管理成品，防止刮大风时损坏已完成的门窗与玻璃；严禁把门、窗作为脚手架的支点，防止损坏门窗扇。

6）五金件安装完成后，应有保护措施以防污染。

（五）应注意的质量问题

1）门、窗框安装前应认真检查门、窗洞口尺寸和方正。对误差过大的洞口，应先抹灰修补或适当调整门、窗框的尺寸后再安装，防止由于门、窗洞口预留尺寸不准、洞口不方正、四边不直而造成门、窗框安装后四周的缝隙不一致。

2）门、窗洞口墙上预留的木砖或预埋件的数量、距离及牢固程度应符合规范要求，防止由于固定数量不够、预埋木砖或预埋件不稳定而造成门、窗框松动。

3）木门窗角链安装时，木螺钉不应倾斜，遇有木节时，应在木节处钻眼，重新加胶塞入木塞后再拧入木螺钉，防止木螺钉倾斜而造成角链不平。

4）安装门窗前，应先弹线、找规矩、吊垂直，同一层门窗的上、下口应拉通线检查标高，防止外立面上、下层之间门窗不顺直，左右高低不一。

5）安装门扇，在掩扇前应先检查门框垂直度，使装扇的上、下两个角链轴在一垂直线上，角链与门窗应配套、合适，固定角链的螺钉应安装平直、牢固，防止门扇下坠、开关不灵或自行开关。

（六）质量记录

参见各地具体要求，如四川省参考《建筑工程施工质量验收规范实施指南》表SG—T057。

（七）安全环保措施

1）安装门、窗，在2m以上的梯子或站在窗台上进行高空作业时，必须系好安全带。

2）使用电锯、电刨等电动工具，应有防护罩，防止意外伤人。

3）施工中使用的电动工具及电气设备，均应符合国家现行标准《施工现场临时用电安全技术规范》的规定。

4）施工现场不得使用明火，并设防火标志，配备数量足够的消防器具。

5）门窗安装过程中产生的锯末、粉尘、边角料应及时清理回收，集中消纳。

6）室内施工用的材料应符合现行国家标准《民用建筑工程室内环境污染控制规范》的规定。

7）边角余料应集中回收，按固体废物进行处理。

二、门窗套制作与安装施工工艺

（一）施工准备

1. 技术准备

1）根据施工图纸编制施工方案，并对施工人员进行技术交底。

2）按施工所需材料进行翻样，组织对外委托订货加工。

3）木门、窗套的样板已设计、监理、建设单位验收确认，办理材料样板的确认及封样工作。

4）依据控制线检查洞口尺寸是否正确，四角是否方正，垂直度是否符合要求，门、窗框安装是否符合设计图纸要求。门框在走道同一墙面进出尺寸应一致。

2. 材料要求

（1）木材

木材的种类、规格、燃烧性能等级应符合设计图纸要求，并应符合下列规定：

1）木龙骨：一般采用红、白松，含水率不大于12%，不得有腐朽、节疤、劈裂、扭曲等缺陷。

2）底层板：一般采用细木工板或纤维板，含水率不大于12%。板厚应符合设计要求，甲醛含量应符合室内环境污染物限值要求，人造板材使用面积超过500m^2时应作甲醛含量复验。板面不得有凹凸、劈裂等缺陷。应有产品合格证、环保及燃烧性能检测报告。

3）面层板：一般采用胶合板，厚度不小于3mm，含水率不大于12%，甲醛释放量不大于0.12mg/m^3，颜色均匀一致，花纹顺直一致，不得有黑斑、黑点、污痕、裂缝、爆皮等。应有产品合格证、环保及燃烧性能检测报告。

4）门、窗套木线：一般采用半成品，规格、形状应符合设计图纸要求，含水率不大于12%，花纹纹理顺直，颜色均匀。不得有节疤、黑斑点、裂缝等。

5）木材及其制品必须经过白蚁防治措施处理。

（2）其他材料

一般包括气钉、胶粘剂、防火涂料、防腐涂料、木螺钉等，其中胶粘剂、防火、防腐涂料必须有产品合格证及性能检测报告。

3. 主要机具

1）机械：电锯、电刨、电钻、电锤、楼槽机、气钉枪、修边刨、电动砂纸机等。

2）工具：木刨、木锯、斧子、锤子、冲子、螺钉旋具、平铲、墨斗、粉线包等。

3）计量检测用具：钢尺、割角尺、角尺、靠尺、水平尺、线坠等。

4. 作业条件

1）验收主体结构是否符合设计要求。采用木筒子板的门、窗洞口应比门窗樘宽40mm，洞口比门窗樘高出25mm。

2）门、窗洞口的木砖已埋好，木砖的预埋方向、规格、深度、间距、防腐处理等应符合设计和有关规范要求。对于没有预埋件的洞口，要打孔钉木楔，在横、竖龙骨中心线的交叉点上用电锤打孔，孔直径一般不大于12mm，孔深一般不小于70mm，然后将经过防腐处理的木楔打入孔内。

3）门、窗洞口的抹灰已完，并经验收合格。

4）门、窗框安装已完，框与洞口间缝隙已按要求堵塞严实，并经验收合格。金属门、窗框的保护膜已粘贴好。

5）室内垂直与水平控制线已弹好，并经验收合格。

6）各种专业设备管线、预留预埋安装施工已完成，并经检验合格。

（二）施工工艺

1. 工艺流程

弹线→制作、安装木龙骨→安装基层板→安装面板→安装门、窗套。

2. 操作工艺

（1）弹线

按图纸上的门窗尺寸及门窗套木线的宽度，在墙、地上弹出门窗套、木线的外边缘控制线及标高控制线。按节点构造图弹出龙骨安装中心线和门窗及角链安装位置线，角链处应有龙骨，确保角链安装在龙骨上。

（2）制作、安装木龙骨

1）在龙骨中心线上用电锤钻孔，孔距500mm左右，在孔内注胶浆，然后将经防腐的木楔钉入孔内，粘结牢固后安装木龙骨。

2）根据门、窗洞口的深度，用木龙骨做骨架，间距一般为200mm，骨架的表面必须平整，组装必须牢固，龙骨的靠墙面必须作防腐处理，其他几个侧面作防火处理。然后将木龙骨按弹好的控制线，用砸扁钉帽的圆钉钉到木楔上。

3）安装骨架时，应边安装边用靠尺进行调平，骨架与墙面的间隙，用经防腐处理过的楔形方木块垫实，木块间隔应不大于200mm，安装完的骨架表面应平整，其偏差在2m范围内应小于1mm。钉帽要冲入木龙骨表面3㎜以上。

（3）安装底板

1）门、窗套筒子板的底板通常用细木工板预制成左、右、上三块。若筒子板上带门框，必须按设计断面，留出贴面板尺寸后做出裁口。

2）安装前，应先在底板背面弹出骨架的位置线，并在底板背面骨架的空间处刷防火涂料，骨架与底板的结合处涂刷乳胶，然后用木螺钉或气钉将底板钉粘到木龙骨上。一般钉间距为150mm，钉帽要钉入底板表面1㎜以上。

3）也可以在底板与墙面之间不加木龙骨，直接将底板钉在木砖上，底板与墙体之间的孔隙采用发泡胶塞实；若采用成品门、窗套可不加龙骨、底板，直接与墙体固定。

（4）安装面板

1）安装面板前，必须对面板的颜色、花纹进行挑选，同一房间面板的颜色、花纹必须一致。检查底板的平整度、垂直度和各角的方正度符合要求后，在底板上和面板背面满刷乳胶，乳胶必须涂刷均匀。然后将面板粘贴在底板上。

2）在面板上铺垫50mm宽的五厘板条，用气钉临时压紧固定，待结合面乳胶干透约48h后取下。面板也可采用蚊钉直接铺钉，钉间距一般为100mm。

3）门套过高，面板需要拼接时，一般接缝放在门与亮子间的横梁中心；没有亮子时，拼缝离地面1.2m以上。拼接应在同一龙骨上，花纹要对齐，不宜纵向接缝。

（5）安装门、窗套木线

1）门、窗套木线，按设计要求的截面形状、尺寸进行加工制作。门、窗套木线的背面应刨出卸力槽，槽深一般5mm为宜。

2）门、窗套木线的颜色、花纹要与面板相同或配套。门套木线的厚度应大于踢脚板的厚度。

3）安装时，一般先钉横向的，后钉竖向的。先量出横向木线所需的长度，两端锯成45°斜角（即割角），紧贴在框的上坎上，其两端深处的长度一致。

4）将钉帽砸扁，顺木纹冲入板面1～3mm，钉长宜为板厚的两倍，钉距不大于500mm，然后量出竖向木线长度，钉在边框上。

5）横竖木线的线条要对正，切角应准确平整，对缝严密，安装牢固。

6）木线的厚度不能小于踢脚板的厚度，以免踢脚板冒出而影响美观。

7）门套木线的内侧与门套应留出10mm的裁口，避免安装角链时，损伤门套木线。

3. 季节性施工

1）雨期施工时，进场的成品、半成品应存放在库房内，分类码放平整、垫高。层与层之间要垫木条通风，不得日晒、雨淋。

2）雨期门、窗套施工时，应先将外门、窗安装好以后再进行安装。门、窗套安装好以后，必须及时刷底油，以防门、窗套受潮变形。

3）冬期施工环境温度不得低于5℃，安装木制门、窗套之后，应及时刷底油，并保持室内通风。室内供暖后温度不宜过高，以防室内太干燥，门、窗套出现收缩裂缝。

（三）质量标准

1. 主控项目

1）门窗套制作与安装所使用材料的材质、规格、花纹和颜色、木材的燃烧性能等级和含水率及人造木板、胶粘剂的甲醛含量应符合设计要求及国家现行标准的有关规定。

检验方法：观察，检查产品合格证书、进场验收记录、性能检测报告和复验报告。

2）窗套的造型、尺寸和固定方法应符合设计要求，安装应牢固。

检验方法：观察、尺量检查、手扳检查。

2. 一般项目

1）门窗套表面应平整、洁净、线条顺直、接缝严密、色泽一致，不得有裂缝、翘曲及损坏。

检验方法：观察。

2）门窗套安装的允许偏差和检验方法应符合表2－24的规定。

门窗套安装的允许偏差和检验方法　　表2－24

项次	项目	允许偏差（mm）	检验方法
1	正、侧面的垂直度	3	用1m垂直检测尺检查
2	门、窗套上口水平度	1	用1m水平检测尺和楔形塞尺检查
3	门、窗套上口直线度	3	拉5m通线，不足5m拉通线的，用钢直尺检查

（四）成品保护

1）木材及木制品进场后，应按其规格、种类存放在仓库内。板材应用木方垫平水平存放。门、窗套木线宜捆成20根一捆，用塑料薄膜包裹封闭，用木方垫平水平存放。垫起距地高度应不小于200mm，并保持库房内的通风、干燥。

2）选配料和下料要在操作台上进行，不得在没有任何保护措施的地面上进行操作。

3）窗套安装时，应在窗台板上铺垫木板或地毯作保护层。严禁将窗台板或已安装好的其他设备当做高凳或架子支点使用。

4）在门套安装施工时，对门洞口的地面应进行保护，以防损伤地面。

5）门、窗套安装全部完成后，应设围挡和用塑料薄膜遮盖进行保护。

（五）应注意的质量问题

1）在安装前，应按弹线对门、窗框安装位置偏差进行纠正和调整，避免由于门、窗框安装偏差造成筒子板上下、左右不对称和宽窄不一致。

2）在骨架的制作和安装过程中，一定要按照工艺的要求进行施工，表面应平整、固定牢固，在安装底板和面板前均应进行检查调整，避免安装后门窗洞口上、下尺寸不一致，阴、阳角不方正。

3）在面板施工前要对面板进行精心挑选，先对花后对色，并进行编号，然后再进行面层安装，防止门、窗套面层板的花纹错乱、颜色不均。

4）施工人员在进行施工时要精心操作，防止由于筒子板、门窗套木线切角不方、裁口不直、拼缝不严密。

5）在安装门、窗套木线之前，对墙面和底板应进行仔细检查和必要的修补、调整，防止由于墙面或门、窗套底层板不垂直、不平整而造成门、窗套木线安装不垂直、不平整。

6）严格控制木材含水率，防止因木料含水率大、干燥后收缩造成门、窗套及木线接头、拼缝不平或开裂。

7）木材及其制品在制作前一定要防止白蚁，以预防使用后虫蛀破坏。

（六）质量记录

参见各地具体要求，如四川省参考《建筑工程施工质量验收规范实施指南》表SG—T075。

（七）安全、环保措施

1. 安全操作要求

1）使用电锯、电刨等电动工具时，设备上必须装有防护罩，防止意外伤人。

2）施工现场临时用电均应符合国家现行标准《施工现场临时用电安全技术规范》的规定。

3）在较高处进行作业时，应使用高凳或架子，高度超过 2m 时，应系好安全带。

4）安装、加工场所不得使用明火，并设防火标志，配备消防器具。

2. 环保措施

1）施工用的各种材料应符合现行国家标准《民用建筑工程室内环境污染控制规范》的要求。

2）施工现场应做到工完场清，保持施工现场清洁、整齐、有序。

3）剩余的油漆、胶和桶不得乱倒、乱扔，必须按规定集中进行回收、处理。

4）施工时合理安排有强噪声的施工时间，材料装卸应轻拿轻放，防止噪声扰民。

5）垃圾应装袋及时清理。清理木屑等废弃物时应洒水，以减少扬尘污染。

6）木工作业棚应采取封闭措施，减少噪声和粉尘污染。

复习思考题

1. 家装墙体分隔主要材料有哪些？简述 GRC 隔墙的施工工艺。
2. 简述电路插座的安装施工工艺。
3. 简述 PPR 管材的连接操作工艺。
4. 轻钢龙骨纸面石膏板吊顶的轻钢型材有哪些？
5. 软包墙面施工中，软包单元块如何制作？

6. 墙纸裱糊施工中，表面起泡如何处理？

7. 简述地砖铺贴的施工工艺及施工准备。

8. 简述家装固定式衣柜的主材及其施工工艺。

9. 简述浴缸的安装工艺流程。

10. 绘制门套的构造节点图。

11. 简述实木门的质量标准。

学习情境 3

家装验收

家装初验

一、家装初验应具备的条件

装修公司承包业主的家庭居室装修工程按合同完成所列各项装修后，即可着手准备邀请用户来验收。进行竣工验收必须具备以下条件：

1）按合同所列装修项目已全部竣工；

2）装修场地清理干净；

3）用户自购材料的余料整理并清点完毕；

4）涂料、油漆等已经干燥；

5）墙面贴的釉面砖、地面贴的地砖已经稳固；

6）卫生洁具可以使用；

7）采暖、通风设备可以运转使用；

8）灯具可以开亮。

二、家装常见质量病变验收

（一）木制品起泡变形

在潮湿闷热的夏季，装修的关键是防潮。如果防潮工作处理不好，到了干燥的季节，木材、板材容易变形、起翘，所以木工验收在夏季装修中比较重要。

重点验收：门套吸水受潮后，一般都反映在底部，会出现漆面起泡、发胀和变形等情况。如果门套只是发胀，与门框间的缝隙变大，用玻璃胶重新密封即可。如果门套变形严重，影响门的正常开关，就要重新更换门套。如果是漆面起泡，就需要对门套进行打磨，并重新刷漆。

其他验收：木工活是否直平，表面是否平整，有没有起鼓或破缺。柜门开关是否正常，开启时应操作轻便、没有异声；固定的柜体接墙部一般应没有缝隙。衬板与面板必须粘结牢固。

提示：木制品在雨期淋雨后，都会出现起泡变形。窗台上如果采用木制品，要仔细检查是否有积水通过木料或者其与墙体间的缝隙渗透到窗台下面。

（二）地板龙骨松动

在铺装地板时，缝隙应较以往安排得更加紧密，以避免在气温降低时缝隙变大而影响美观。

重点验收：验收时在地板上来回走动，特别是靠墙部位和门洞部位要多注意验收，发现有声响的部位，要重复走动，确定声响的具体位置，做好标记。碰到这种情况，可以要求拆除重铺。有声响的部位主要体现在地龙骨固定不牢固，有些装修施工单位用未经烘干的地龙骨施工，表面上看有烘干的痕迹，其实没干。含水率高的地龙骨，在木料自然干燥过程中体积会缩小，造成松动。

提示：实木地板首先要看地板的颜色是否一致。如果色差太大，直接影响美观，可以要求调换。地板是否变形、翘曲，验收的方法是用2m长的直尺，靠在地板上，平整度不应大于3mm。

（三）瓷砖空鼓变色

重点验收：检查瓷砖主要看是否有空鼓，如果地砖空鼓过多，长期使用以后就会逐渐被踩碎，既影响美观，又影响使用。瓷砖的空鼓主要因为铺地砖的水泥砂浆水太多，过不了几天，水泥砂浆里的水分挥发以后，地砖下面的砂浆就会塌下去，砖就会出现空鼓。

检查瓷砖是否变色。如果发现瓷砖变色，除瓷砖质量差、轴面过薄外，施工方法不当也是重要因素。有可能在施工中浸泡瓷砖的水有问题，或者贴砖用的水泥砂浆不好，色变较大的墙砖要立即更新。

其他验收：验收时要看砖面是否平正、没有倾斜现象，砖面是否有破碎现象，瓷砖方向是否正确，花砖和腰线位置是否正确，一般局部空鼓不得超过总量的5%。

提示：雨季铺贴的时候要尽量地把缝隙留得小一些，因为它本身有一定的膨胀，在干燥的季节还可以收缩一些。

（四）墙面裂纹发霉

夏季、冬季室内温差大，如果装修不慎重，容易出现缝隙等状况。

重点验收：夏季常会碰到乳胶漆干得慢，在潮湿天气中会发霉。墙体发霉来源于两方面：第一，墙面基础受潮发霉；第二，抹腻子的时候没有等腻子干透刷涂料引起发霉。在北京墙壁出现裂纹是正常的现象，主要原因有室内保温板与保温板之间的接缝会产生板缝裂纹、在墙壁开槽铺设电线电缆的线槽补灰以后出现收缩裂纹、抹灰刮腻子不均匀出现应力裂纹。

其他验收：墙面乳胶漆没有空鼓、起泡、开裂现象。一般乳胶漆严禁脱皮、漏刷、透底，大面无流坠、皱皮，要求表面颜色一致，无明显刷痕。

提示：装修施工墙面出现裂缝是一个最为普遍的现象，可能刚装修还看不出来，在季节气候变化时尤为明显，这需要装修公司后期维护和修补。

（五）油漆泛白

重点验收：家具要仔细看是否有泛白起雾现象，这种情况是因为雨天刷漆造成的，木制品表面在雨天时会凝聚一层水汽。这时刷漆，水汽会包裹在漆膜里，使木制品表面浑浊不清。如果雨天刷清漆，可能会出现泛白的现象。

其他验收：油漆的验收中家具混油的表面是否平整饱和，确保没有起泡、没有裂缝，而且油漆厚度要均衡、色泽一致。木制家具的涂漆质量通常看其是否有色差及流坠现象，表面应清晰光滑，没有刺激性气味。

提示：油漆施工时应尽量避免在下雨天刷油漆，即使不是下雨天，在特别潮的环境中刷漆时，也要用干燥剂或开空调抽湿，抽走空气中的水分。墙体做完以后马上做靠墙的柜子会造成柜子受潮。

（六）做好封边防止污染

当温度升高湿度增大时，装修材料污染得更严重。在夏天施工的过程中，施工现场散发出来的VOC（挥发性有毒化合物）会比冬天更多，所以夏天的室内装修污染是更严重的，装修有害气体的散发是一个长期的过程，甚至有一些污染源在15年内还在不断地散发。苯是半年就散发掉了，但是甲醛在胶里面完全散发出来可能要十几年。

重点验收：一定要仔细检查板材是否做好封边，所有的封边都要求用封边线条封闭，这样游离性甲醛就不易挥发出来。定制家具经常会需要做层板，而层板里面会钻孔，这个孔就是往外散发甲醛的，应该在钻孔的位置提供“盖帽”把这个孔封闭。

提示：在装修中难免会有一些有毒有害气体，装修完工后一定要注意每天多开窗通风。装修后，业主可以请专业机构对室内环境进行检测。一旦出现装修环保不达标的问题，装修公司就不能进行工程交付验收。

（七）排水管道应畅通

卫生间冷热水开关、水龙头和花洒安装平正，使用灵活方便。查看水流是否随水节门开启大小而变化。地漏有没有堵塞。排水管道应畅通，无倒坡、无堵塞、无渗漏，地漏箅子应略低于地面。验收时反复将水注满后排放，察看排水是否通畅。

厨房和厕所的地面防水层四周与墙体接触处，应向上翻起，高出地面不少于250mm。地面面层流水坡向地漏，不倒泛水、不积水，24h蓄水试验无渗漏。

（八）反复试验灯开关

电应进行必要的检查和试验，如灯具试亮、开关试控制，反复开关几次，观察灯具是否全部亮着。开关插座面板应安装牢固、位置正确、盖板端正、表面滑洁、紧贴墙面、四周无孔隙。同一房间内开关或插座高度应一致。工程竣工时应向施工单位索要配线竣工简图，标明导线规格及暗管走向。

家装室内陈设布置

生活方式的整体品位化影响了人们对家居陈设的要求，因此家装设计师就已经不再局限于室内装饰设计，而是进入了生活方式的全面设计，而这种生活方式的设计必然是时刻紧随流行，甚至是超越流行的。

品质的追求大大增加了家居产品的更换频率，因此最先掌握了国际流行趋势的人，等于在市场上占有了先机。

因此，家居陈列设计对流行趋势的把握和对流行风格的掌握就变得尤为重要。

一、室内陈设概述

室内陈设一般分为功能性陈设和装饰性陈设。

功能性陈设指具有一定实用价值并兼有观赏性的陈设，如家具、灯具、织物、器皿等。

家具是室内陈设艺术中的主要构成部分，它首先是以实用而存在的。随着时代的进步，家具在具有实用功能的前提下，其艺术性越来越被人们所重视。从家具的分类与构造上看，可分为两类，一类是实用性家具，包括坐卧性家具、贮存性家具，如床、沙发、大衣柜等；另一类是观赏性家具，包括陈设架、屏风等。

灯具在室内陈设中起着照明的作用，从灯具的种类和形制来看作为室内照明的灯具主要有吸顶灯、吊灯、地灯、嵌顶灯、台灯等，难以想象室内没有光线，人们怎样生活。

目前织物已渗透到室内环境设计的各个方面，在现代室内设计环境中，织物使用的多少，已成为衡量室内环境装饰水平的重要标志之一。它包括窗帘、床罩、地毯等软性材料。

装饰性陈设指以装饰观赏为主的陈设，如雕塑、字画、纪念品、工艺品、植物等。

装饰植物引进室内环境中不仅起到装饰的效果，还能给平常的室内环境带来自然的气氛。根据南北方气候的不同和植物的特性，在室内放置不同的植物。通过它们对空间的占有、划分、暗示、联系、分隔从而化解不利因素。

室内陈设艺术不同于一般的装饰艺术，片面追求富丽堂皇的气派和毫无节制的排场；也不同于环境艺术，它强调科学性、技术性和学术性，是一门研究建筑内部和外部功能效益及艺术效果的学科，属于大众科学的范畴。

室内陈设艺术表达一定的思维、内涵和文化素养，对塑造室内环境形象、创造室内气氛、表达空间意境起到画龙点睛的作用。

在选择室内陈设品时一般关注的是：

1）简洁：首先应注意体现简洁，达到没有华丽、多余的附加物，体现“少而精”，把室内陈设减少到最小的必要程度，“少就是多，简洁就是丰富”；陈设的艺术以少胜多，以一当十；选择形成微妙或夸张，是体现室内环境的重要因素之一。

2）创新：突破一般规律，创新程度可大可小，从整体效果考虑，要提倡有突破性、有个性，通过创新反映独特的艺术效果。

3）和谐：和谐含有协调之意，陈设的选择在满足功能前提下要和室内环境和多种物体相协调，形成一个整体；和谐包括品种、造型、规格、材质、色调的选择，陈设要使室内环境给人们心理和生理上的宁静、平和、温情等效果。

4）色调：陈设的色调构成整体效果，陈设要选用不同的色相作为基调，在选定时要结合建筑装饰的整体色调，适度协调反映出最佳效果，在定色调时还要考虑光源影响，要考虑陈设物的色调对光源的吸收和反射后呈现出各种色彩的现象，不同的波长、可见光会引起人们视觉上不同的色彩感觉。在选择色调时应注意到如红、黄、橙具有温暖的感觉，青、蓝、绿具有冷调、沉静的反映。

5）有序：是一切美感的根本，是反复、韵律、渐次和谐的基础，也是比例、平衡对比的根源，组织有规律的空间形态产生井然有序的美感，有条有理有序是整齐的美，越复杂的造型在环境中构成的条理就越发需要。在室内陈设中如大宴会厅的圆桌有规律地排列、剧院中的座位成形排列、大空间的立柱等轴线竖立、天花的灯饰与出气口的均匀布置都体现了有序的美。

6）均衡：均衡与对称基本相同，生活中从力的均衡上给人以稳定的视觉艺术，使人们获得视觉均衡的心理感受。在室内陈设选择中均衡是指在室内空间布局上，各种陈设的形、色、光、质保持等同的量与数，或近似的量与数，通过这种感觉保持一种安定状态时就产生了均衡的效果。

7）对称：对称不同于均衡的是其产生了形式美，对称分为绝对对称和相对对称。上下左右对称，以及同形、同色、同质的绝对对称，和同形不同质、同形、同质不同色等的相对对称。在室内陈设选择中经常采用对称，如家具的排列、墙面艺术品的排列、天花的喷淋、空调口、灯饰等都常采用对称形式，使人们感受到有序、庄重、整齐、和谐之美。

8）对比：两种不同的物体的对照称为对比，经过选择使其既对立又协调，既矛盾又统一，使其在强烈的反差中获得鲜明形象中的互补来满足效果。对比有明快、鲜明、活泼等特性，与和谐配合使用产生理想的装饰效果，在陈设选择中通过对比、材质、繁简、曲直、色彩、古今、中外突出陈设的个性，加深人们的美好形象。

9）呼应：属于均衡的形式美，呼应包括相应对称、相对对称，在陈设的布局中，陈设之间和陈设与天花、墙、地以及家具等相呼应达到一定的艺术效果。

10）层次：要追求空间的层次感，如色彩从冷到暖，明度从暗到亮，造型从小到大、从方到圆、从高到低、从粗到细，质地从单一到多样、从虚到实等都可以形成富有层次的变化，通过层次变化，丰富陈设效果，但必须使用恰当的比例关系和适合环境的层次需求，采取适宜的层次处理会造成良好的观感。

11）节奏：节奏的基础是条理性和重复性，节奏具有情感需求的表现，在同一个单纯造型进行连续排列，到它所产生的排列效果往往形式一般化，但是加以变化适当地进行长短、粗细、直斜、色彩等方面的突变，对比组合产生有节奏的韵律和丰富的艺术效果。

12）质感：陈设品的材质肌理体现物品的表面质感效果，陈设品的肌理会让人们感觉到干湿、软硬、粗细、有纹无纹、有规律无规律、有光与无光，可通过陈设的选择来适应建筑装饰环境的特定要求，提高整体效果。

二、室内陈设的视觉设计

室内陈设设计是室内设计后期工作的主体，其中包含了大量的色彩设计、材质设计、灯光设计以及空间设计的内容。它是在室内设计的整体创意下，对室内设计的创意进行完善和深化，以创造出一种更加舒适、美观且富有情趣和意境的室内环境。

而室内陈设品的布置是室内陈设设计的关键，了解和掌握室内陈设设计中的视觉问题是陈设品布置的前提条件，同时也是室内陈设设计最为重要的组成部分。室内陈设设计中的视觉问题主要包括陈设品的视觉感知和观赏者的视觉规律两方面因素。

（一）陈设品的视觉感知

陈设品的视觉感知有易感知、不易感知和一般感知之分。通常由于我们可以从易感知的因素推理出不易感知的因素和一般感知的因素，因此设计师在陈设品布置时首先应了解陈设品视觉中的易感知因素。具有易感知因素的陈设品有：

1）形状较为奇特或新颖的陈设品，在空间中可形成突显的景点，因此易于吸引人的视觉。然而，在选择这类陈设品时应注意它与环境氛围的关系，通常在需要表现强烈感觉的室内景观时可选择形状新奇或新颖的陈设品。如深圳某样板房中造型新颖的坐椅形成了整个空间中的亮点。

2）具有动感的陈设品，在空间中最能引人注目，通常都作为公共空间中的标志性陈设品。如动态的雕塑、电动玩具等。有些动感的陈设品还配有灯光和音乐，极富情趣。如南京古南都饭店大堂中的象征南京市与名古屋市友好的自鸣钟，其体量硕大，内设两个玩具人定点敲钟，并奏出音乐，使其成为大堂中的亮点。

3）形象易辨或具体的陈设品，通常人们对于有着具体形象且容易辨认的陈设品的感知速度要比形象模糊且抽象的陈设品快。如深圳某样板房中的大提琴已作为一件形象具体的陈设品，活跃了整个空间氛围。韩国国立艺术馆中庭雕塑以其易辨的形象易于被人们的视觉所感知。

4）肌理明显或肌理对比明显的陈设品，有丰富的视觉感觉，如细腻、粗糙、疏松、坚实、圆润、舒展、紧密等。肌理与肌理之间可产生或是对比，或是统一的效果，从而形成丰富的视觉效果。通常肌理对比明显的陈设品容易感知。

5）色彩鲜明的陈设品，其色彩纯度较高，与环境色相互起到对比的作用。由于人们对于色彩的感知速度明显快于对形状和肌理的感知速度，因此色彩鲜明的陈设品最易被人们的视觉所感知。如深圳华润万象城中庭里以圣诞节为题材的金黄色铃铛以其鲜明的色彩成为整个环境中最易为人们所感知的陈设品。

6）光照强烈的陈设品，通常这类陈设品自身所处环境的人工照明或自然采光的强度较高，高于这类陈设品所处环境的平均照度。在室内陈设设计中，常采用加强陈设品自身所处环境人工光照度的手法，使陈设品更容易被人们的视觉所感知。

在这里需要强调的是，任何一件陈设品，它表现出的感知因素都不是单一的，在同一件陈设品中或是易感知因素多，或是不易感知或一般感知因素多。在室内陈设设计中应该适当调整陈设品视觉中的感知因素，以达到最合适的视觉感知强度。

（二）陈设品在空间中的视觉感知度

陈设品在室内空间中的视觉感知与陈设品的视觉感知是两个不同概念，陈设品在空间中的视觉感知不仅应考虑陈设品本身的视觉因素，而且还要考虑陈设品在空间中的视觉因素，即考虑陈设品与空间的关系。陈设品与空间的关系主要体现在与背景的关系上，而这种关系从视觉构成上讲就是“图”与“底”的关系。强化或减弱陈设品在空间中的视觉感知，实际上就是调整“图”与“底”的构成关系。因此在室内设计时，设计师可以通过调整“图”与“底”之间的关系，以达到强化或减弱陈设品在空间中的视觉感知的目的。

1）“图”与“底”的构成关系：

完整的、对称的面或形可以作为图，而零碎的面或形大都被认为是底。

小面积的面或形可以作为图，而大面积的面或形可作为底。

完整而丰富的面或形可以作为图，而简洁的界面或空间可作为底。

三维的体大都作为图，二维的面一般作为底。

有表述思想内容的面或形作为图，而平淡的面或形都作为底。

综上所述，在“图”“底”的关系上，对比的强弱是视知觉强弱的根本因素。在室内陈设品布置中，陈设品是图像，陈设品的背景就是图底。陈设品布置中大都需要突出陈设品形象，因此，设计师在对陈设品布置的过程中应明显地区分这两类构成的因素。

2）根据“图”“底”的构成关系，通常设计师在室内陈设设计中应注意以下几点：

陈设品的体量应比背景的面积或体积小；

陈设品的形体应精致、突出，而背景的造型应相应简化；

为了突出陈设品，可加强陈设品与背景的各种关系；

可借用光照加强陈设品的视知觉程度。

（三）观赏者的视觉规律

要布置好陈设品，设计师除了应了解陈设品本身的视觉感知和陈设品在空间中的视觉感知两部分内容之外，还应该掌握有关人们在观赏陈设品时的视觉规律，有意识地将观赏者的视觉规律应用到室内陈设设计中。

通常人们在感知物象时，不仅会受到视域的限制，同时也会受到自身意识的控制。因而不仅视点、视距会影响视觉感知，同时思维的意识状态也影响着视觉感知。

1. 视距、视角原理

视觉的理论认为，当人的视点固定时，两眼的水平视角可达到120°左右，而一般人在水平视角54°以内为视觉舒适区。据此进行推算可得，当视距L大约等于物体宽度W时视觉较为舒适。

另外，视觉理论还认为当人的视点固定时，垂直视角可达到120°左右，而当垂直视角在45°左右时是观赏物体全貌的最佳视角，垂直视角在26°左右时是观赏物体细部的最佳视角。据此推算可得，当垂直视距$L1$大约为物体高度H的1.2倍时观赏物体细部较佳，当垂直视距$L2$大约为物体高H的2.2倍时观赏物体全貌最佳。

由于同一个物体其宽度和物体的高度多数是不一样的，又由于同一个物体的最佳水平观赏视距与最佳垂直观赏视距也是不一样的，所以，在考虑陈设品体量的大小时应同时考虑两种视角下的视距因素，并应根据其中大的视距来确定陈设品的体量和尺寸，以保证陈设品观赏中的整体观赏效果。

2. 视觉扫描和视觉凝视原理

根据视觉规律，视觉通常有两种工作状态：一种是视觉扫描，即视线在物象的表面无意识掠动；另一种是视觉凝视，即视线有意识地在物象上较长时间地停留。

视觉扫描具有一定的秩序，一般为先正面后两侧，先近处后远处，先视平线位置后上、下位置。也可以说人在室内驻足时的视点方向决定了视觉扫描的秩序。当人正面进入大厅时首先感知的是大厅中部的雕塑，随后感知的是大厅正对面的总服务以及两侧的物象，最后感知的是顶棚上的物体。其感知的秩序为中部的雕塑→正面的总服务→两侧的物象→顶棚的物体。如在深圳长隆大酒店中，人们感知的秩序为中部大型的雕塑→雕塑两侧的物象→顶棚的灯具。因此在室内陈设布置中，陈设品的视觉感知程度一般应按视觉的先后秩序设计。尤其是对于在空间中首先正对人们视线的陈设品，更要注意其视觉效果和艺术品位，以使得室内视觉环境给人良好的、深刻的第一印象。

当人们在视线内进行无意识的视觉扫描后，其目光一般都会停留在最有吸引力的物象上，因为人的视觉具有凝视明显物象的本能。这种情况下，人们的视线停留的位置，并不一定在视觉首先扫描到的物象上。如韩国华客大酒店中贯穿空间中的灯饰以其硕大的体量、生动的造型映入人们的眼帘，成为整个空间的“第一视觉中心”。而处于视线正面位置的、与视平线相同高度的陈设品，只能成为“第二视觉中心”或“次视觉中心”。因此，在室内设计中如要强化某一界面或某一空间的视觉感知度，就应强化该界面上或该空间中的陈设品的视觉感知度。

三、家装项目软装饰的选购

所谓“软装饰”，就是使用一些室内陈设品来装饰点缀空间。软装修不但能体现其功能性，更重要的是展示其装饰性。好的装饰需要配合室内设计风格，而且能够反映出主人的文化修养及气质品位。因此，室内饰品的选择和款式就显得十分重要，不但对家装有加分的功能，更是表彰主人气质及修养的地方。

“软装饰”主要是指家具、布艺窗帘、床上用品、工艺品、收藏品、艺术品及绿色植物等的摆放和布置，是入住前的最后一道程序，也是画龙点睛最关键的阶段。

（一）“软装饰”的种类及作用

1. “软装修”饰品的种类

目前习惯，把“软装饰”分为四类，即家具类、布艺类、装饰品类和绿色植物。

2. “软装饰”的作用

“软装饰”的作用主要体现在实用性及装饰性两方面。

（1）实用性

如家具、布艺窗帘、床上用品等，除了能美化居室，更能体现其实用功能的重要性。

用饰品来界定空间，可减低封闭空间的闭塞，增加其多样性及连续感，更能表现它的点缀及实用功能。

（2）装饰性

用不一样的装饰品除能填充空间，更能借由其自身的风格造型来点缀居室，彰显风格、体现气质。

借由不同的饰品来填补空旷空间，除了增加空间的趣味性，更能增添其视觉美感效果。

（二）“软装饰”的选用原则

1. 健康环保的原则

选择软装饰，特别要考虑其材料，或生产加工过程不能产生危害人体健康的物质。不合格的布艺产品编织结构松散、纤维容易脱落，易造成空气污染，造成人体伤害。

2. 整体风格协调的原则

“软装饰”的整体协调是指与室内风格相协调。

主要在于与装修格调相协调。

与室内背景及色彩相协调。

与地面材料相协调。

与室内灯饰相协调。

“软装饰”饰品相互之间的协调。

3. 合理、适宜的原则

“不为摆设而摆设”，每个装饰品都要适得其所，不要显得累赘、繁琐。饰品的摆放与布置要考虑家装整体风格，更要与每个房间的环境相配合。

4. 坚持功能（实用）的原则

选择装饰品除考虑其装饰功能外，应当优先考虑实用性，尽量避免“中看不中用”的现象发生。

5. 考虑人员生理、心理的原则

装饰品的选择要考虑成员年龄及心理喜好。如老年人喜欢沉静、稳重；儿童喜欢艳丽活泼。因此一切选购都应以人的生理、心理为依据，以实用效果为首要。

（三）家具的选购

家具不但是居室内的重要饰品，也是人们生活中重要的必需使用品，选择合宜、协调的家具，既能满足人们在使用功能上的要求，更为室内的空间格调增添了韵味与美感。

1. 各种材质家具的特点

1）木质家具。目前市场上主要有实木家具和板式家具两种，其风格多样、选择性高，有中式、欧式、现代时尚形式，可依个人喜好和装修风格选购。

2）布艺家具。布艺家具色彩鲜艳、触感柔软、造型丰富，可更换布套，清洗方便，其特点较为轻松、休闲、温馨，不同的风格、颜色，适合搭配在雅致、温馨、田园风格的现代居室中。

3）玻璃家具。玻璃家具其材质为钢化玻璃，具有高硬度和耐高温特征，配合木器或金属构架，可呈现不同的装饰效果，呈现出透明、简约的现代风格特质，为高度的实用性和欣赏性的家具。

4）金属家具。是表现性强的造型家具，配以木质、布艺、玻璃等配件，可展现其极强的金属感。由于金属家具的表面涂饰比较丰富，图案造型有其多样及艺术性，不管是现代简约风格或现代古典风格均很适宜。

5）皮革家具。皮革家具主要指皮质沙发，有些沙发是真皮的，有些是合成材料的，要注意其毛孔的通畅，要经常清洁，定时护理。主要式样有古典豪华、现代简约式。

2. 选购家具应考虑的因素

1）品牌质量。品牌是决定产品质量的一个重要因素。

2）价格水平。产品的价格与品牌、质量、售后服务有着直接的关系。因此家装业主可根据自身的经济实力，选择性价比合适的产品。

3）风格款式。家具的款式与装修风格应协调，能体现主人的个性及文化修养。

4）采购时间。业主可根据入住时程来掌握购买时间。选择的时间最好提前，以便于在众多家具中有充分的时间选购，以保证能与装修风格相互协调；家具购买后最好放置一段时间再使用，可散发油漆气味，保证室内空气的良好。

5）售后服务。家具使用常会出现配件损坏、缺失等问题，因此采购时应要求厂家提供售后保证，并索取发票。

（四）布艺饰品的选购

1. 布艺饰品的组成

布艺饰品有丰富的色彩和舒适、温馨的特质，能给居室营造柔和浪漫的气氛，主要布艺饰品如下：

1）床品：包括床单、床罩、抱枕、靠垫等物品。

2）窗帘：包括布艺窗帘、布艺百叶窗等品种。

3）饰物：如布艺挂袋、布艺挂饰等。

2. 选择布艺饰品应考虑的因素

布艺饰品的选择，取决于业主自身的喜好和品位、居室装修风格。选择时主要考虑使用空间、质地、色彩、功能和季节等因素。

1）质地面料。布艺饰品的面料多种多样，不同的面料营造出不同的效果。朴素的棉布、条纹布可体现出清雅淡宜、安逸舒适的格调；尼龙提花、缎料会给人以富丽华贵的质感。

2）色彩图案。布艺的色彩图案是构成布艺风格的主题，色彩直接反映居室的环境，因而对于窗帘及床品的选择，取决于主人对居室风格的协调和个人喜好。由于不同的色彩可体现出不同的韵味，业主可根据以下色彩效果，进行选购：

蓝色——能体现清澈、浪漫的视觉效果。

绿色——展现出轻松舒爽、生机盎然、赏心悦目的情调。

红色——给人以热情奔放、活力四射的感觉。

白色——给人朴素、纯洁、清雅的视觉效果。

黄色——给人以自然奔放的感觉。

黑色——沉稳、庄重，有强烈的对比效果。

灰色——现代、厚重，属中间色彩，容易与各种不同风格的居室相搭配。

3）功能使用。布艺产品的使用功能与场所有关。书房选择透光性好的材质，能使房间显得明亮；卧室选择遮光性良好的面料，以保证其私密性。

4）季节因素。不同的季节应考虑使用不同面料的布艺产品，夏季宜使用淡雅清新的面料，冬季宜使用凝重厚实的面料。

5）其他因素。如面料质量的挑选、做工精细程度的选择、价格水平的考虑等。

（五）装饰品的选购

居室中的装饰品主要在于欣赏性，它可以具体表现出主人的艺术品位。不同的居室环境，通过不同的装饰品点缀，既给居室增添了新意，又给人们的生活带来了乐趣。

1. 居室装饰品的种类

工艺品类——包括陶瓷、挂盘、雕塑、木刻及古玩等

字画类——包括各种国画、油画、工艺画、书法、剪纸、刺绣等

小饰物类——各种花瓶、茶具、立体小饰物等。

2. 居住装饰品的选购原则

1）应配合家装风格选购相互协调的装饰内容。

2）画面及体积大小应适合摆设空间比例。

3）不能繁琐、不求多，应以精为原则，不要因装饰品而使空间显得拥塞、累赘。

4）装饰品应融入空间，而不是使其突兀，显得碍眼、不协调。

（六）绿色植物的选购

绿色植物，既可以美化居室环境，又能净化室内空气，有益于人体的身心健康。绿色植物的选择布置要考虑整体环境的搭配，还要考虑局部位置的选择，以及体量大小在空间的比例。

1. 考虑室内环境条件

选择绿色植物首先应考虑室内的环境特点，一般应选择装饰性强、季节不明显、容易成活的植物。在光照时间长的地方可选择喜欢阳光的花卉，如米兰、茉莉、月季等；房内光照很短，可以选择耐阴性植物，如文竹、万年青、君子兰等。

2. 善用绿色植物的形式

居室的绿色植物布置，可悬挂垂吊，产生下垂的线状绿化装饰效果；可利用阳台棚架，让攀藤性绿色植物起到遮阳的面状绿化效果；可利用盆栽特色，发挥点状的绿色点缀功能。

3. 花艺设计的视觉焦点

可利用鲜花、绿叶组成的花艺设计，来美化空间、柔化环境，更可以有效地制造视觉重点，增添环境的人文艺术性，加大空间内的质感及多样性。缺点为花艺设计不耐久，须经常更换。

家装竣工验收与交付

一、竣工验收条件

装修公司承包业主的家庭居室装修工程按合同完成所列各项装修后，即可着手准备邀请用户来验收。

（一）进行竣工验收必须具备的条件

1）按合同所列装修项目已全部竣工；

2）装修场地清理干净；

3）用户自购材料的余料整理并清点完毕；

4）涂料、油漆等已经干燥；

5）墙面贴的釉面砖、地面贴的地砖已经稳固；

6）卫生洁具可以使用；

7）采暖、通风设备可以运转使用；

8）灯具可以开亮；

9）已经物业管理部门检查过，确认装修工程未损害主体结构，用户已收回主体结构安全保证金。

（二）参加竣工验收的人员

用户及其代理人、装修公司的技术负责人、质量检查员、施工队长（或工长）、合同定额员等。

验收时用户应携带装修工程合同、工程变更签证单、隐蔽工程验收记录、钢卷尺等检测工具，还应事先学习一点装修工程质量方面标准的知识。

装修公司有关人员应携带装修合同、工程变更签证单、隐蔽工程验收记录、竣工验收记录以及需要用的检验工具等；质量检查员应携带有关装修工程质量标准。

二、家装竣工验收的步骤

（一）盘点各种项目

用户与装修公司共同按装修工程合同及工程变更签证单上所列的装修项目进行逐项逐件清点，看所列项目内容是否全部完工，没有彻底完工的项目则不予验收。主要装修项目，如墙面、地面、门窗等未彻底完工者，则应延期进行竣工验收。

（二）环保验收

在进行竣工验收时，首先要检查屋内是否有令人刺鼻、刺眼的感觉，如果有这种不适反应，最好尽快请具备国家 CMA 及 CAL 认证的专业检测机构对居室进行空气质量检测。在做检测时，要注意不在装修公司施工范围内的产品不要进入现场，以免出现空气质量问题时双方扯皮。

（三）检查装修质量

先检查材料品种、规格等，再仔细察看外观质量，然后用检验工具量测偏差值。对照相应装修项目的质量标准，判定该项目是否达到要求，合格者方能验收。各项目所用材料品种、规格等必须符合设计要求，不符合设计要求者必须返工重做。外观质量达不到质量标准的，双方可商议进行修整或局部返工。检查中凡超过规定偏差值的检查点数不超过总检查点数项目的 30%，应判定为合格，可以验收；若超过 30% 者，则判该项目为不合格，应加以修整或局部返工，然后验收。

（四）签署竣工验收单

双方根据各装修项目的检查结果，逐项填写竣工验收单。其内容包括装修项目名称、工程量及质量评定。在竣工验收单中“评定为不合格项目的处理办法”一栏应由双方商议决定，注明装修公司应负责修整或返工重做；对于难以修整或返工而造成永久缺陷者，装修公司应负责赔偿。

（五）收回余料

竣工验收工作结束后，用户应将自购材料的余料点清收回，以备日后装修出现损坏时修补使用。对于有保存期限的材料，业主如不愿保存可与装修公司商议折价处理，也可另行处理。

三、家庭居室装饰工程质量验收标准

本标准为北京地方标准（应该根据《建筑装饰装修工程质量验收规范》进行验收）。

1.1 为规范家庭居室装饰市场，提高家庭居室装饰工程质量，维护消费者利益，制定本标准。

1.2 本标准适用于一般家庭居室内装饰工程的质量验收。

家庭居室室内装饰工程质量验收宜分阶段进行，随工程施工进度先做好基层和隐蔽工程验收，再进行面层和竣工验收。

考虑一般住户对工程规范了解较少，缺少检测工具，标准以定性、目测、文字说明为主，便于住户掌握，为家庭居室装饰工程质量验收提供依据。

1.3 家庭居室装饰的设计和施工除应符合本标准外，尚应符合国家、行业和地方的有关安全、防火、环保、建筑、电气、给水排水等现行标准、规范的规定。

1.4 承揽家庭居室装饰的设计、施工单位，应具备资质证书和营业执照，施工人员应按规定持证上岗，其中燃气管道必须由具有燃气安装资质的单位安装。

1.5 家庭居室装饰要保证建筑结构的安全，严禁拆改、损坏主体和承重结构：

1 不得在承重墙、抗震墙上开洞；

2. 不得任意扩大原有门窗洞口；

3. 不得任意增加楼面荷载；

4. 不得任意填充、加厚阳台地面；

5. 不得任意凿剔楼、顶板；

6. 不得拆除挑阳台上的窗下墙。

涉及建筑主体和承重结构变动的装饰工程，应经原设计单位书面同意，并由设计单位提出设计方案。家庭居室装饰如需要更改给水排水管线、供暖设施及燃气设施等，必须取得房管部门的书面同意。

1.6 家庭居室装饰所用的主要材料及设备，应按设计文件和合同规定选用，产品质量应符合有关标准的规定。

卫生器具及管道安装

2.1 卫生器具品种、规格、颜色应符合设计要求和合同的规定，管材、管件、洁具等产品质量应符合现行标准。

2.2 管道安装应横平竖直、铺设牢固，坡度符合要求，阀门、龙头安装平正，使用灵活方便，明管刷防锈涂料，暗管刷防腐漆。

2.3 给水管道与附件、器具连接严密，经通水试验无渗漏。

2.4 排水管道应畅通，无倒坡、无堵塞、无渗漏，地漏表面应略低于地面。

2.5 卫生器具安装位置正确，器具上沿要水平、端正牢固、外表光洁无损伤。

电气工程

3.1 电气产品、材料必须是符合现行技术标准的合格产品，电线、电缆、开关、插座应具有国家电工产品安全认证书。

3.2 电气布线宜采用暗管敷设，导线在管内不应有结头和扭结，导线距电话线、闭路电视线不得少于 50cm，吊顶内不允许有明露导线，严禁将导线直接埋入抹灰层内。

3.3 灯头做法、开关接线位置正确，厕浴间宜选用防潮开关和安全型插座，有接地孔插座的接地线应单独敷设，不得低于 0.5MΩ。面向电源插座时应符合“左零右相，接地在上”的要求。

3.4 开关、插座安装牢固，位置正确，盖板端正，表面清洁，紧贴墙面，四周无孔隙，同一房间开关或插座上沿高度一致。

3.5 电气工程施工完成后，应进行必要的检查和试验，如漏电开关的动作、各回路的绝缘电阻以及电器通电、灯具试亮、开关试控制等，检验合格后方能使用。

3.6 工程竣工时应向用户提供电气竣工简图、标明导线规格及暗管走向。

吊顶工程

4.1 吊顶工程所用材料的品种、规格、颜色以及基层构造、固定方法应按设计要求，并符合现行标准。

4.2 吊顶龙骨不得扭曲、变形，木质吊顶应进行防火处理，吊顶位置正确，吊杆顺直，龙骨安装牢固可靠，四周平顺。

4.3 轻型灯具可吊在主龙骨上，质量大于3kg的灯具或吊扇不得借用吊顶龙骨，应另设吊钩与结构连接。

4.4 吊顶罩面板与龙骨应连接紧密，表面应平整，不得有污染、折裂、缺棱、掉角、锤伤、钉眼等缺陷，接缝应均匀一致，压条顺直、无翘曲，罩面板与墙面、窗帘盒、灯具等交接处应严密。

4.5 粘贴的罩面板不得有脱层；搁置的罩面板不得有漏、透、翘现象；纸面石膏罩面板一般用镀锌螺钉固定在龙骨上，钉头应涂防锈漆。

门窗、封阳台工程

5.1 门窗的品种、规格、颜色、开启方向、组合形式、安装位置应符合设计和现行标准要求。

5.2 门窗选用的材质及附件均应符合现行标准，铝合金门窗应选用不锈钢或镀锌附件，塑料门窗使用螺钉时，必须事先钻孔，严禁直接锤击打入。

5.3 门窗安装必须牢固，横平竖直，外观无变形、开焊、断裂现象。铝合金门窗框不得直接埋入墙体，铝合金或塑料门窗框与洞口之间缝隙应按要求嵌填饱满，缝隙外槽口用密封胶封严，表面平整光滑。

5.4 门窗扇应开启灵活，无阴滞和反弹现象。配件齐全，安装牢固，位置正确。

5.5 门窗安装后表面应洁净，无划痕、碰伤、锈蚀。涂膜大面平整光滑、厚度均匀、无气孔。

细木工制品工程

6.1 细木制品（窗帘盒、暖气罩、木护墙、木隔断、包门及门套、窗套、踢脚板、花饰、装饰线）和固定家具的龙骨、衬板及面板应符合设计的要求。细木制品所用的木材含水率不得大于12%，其外表用料，不得有死节、虫眼和裂缝。

6.2 细木制品与基层必须镶钉牢固，无松动。衬板与面板必须粘结牢固，不得出现起层、起鼓现象。

6.3 窗台板和窗帘盒与基体连接牢固，表面平整、棱角方正，其两侧伸出窗洞以外的长度要一致，同一房间的窗台板或窗帘盒标高一致。

6.4 木护墙表面应平整光洁、棱角方正、线条顺直、颜色一致，不得出现裂缝开胶现象，踢脚板连接无缝隙。踢脚板应平直、光洁、接缝严密、出墙厚度一致。

6.5 顶角线、挂镜线、腰线等装饰线顺直、均匀一致，紧贴墙面，交圈收口正确。木装饰线对接时，宜采用 45°加胶坡接，接头处不得有错缝、离缝现象。

6.6 吊柜、壁柜安装应牢固，柜门开启灵活。

6.7 细木制品油漆后，应平整光滑、刷纹通顺、颜色一致，无漏刷、无胶痕。

裱糊工程

7.1 壁纸、墙布的品种、颜色和图案，应符合设计的要求，胶粘剂应按壁纸和墙布的品种选用。

7.2 裱糊工程的基体应干燥，表面应平整，不同材质基层的接缝处应粘贴接缝带。

7.3 基层腻子应坚实牢固，不得粉化、起皮和裂缝，裱糊前基层宜刷清漆做封闭处理。

7.4 壁纸墙布必须裱糊牢固，表面色泽一致，花纹图案完全吻合，不得有气泡、空鼓、裂缝、翘边、皱折、斑污和胶痕。各幅拼接横平竖直，距 1.5m 正视不显拼缝。

7.5 壁纸、墙布与顶角线、挂镜线、贴脸板、踢脚线紧接，不得有缝隙，其边缘平直整齐，不得有纸毛、飞刺。

7.6 阴阳角垂直，棱角分明，阴角处搭接顺光，阳角处无接缝。

板块铺贴工程

8.1 石材、墙地砖

8.1.1 石材、墙地砖品种、规格、颜色和图案应符合设计的要求，饰面板表面不得有划痕、缺棱掉角等质量缺陷。不得使用过期和结块的水泥作胶结材料。

8.1.2 石材、墙地砖施工前应对其规格、颜色进行检查，尽量减少非整砖，且使用部位适宜，有突出物体时应按规定进行套割。

8.1.3 石材铺贴前宜作背涂处理，减少“水渍”现象发生，铺贴应平整牢固、接缝平直、无歪斜、无污积和浆痕、表面洁净、颜色协调。

8.1.4 墙地砖铺贴应平整牢固、图案清晰、无污积和浆痕、表面色泽基本一致、接缝均匀、板块无裂纹、掉角和缺棱，单块板边角空鼓不得超过数量的5%。

8.1.5 有防水要求的楼地面（如厕浴间、厨房等）在面层下应做防水层，防水层四周与墙接触处，应向上翻起，高出地面不少于 250mm，地面面层流水坡向地漏，不倒泛水、不积水，24h 蓄水试验无渗漏。

8.2 木质地板

8.2.1 木质楼地面的材质、构造以及拼花图案应符合设计的要求。木材的含水率应不大于12%。

8.2.2 条形木地板的铺设方向，可征求用户的意见，一般走廊、过道宜顺行走方向铺设，室内房间宜顺着光线铺设。木地板与墙之间应留10mm的缝隙，并用踢脚板封盖。

8.2.3 木质板面层必须铺钉牢固无松动，粘结牢固无空鼓，表面刨平磨光，无明显刨痕、戗茬和毛刺等缺陷。

8.2.4 木板面层，板间隙基本严密，接头位置错开；拼花木板面层接缝对齐，粘、钉严密，无裂纹、翘曲，表面洁净无明显色差。

8.2.5 木质踢脚线接缝严密，表面光滑，高度、出墙厚度一致。

8.3 塑胶地板

8.3.1 铺贴塑胶板面层用的胶粘剂，应根据基层材质和面层使用要求选定。基层必须平整、坚硬、干燥无油脂。面层应平整、光滑、无裂缝、色泽均匀、厚薄一致，边缘平直，面层内不得有杂物和气泡。

涂饰工程

9.1 涂料的品种、颜色、性能应符合设计的要求，产品质量符合现行标准。

9.2 腻子应使用具有耐水性能的腻子，腻子与基体结合坚实、牢固，不起皮、不粉化、不裂纹。

9.3 油漆表面应平整、光洁、无漏刷、脱皮和斑迹，清漆木纹清晰，大面无裹棱、流坠和皱皮，颜色基本一致、无刷纹。五金、玻璃洁净。

9.4 乳胶漆严禁脱皮、漏刷、透底，大面无流坠、皱皮，表面颜色一致，无明显漏刷和透底，刷纹通顺，喷点均匀。门窗灯具洁净。

软包工程

10.1 软包（锦缎、皮革）面料和填充料的材质、规格，必须符合设计要求。软包工程的防腐、防火处理应符合有关规定。

10.2 软包工程的木框、衬板的构造，应符合设计要求，钉粘严密、牢固，不得松动。

10.3 软包制作尺寸正确，棱角方正，填充饱满、平整，饰面松紧适度。

10.4 软包安装平顺，紧贴墙面，色泽一致，接缝严密，无翘边和褶皱。

10.5 软包表面应清洁、无污染，拼缝处花纹吻合，无波纹起伏。

地毯工程

11.1 地毯的品种、材质、规格、颜色应符合设计的要求。

11.2 基层必须平整、干燥、清洁、无油污。

11.3 地毯应固定牢固，毯面平整、不起包、不凹陷、不打皱、不翘边，拼缝处密实平整、图案连续、绒面顺光一致，表面干净、无油污损伤。

11.4 地毯收口合理、顺直，收口压条牢固。

四、家装保修

在工程完工之后，按工程保修规定要填写一份保修卡，在保修期内，客户凭此保修卡要求维修，当用户在使用过程中发生装修问题，同装饰公司联系，或直接与施工负责人或工程监理联系，说明发生的问题，装饰公司会及时派人前去维修，但是由于不可抗力、自然原因，客户自身使用不当而造成的问题，不在维修责任之内，但可以双方商讨解决。

(一) 工程保修规定

根据《建设工程质量管理条例》规定，在正常使用条件下，房屋建筑工程的最低保修期限为：

1）地基基础和主体结构工程，为设计文件规定的该工程的合理使用年限。

2）屋面防水工程、有防水要求的卫生间、房间和外墙面的防渗漏，为5年。

3）供热与供冷系统，为2个采暖期、供冷期。

4）电气系统、给水排水管道、设备安装为2年。

5）装修工程为2年。

其他项目的保修期限由建设单位和施工单位约定。

6）计算年限：装修保修期从工程竣工验收合格之日起计算。是为规范竣工后服务行为、维护消费者的切身利益、减少质量纠纷而制定的。

7）家装工程验收合格后由乙方填写工程保修单，经甲、乙双方签字确认后生效执行。

8）保修期内由于乙方责任造成的工程质量问题，乙方无条件按原貌进行维修。

9）保修期内如属甲方责任造成的装饰面损坏，影响正常使用，需要乙方进行维修的，乙方只能按实收取工料费，不再收取其他费用。

10）保修期内维修要及时，自甲方提出申请维修之日起，10日内乙方应组织维修，不能无故拖延。

(二) 家装保修保修什么

住进新居一段时间后人们会发现，室内的一些项目开始出现细微变化，如木制品开始出现干裂，墙壁出现自己也搞不清楚的裂纹，卫生洁具的给水软管一直存在小小的漏水现象。还有在工程验收时，一些当时难以检查仔细的项目，如开关插座的接线不牢固等问题影响了业主的日常生活。这些问题都需要在保修期内加以解决。

1）难以一次到位的项目。

2）受湿度影响的项目：雨期与旱期的空气湿度差别非常大。7、8、9三个月正值雨期，空气湿度非常大，所以装修中使用的很多装饰材料，如木材以及木材制品本身的含水率在这个时候就高于其他季节。而到了冬期，室内空气的湿度又一下子下降到了很低的程度，木材以及木材制品的含水率又下降到了很低的程度。所以，在一年当中的任何一个季节（如雨期）装修房子，都会出现在完工以后的一个反差季节（如旱期）工程项目发生干裂的问题。而这个问题是无论采取什么施工措施都难以完全加以解决的。所以，木工项目属于受气候影响最大的施工项目。

3）受建筑物本身影响较大的项目：我们经常听到这样的投诉，即房子装修好不久，业主就发现墙壁出现裂纹，而且大多数出现在有保温层的外墙里侧。而且这些问题直接影响到装饰公司的工程质量验收。其实，装饰公司为此承担责任有些冤枉，因为使用同样的施工手段，同样的施工人员，室内的分隔墙壁就很少看到类似外墙保温层内侧那样多的裂纹，所以实事求是地讲，这个问题的确和装饰公司的关系不大，而主要是由于建筑物本身的某些原因造成的。

4）多工种衔接的工程项目或者位置：在工期比较紧张的工地会发现，厨房卫生间的墙地砖（空鼓）、卫生洁具（给水排水问题）以及照明插座（虚接）等容易发生质量问题，这些问题的出现，大多数是由于各工种衔接过于紧密、各工种质检缺乏必要的间隔造成的。

（三）什么样的保修服务比较理想

大多数人认为，保修的目的就是把出现问题的项目修好。其实不然，保修是为了延长工程的整体使用寿命。

1）对项目有针对性地进行保修：由于家庭装修的工程项目不一定会同时出现质量问题，所以有针对性地保修，如某个阶段或者时间专门派水暖工人去维修给水排水管道，派木工检查门锁拉手以及角链，或者派电工检查电路是否存在质量问题等，这样做保修目的明确，可以直接改善业主受装修影响降低的生活质量。

2）根据季节特点进行保修：前面我们已经讲过，在雨期装修的工程，到了旱期木制品会出现干裂问题，这样直接影响了工程的使用寿命，所以根据季节特点，在旱期派油漆工人去业主家里给出现干裂的木制品的开裂部位重新填补腻子，涂刷油漆，可以降低木制品继续开裂的概率。

（四）保修期内出现质量问题应如何解决

在保修期内出现质量问题，用户可直接找到原施工队所在公司的负责人，如证实属于施工质量问题后，装饰公司必须无条件地为用户换工换料，不可拖欠。如果装饰公司拒绝为用户保修，这时用户可以直接向家装市场的质检部投诉，由市场管理部门出面勒令装饰公司为用户无条件保修或直接由市场为用户保修。

（五）保修期内装修房屋的修复责任

任何装修工程在使用过程中，都可能发生一些质量缺陷，主要有两种情况。一种情况是在施工中，由于操作不规范致使使用中出现故障、损坏及缺陷，出现这种情况，应由施工单位无偿进行返修；另一种情况是家庭在使用中由于不慎造成损坏，在保修期内，也应该由原来的施工单位负责修补，但家庭业主应该酌情给予经济补偿，一般应补偿材料费、人工费用。

（六）装修保养

1. 实木地板的保养

实木地板的保养大家往往把它的难度估计或者说得太高了。其实并不难。平常的清洁，使用吸尘器就行了。但吸尘器的轮子最好装上一个软质的套，以避免移动时，对地板造成伤害。另外，每个月可以用液体蜡使用专用的拖把拖一遍就行了。这里需要说明的是液体蜡，而不是固体蜡。如果人员使用频繁，可把打蜡周期改为半个月，最佳的打蜡时间是你上一次打的蜡尚未完全磨损之前。第一次铺设后，可以在施工前打一次液体蜡。

除非你的地板已经磨损得非常严重，否则不要使用固体蜡。一般固体蜡适宜五年以上的实木地板，但打一次就足够了，平常还是使用液体蜡。具体的操作方法，可参见相关的产品说明书。

木地板使用过程中应避免磕碰，最好在门口备有若干双软底的拖鞋，以便家人和客人进入时换用。

木地板在使用过程中，应注意用水的安全，避免茶杯等用水行为的倾倒。如果不小心将少量水倒在木地板上面，应及时用干布或者纸巾吸收倒下的水，然后用凉风扇吹干，家里面空调是有吸湿功能的，也可以同时打开吸湿功能。一般的实木地板都有六面封漆处理，少量的水不会造成太大的麻烦。但应及时整干，避免发霉变黑。

2. 造型铁艺的保养

目前的铁艺主要是锻钢和铸铁所制造。铁艺制品容易生锈，尤其在南方潮湿的天气下，所以保养的第一原则，首先是防锈层的破坏。当发现铁艺的漆层脱落时，应及时进行修补，防止金属体与空气的长时间接触。一般来说，铁艺只要保持良好的漆面，是相当耐用的。

3. 布料的保养

在装修中，布料主要是指窗帘、布艺沙发面套和床上用品。这些布料的保养主要需要注意几样东西：

1）注意标签上的成分指示以选择合适的洗涤方式。

2）避免色泽差别的布料混合洗涤，尤其是黑色的与白色的混合洗涤更是大忌。

4. 地毯的保养

现在的家庭装修中，使用地毯的越来越多，有一些是整幅的，有一些只是片块的。那地毯的保养如何进行呢?

1）避免烟头。现在的地毯具有阻燃特征，但并不是每一款地毯都具有阻燃功能。而不管是阻燃还是普通地毯，一旦烟头掉在其中，最低会被烧出一个小焦坑。所以在铺设地毯时，家里面应备有一小块剩料。当出现此种情况时，先用剪刀把烧焦的部分毯毛剪掉，再用剪刀把剩料的一小部分毯毛剪下来，用胶水粘在经过修整的烧焦的坑部。待其干透后梳理一下即可。

2）整体的地毯可以在一段时间后，请专业的清洁公司使用机械进行清洁。具体的周期可以以污脏的程度决定。

3）如果地毯上惹上了污渍，若是陈迹宜用牛奶浸润片刻，再用毛刷蘸牛奶刷拭即可。

如果是动植物油迹可用以棉花蘸纯度较高的汽油擦拭。果汁和啤酒汁，要先用软布蘸洗衣粉溶液擦拭，再用温水加少许食醋溶液擦洗。如遇难解决的墨水迹，可在污处撒细盐末然后用温水掺肥皂液刷除。

5. 橱柜的保养

1）门板的保养：保持门板的干爽。清洁时，尽量使用较为细腻的清洁布。

2）实木柜体和门板可使用液体蜡保持光洁。

3）水晶门板和烤漆门板应避免硬物摩擦造成刮痕。

4）门板的烟斗铰宜定期用螺钉旋具把松动的螺栓给予固定。也可以定期加点润滑油以确定开关的灵活。

5）柜台台面作业完毕应保持台面的干净，如不慎导致人造石面层划痕，优质的人造石台面用细砂纸轻轻打磨即可去掉。

6. 玻璃的保养

1）要保持玻璃的清洁，一是依靠专用的玻璃清洁剂，这在很多超级市场都可以买到。另一种较为便宜的做法就是使用醋水。

2）在容易撞碰的部位加上较为明显的标志，当然，一般家居中很少会使用诸如“小心玻璃”这样的警告牌，但是可以采用圣诞花环或者小卡片等来装饰，既能起装饰效果，又能起警示作用。

7. 真皮沙发的保养

真皮沙发是我们较为常见的家具之一。保持真皮的光洁和饱满度是很多家庭的常见保养工作。

1）在长时间坐用之后，宜适量拍打沙发面，以减少凹陷现象的出现。

2）避免阳台的长时间照射，使皮面失去光泽。

3）清洁皮面宜细力而为，可用专门的皮具清洁剂或者肥皂水。清洁完毕后，要及时清理。切勿使用酸碱性的清洁剂，以免对皮层造成伤害。

综上所述，我们可以看到，越高档的装修项目，保养起来相对越困难。但是，它对于视觉和实际享用上这一点来说，是完全值得的。

复习思考题

1. 家装初步验收的内容。
2. 家装陈设的布置。
3. 家装验收的标准。
4. 家装保修的意义。

拓展学习网站

BBS 室内设计论坛 http：//www. i-bbs. cn/

ABBS 建筑论坛 http：//www. abbs. com. cn/

中国室内装饰论坛 http：//www. 8848bbs. com/

中国装修论坛日子 http：//bbs. roomage. com/

瑞丽家居网 http：//deco. rayli. com. cn/

中国建筑装饰网 http：//www. ccd. com. cn/

中国室内设计网 http：//www. ciid. com. cn/

中国室内装饰协会 http：//www. ccd. com. cn/

中国建筑与室内设计师网 http：//www. china-designer. com/

中国室内设计在线 http：//www. 9s7. com/

ICD 室内设计与装修 http：//www. idc. net. cn/

装修助手网 http：//www. zxhelp. com. cn/

中国装饰黄页 http：//yp. cool-de. com/

中国建材网 http：//www. bmlink. com/

中国大师网 http：//www. 9s6. com/

老火装饰网 http：//www. roomage. com. /decorate/

统易设计师网 http：//3d. tongl. cn/

中国别墅网 http：//www. villachina. com/

上海大中华别墅网 http：//sh. villachina. com/

GOGO 互助装修网 http：//www. 17gogo. com/

家装在线 http：//www. jiazhuang. net/

中国家装网 http：//www. china-189. com/

华饰网 http：//www. hua4. com/

七十二家室内设计网 http：//www. 72home. com/index3. php

筑龙建筑渲染网 http：//xr. zhulong. com/xuanran. asp

修客网 http：//www. xiukey. com/

中国室内空气网 http：//www. airqs. cn/

凤凰家居 http：//ifeng. 1jiaju. com/

新浪装修家居 http：//jiaju. sina. com. cn/

参考文献

[1] 苏丹. 住宅室内设计. 北京：中国建筑工业出版社，2005.
[2] 陆震伟，来增祥. 室内设计原理 上下册. 北京：中国建筑工业出版社，2004.
[3] 张一曼，郑曙旸. 室内设计资料集. 北京：中国建筑工业出版社，1991.
[4] 中国建筑装饰协会. 室内建筑师培训考试教材. 北京：中国建筑工业出版社，2006.
[5] 贾森. 室内设计接单技巧与快速手绘表达提高. 北京：中国建筑工业出版社，2006.
[6] 高祥生. 室内设计师手册. 北京：中国建筑工业出版社，2001.
[7] 郑曙旸. 室内设计思维与方法. 北京：中国建筑工业出版社，2003.
[8] 李沙. 室内项目设计（居室类）. 北京：中国建筑工业出版社，2006.
[9] 刘剑丽. 走向职业生涯 课程体系与岗位对接 美术专业 家装设计师. 郑州：河南大学出版社，2007.
[10] 郑成标. 室内设计师专业实践手册. 北京：中国计划出版社，2005.
[11] 王波. 室内装饰工程设计务实教程. 北京：机械工业出版社，2004.
[12] 叶铮著. 室内建筑工程制图. 北京：中国建筑工业出版社，2004.
[13] 李树阁. 灯光装饰艺术. 沈阳：辽宁科学技术出版社，1995.
[14] 潘吾华. 室内陈设艺术设计. 北京：中国建筑工业出版社，1999.
[15] 中国室内设计.
[16] id +c 室内设计与装修.
[17] 清华大学. 装饰.